界面活性剤の最新研究・素材開発と活用技術

Recent Development of Surfactant Research and Applications

監修：荒牧賢治
Supervisor : Kenji Aramaki

シーエムシー出版

はじめに

　界面活性剤は気-液，液-液，固-液などの界面に吸着し，界面状態を変化させることや，分子集合体（ミセル，ベシクル，リオトロピック液晶，単分子膜など）を形成することで機能を発揮する。これらの特性は起泡，消泡，乳化，可溶化，濡れ，潤滑，帯電防止，分散，凝集などの機能と直接関係している。界面活性剤の機能に関する研究は古くから行われているため，アカデミックな研究では従来型界面活性剤のみの研究は少なく，ポリマーや生体分子などを利用して界面活性剤と同等，あるいは上回る機能性を発揮させる研究が盛んになっている。しかし一方，産業界においては従来型界面活性剤も変わらず多用されており，先端的な研究との解離が大きくなってきている。また，環境問題，資源・エネルギー問題の観点からのプレッシャーも大きく，生体への安全性，生分解性，使用量の削減，再生可能原料の利用などにより従来型の石油系界面活性剤を代替する必要性が産業界では高まっている。そのため，本書では界面活性剤を廻る諸情勢を反映して，最新の機能性開発研究から産業界での利用の現状について幅広く読者の興味を惹く話題を集めた。

　第1章～第8章ではアカデミックな最新研究を紹介した。機能性や環境適合性の観点から界面活性剤分子を構成するビルディングブロックや分子構造を適切に選択した研究，応用を見据えた機能化を図った研究などについて述べられている。第9章～第15章では企業における界面活性剤の機能性開発研究例について述べられている。最後に第16章～第25章では界面活性剤が利用されている利用用途別に利用動向，実例などを挙げて解説頂いている。

　その他にもたくさんの最新研究，産業分野での利用があるが，紙面の制約で全ては紹介しきれない。本書をきっかけとして，今回執筆いただいた産業分野だけでなく，材料，医薬品，バイオ，環境対応技術などの研究者に，古くて新しい界面活性剤に関して理解が進めば幸いである。

　最後になりましたが，執筆いただきました諸先生方，および本書を企画し，まとめ上げていただきました株式会社シーエムシー出版・野口由美子様，池田朋美様にこの場をお借りして感謝申し上げます。

2016年8月

横浜国立大学
荒牧賢治

執筆者一覧(執筆順)

荒牧 賢治	横浜国立大学 大学院環境情報研究院 准教授
鯉谷 紗智	横浜国立大学 大学院環境情報学府
酒井 健一	東京理科大学 理工学部 工業化学科 講師
懸橋 理枝	(地独)大阪市立工業研究所 有機材料研究部 研究主任
東海 直治	(地独)大阪市立工業研究所 有機材料研究部 研究主任
遊佐 真一	兵庫県立大学 大学院工学研究科 応用化学専攻 准教授
井村 知弘	(国研)産業技術総合研究所 化学プロセス研究部門 上級主任研究員
佐伯 隆	山口大学 大学院創成科学研究科 教授
吉村 倫一	奈良女子大学 研究院自然科学系 化学領域 教授
鷲坂 将伸	弘前大学 大学院理工学研究科 自然科学系機能創成科学領域 准教授
中村 武嗣	太陽化学㈱ インターフェイスソリューション事業部 研究開発部門長
ビスワス・シュヴェンドゥ	味の素㈱ バイオ・ファイン研究所 素材・用途開発研究所 素材開発研究室 香粧品グループ 研究員
脇田 和晃	日油㈱ 油化事業部 油化学研究所 主任研究員
村上 亮輔	住友精化㈱ 機能化学品研究所
斉藤 大輔	第一工業製薬㈱ 機能化学品事業部 機能化学品開発研究部
田中 佳祐	ニッコールグループ ㈱コスモステクニカルセンター 応用開発部 副主任研究員

高 野　　　啓	DIC㈱　ポリマ第二技術本部　ポリマ技術10グループ 主任研究員	
川 上　亘 作	(国研) 物質・材料研究機構 国際ナノアーキテクトニクス研究拠点　グループリーダー	
小 川　晃 弘	三菱化学フーズ㈱　第一事業部　技術グループ　部長	
山 口　俊 介	ニッコールグループ　㈱コスモステクニカルセンター 応用開発部　技術営業戦略室　室長	
坂 井　隆 也	花王㈱　基盤研究セクター　マテリアルサイエンス研究所 上席主任研究員	
金 子　行 裕	ライオン㈱　研究開発本部　機能科学研究所	
中 川　和 典	第一工業製薬㈱　機能化学品事業部　機能化学品開発研究部 主任研究員	
三 橋　雅 人	AGCセイミケミカル㈱　技術統括部　機能材料グループ サブリーダー	
齋 藤　嘉 孝	日華化学㈱　化学品本部　繊維事業部　製品企画開発部　部長	
岡 田　和 寿	竹本油脂㈱　第三事業部　研究開発部　化学グループ グループリーダー	
久 司　美 登	日本ペイント・オートモーティブコーティングス㈱　開発部 基盤技術開発グループ　ユニットリーダー	

目　次

〔第1編　界面活性剤の最新研究〕

第1章　再生可能原料を用いた合成界面活性剤の機能　　荒牧賢治，鯉谷紗智

| 1 はじめに …………………………… 1
| 2 ひも状ミセルによる水，油の増粘効果
| 　…………………………………………… 1
| 　2.1 ひも状ミセル ………………… 1
| 　2.2 アシルアミノ酸エステルによるひも状ミセルの形成 ………………… 2
| 　2.3 ショ糖脂肪酸エステルによるひも状ミセルの形成 ………………… 2
| 　2.4 逆ひも状ミセル形成による油の増粘 ………………………………… 3
| 3 モノおよびポリグリセリン脂肪酸エステルの結晶・液晶微粒子による泡沫安定化 ……………………………………… 5
| 4 ポリグリセリン型界面活性剤水溶液系の相挙動とニオソーム形成 ………… 6
| 5 おわりに ………………………………… 7

第2章　ジェミニ型両親媒性物質の実用化も意識した研究展開　　酒井健一

| 1 はじめに ………………………………… 9
| 2 アミノ酸系ジェミニ型界面活性剤 …… 10
| 3 アルキルアミン・アルキルカルボン酸による複合体（擬似ジェミニ型両親媒性物質）………………………………… 13
| 4 ホスホリルコリン類似基を有する両性ジェミニ型両親媒性物質による乳化 … 15
| 5 おわりに ………………………………… 17

第3章　長鎖アルキルアミンオキシド誘導体の水溶液挙動
　　　　－水素結合部位導入の効果　　懸橋理枝，東海直治

| 1 はじめに ………………………………… 18
| 2 ピリジルアミンオキシド型界面活性剤 ………………………………………… 19
| 3 アミドアミンオキシド型界面活性剤 ………………………………………… 22
| 4 おわりに ………………………………… 26

第4章　pH応答性を有するジブロック共重合体の会合によるミセル形成　　遊佐真一

1　はじめに ………………………… 28
2　PAMPS-PAaUの合成 …………… 29
3　pHに応答した会合挙動 ………… 29
4　pHに応答したゲスト分子の取り込みと放出 …………………………… 32
5　まとめ …………………………… 33

第5章　ペプチドベース界面活性剤の特性とその応用　　井村知弘

1　はじめに ………………………… 35
2　化学合成・ペプチド界面活性剤 … 35
　2.1　構造と特徴 ………………… 35
　2.2　Surfpep22の合成と界面活性 … 37
　2.3　Surfpep22による脂質ナノディスク形成 …………………………… 38
3　バイオ合成（発酵法）・ペプチド界面活性剤 ……………………………… 39
　3.1　構造と特徴 ………………… 39
　3.2　サーファクチン（SF） …… 40
　3.3　ライケンシン（Lch） ……… 41
　3.4　アルスロファクチン（AF） … 41
4　おわりに ………………………… 41

第6章　界面活性剤の棒状ミセルによる抵抗低減効果　　佐伯　隆

1　はじめに ………………………… 43
2　DR効果を示す界面活性剤 ……… 44
3　DR効果を示す界面活性剤のレオロジー特性 ……………………………… 46
4　DR効果を示す流れの特徴 ……… 46
5　界面活性剤によるDR効果の実用化 … 48
　5.1　配管抵抗低減剤の商品化 … 49
　5.2　DR効果による空調設備の省エネルギー ……………………………… 49
　5.3　DR効果の普及 ……………… 50
　5.4　実用化の問題点 …………… 50
6　おわりに ………………………… 51

第7章　トリメリック型界面活性剤の合成・物性・ミセル形成　　吉村倫一

1　はじめに ………………………… 53
2　トリメリック型界面活性剤 …… 53
3　カチオンタイプの合成例 ……… 54
4　臨界ミセル濃度 ………………… 56
5　表面張力 ………………………… 58
6　水溶液中でのミセル形成 ……… 59
7　おわりに ………………………… 63

第8章 超臨界CO_2利用技術に向けたCO_2-philic界面活性剤の開発
鷺坂将伸

1 超臨界CO_2 …………………… 65
2 CO_2-philic界面活性剤の設計 ………… 66
　2.1 分子形状 …………………… 67
　2.2 親水性-親CO_2性バランス(HCB)… 69
　2.3 Winsor R理論 ……………… 70
　2.4 CO_2-philic界面活性剤の親CO_2基と親水基 ……………………… 70
3 CO_2-philic界面活性剤の開発の歴史 … 72
4 界面活性剤/W/CO_2混合系の相挙動と物性研究 ……………………… 74
5 界面活性剤/W/CO_2混合系の応用研究 ……………………………… 76
6 おわりに ……………………… 77

〔第2編 界面活性剤の高機能化〕

第9章 ポリグリセリン脂肪酸エステルの特性と高機能化　中村武嗣

1 ポリグリセリン脂肪酸エステルの現状 ……………………………… 81
　1.1 非イオン性界面活性剤としてのポリグリセリン脂肪酸エステル …… 81
　1.2 ポリグリセリン ……………… 81
　1.3 ポリグリセリンのエステル化 …… 84
2 ポリグリセリン脂肪酸エステルの高機能化 …………………………… 85
　2.1 ジグリセリン・トリグリセリンのエステル ……………………… 85
　2.2 組成を変えたポリグリセリンのエステル ……………………… 86
　2.3 ポリグリセリンアルキルエーテル ……………………………… 87
3 おわりに ……………………… 88

第10章 アシルアミノ酸エステル系両親媒性油剤　ビスワス・シュヴェンドゥ

1 はじめに ……………………… 90
2 化粧品用油剤とは ……………… 90
3 アシルアミノ酸エステル系油剤とは… 90
　3.1 油剤骨格にアミノ酸があることの意義 ……………………………… 92
4 油剤の両親媒性とは …………… 93
5 アシルアミノ酸エステル系両親媒性油剤 ……………………………… 93
　5.1 アシルグルタミン酸誘導体 …… 93
　5.2 アシルサルコシン誘導体 …… 96
　5.3 アシル-N-メチルβアラニン誘導体 ……………………………… 98
6 おわりに ……………………… 99

第11章　長鎖PEGを有する非イオン性活性剤　脇田和晃

1　はじめに …………………………… 101
2　ラウリン酸PEG-80ソルビタン（PSL）の泡質改善効果 …………………… 101
3　ポリオキシエチレンアルキルエーテル（PAE）を用いた泡物性評価 ……… 102
 3.1　使用したPAEとそれらの物性 …… 103
 3.2　泡弾性のひずみ依存性測定 …… 104
 3.3　泡の粘弾性測定 ………………… 104
 3.4　IRによる泡膜測定 ……………… 105
4　泡質改善メカニズム関する考察 …… 106
5　おわりに …………………………… 107

第12章　化学架橋を工夫したアクリル酸アルキルコポリマー　村上亮輔

1　はじめに …………………………… 108
2　一般的なアクリル酸アルキルコポリマーの増粘，乳化のメカニズム ……… 108
 2.1　水溶液の増粘機構 ……………… 108
 2.2　耐塩性 …………………………… 109
 2.3　乳化のメカニズム ……………… 110
3　化学架橋を工夫したアクリル酸アルキルコポリマー「アクペックSER」 …… 110
 3.1　アクペックSERとは …………… 110
 3.2　アクペックSER水溶液の増粘挙動 … 110
 3.3　アクペックSERの耐塩性 ……… 112
 3.4　乳化能力 ………………………… 113
 3.5　顔料の分散 ……………………… 113
4　アクペックSERと界面活性剤の相乗効果 …………………………………… 114
 4.1　高分子界面活性剤と低分子界面活性剤の相互作用 ………………… 114
 4.2　アクペックSERとアニオン系界面活性剤の相互作用 ……………… 115
 4.3　アクペックSERと両性界面活性剤の相互作用 ………………………… 116
 4.4　アクペックSERとノニオン系界面活性剤の相互作用 ………………… 117
5　おわりに …………………………… 118

第13章　低泡性かつ界面活性能に優れた界面活性剤　斉藤大輔

1　低泡性かつ界面活性能に優れた界面活性剤が要求される背景 …………… 119
2　泡立ちのメカニズム ………………… 119
3　泡立ちと界面活性剤構造の相関 …… 122
4　低泡性かつ界面活性能に優れたノイゲン®LF-Xシリーズ ………………… 124
5　おわりに …………………………… 125

第14章　高純度モノアルキルリン酸塩の会合挙動　田中佳祐

1　はじめに …………………………… 127
2　直鎖型モノセチルリン酸（NIKKOLピュアフォスα） ………………… 127

| 2.1 αゲルとは ………………… 127
| 2.2 直鎖型モノセチルリン酸（NIKKOL ピュアフォスα）の自己組織化挙動 ………………………………… 128
| 3 β分岐型モノヘキサデシルリン酸アルギニン（NIKKOLピュアフォスLC）の自己組織化挙動 ……………… 131
| 4 おわりに ………………… 132

第15章　熱分解型フッ素系界面活性剤の開発　　高野　啓

1 はじめに ………………………… 134
2 熱分解型フッ素系界面活性剤 ……… 134
　2.1 レベリング性とリコート性の両立のための設計コンセプト ………… 135
　2.2 当社のフッ素系活性剤"メガファック"シリーズにおけるDS-21の位置づけ ………………………… 135
　2.3 メガファックDS-21の性状および基本物性 ………………………… 136
　2.4 メガファックDS-21のレベリング性能 ……………………………… 137
　2.5 メガファックDS-21の熱分解挙動 … 137
　2.6 塗膜表面の評価 ………………… 138
　2.7 まとめ ………………………… 139
3 熱分解型フッ素系界面活性剤の応用事例 ………………………………… 139
　3.1 ディスプレイ材料用各種レジストへの応用 ……………………… 139
　3.2 低誘電材料として用いるPTFEの分散剤 ………………………… 140
　3.3 機能性表面の創生 ……………… 140
4 今後の展望 ………………………… 141

〔第3編　界面活性剤の応用分野〕

第16章　医薬品分野における界面活性剤利用技術　　川上亘作

1 医薬品用途に利用される界面活性剤 … 143
2 経口剤への利用 …………………… 143
3 注射剤への利用 …………………… 146
4 その他の投与経路への利用 ………… 148
5 リン脂質の利用 …………………… 148
6 おわりに ………………………… 149

第17章　食品用界面活性剤　　小川晃弘

1 はじめに ………………………… 151
2 乳化剤について …………………… 151
3 乳化剤の種類と性質 ……………… 152
　3.1 グリセリン脂肪酸エステル ……… 152
　3.2 レシチン ……………………… 154
　3.3 ショ糖脂肪酸エステル ………… 154
　3.4 その他の乳化剤 ………………… 155
4 乳化剤の機能と食品への応用 ……… 155
　4.1 界面活性能に基づく機能 ………… 155
　4.2 油脂との相互作用 ……………… 156
　4.3 澱粉との相互作用 ……………… 157
　4.4 タンパク質との相互作用 ………… 157
5 食品における乳化剤の使い方 ……… 158
6 おわりに ………………………… 159

第18章　化粧品用の界面活性剤　山口俊介

1　はじめに …………………………… 162
2　化粧品における界面化学 ………… 162
3　化粧品に使用される非イオン界面活性剤 ……………………………………… 163
　3.1　ポリオキシエチレン脂肪酸 …… 163
　3.2　ポリオキシエチレンソルビタン脂肪酸エステル ………………………… 164
　3.3　ポリオキシエチレン硬化ヒマシ油 ………………………………………… 164
　3.4　ポリオキシエチレンソルビトールテトラ脂肪酸エステル …………… 165
　3.5　グリセリン脂肪酸エステル …… 165
　3.6　ソルビタン脂肪酸エステル …… 167
　3.7　ポリグリセリン脂肪酸エステル … 168
　3.8　ショ糖脂肪酸エステル ………… 169
　3.9　アルキルポリグルコシド ……… 170
4　おわりに …………………………… 171

第19章　身体洗浄用界面活性剤　坂井隆也

1　はじめに
　〜身体用洗浄剤と界面活性剤〜 …… 172
2　身体洗浄用界面活性剤の使い方 … 173
　2.1　第一界面活性剤 ………………… 173
　2.2　補助界面活性剤 ………………… 174
3　固形石けん ………………………… 176
　3.1　固形石けんの第一界面活性剤 … 176
　3.2　固形石けんの補助界面活性剤 … 177
4　液体全身洗浄料（ボディーシャンプー）・洗顔料 ………………………………… 177
　4.1　液体全身洗浄料・洗顔料の第一界面活性剤 ……………………………… 178
　4.2　液体全身洗浄料・洗顔料の補助界面活性剤 ……………………………… 179
5　シャンプー ………………………… 181
　5.1　シャンプーの第一界面活性剤 … 181
　5.2　シャンプーに用いられる補助界面活性剤 ……………………………… 182
6　ヘアコンディショナー …………… 182
　6.1　ヘアコンディショナーの第一界面活性剤 ……………………………… 183
　6.2　ヘアコンディショナーの補助界面活性剤 ……………………………… 183
7　おわりに …………………………… 184

第20章　快適で環境にやさしい洗剤のための界面活性剤　金子行裕

1　はじめに …………………………… 186
2　台所用洗浄剤における効率洗浄の実現 ………………………………………… 186
3　衣料用液体洗剤における植物由来の界面活性剤の活用 ……………………… 188
　3.1　α-スルホ脂肪酸メチルエステル塩 ………………………………………… 189
　3.2　脂肪酸メチルエステルエトキシレート ………………………………………… 190
4　おわりに …………………………… 191

第21章　工業用洗浄剤への界面活性剤応用技術　中川和典

1　はじめに …………………………… 193
2　界面活性剤の分類と性能について ‥‥ 194
3　洗浄のメカニズムと界面活性剤の役割について …………………………… 195
　3.1　油性汚れの除去機構 ……………… 196
　3.2　固体微粒子汚れの除去機構 ……… 197
　3.3　留意すべきポイント（再付着防止，泡立ち，すすぎ）……………… 198
4　おわりに …………………………… 199

第22章　樹脂添加用フッ素系界面活性剤　三橋雅人

1　はじめに …………………………… 201
2　ヤングの式 ………………………… 201
3　樹脂表面のエネルギー …………… 203
4　パーフルオロアルキル化合物の特徴 ‥‥ 204
　4.1　パーフルオロアルキル基 ………… 204
　4.2　パーフルオロアルキル構造の合成 ‥‥ 205
　4.3　パーフルオロアルキル基の表面エネルギー ……………………… 206
5　樹脂への適用 ……………………… 206
　5.1　撥水撥油性の付与 ………………… 206
　5.2　親水性の付与 ……………………… 208
6　おわりに …………………………… 209

第23章　繊維用界面活性剤と界面化学　齋藤嘉孝

1　はじめに …………………………… 210
　1.1　繊維加工業界における界面活性剤の用途 ………………………… 210
2　精練剤 ……………………………… 210
3　ポリエステル用分散均染剤 ……… 213
4　オリゴマー除去剤 ………………… 214
5　綿用フィックス剤 ………………… 215
6　難燃剤 ……………………………… 216
　6.1　カーテンの耐久難燃加工 ………… 217
7　撥水剤 ……………………………… 218
8　耐久吸水加工剤 …………………… 220
9　おわりに …………………………… 220

第24章　コンクリート用界面活性剤　岡田和寿

1　はじめに …………………………… 221
2　混和剤の減水性 …………………… 223
　2.1　空気連行による減水効果 ………… 223
　2.2　静電反発力によるセメント分散効果 ……………………………… 225
　2.3　立体反発力によるセメント分散効果 ……………………………… 225
3　混和剤への機能付与 ……………… 228
　3.1　増粘させる ………………………… 228
　3.2　乾燥収縮を低減させる …………… 229
　3.3　CO_2排出削減への取組み ……… 229
4　おわりに …………………………… 231

第25章　塗料用界面活性剤　久司美登

- 1　はじめに …………………………… 233
- 2　塗料に用いられる界面活性剤の種類… 233
  - 2.1　消泡剤 ………………………… 233
  - 2.2　レベリング剤 ………………… 233
  - 2.3　ハジキ防止剤 ………………… 234
  - 2.4　増粘剤・粘性制御剤 ………… 234
- 2.5　色別れ防止剤 ………………… 235
- 3　顔料分散剤 ………………………… 235
  - 3.1　顔料分散剤とは ……………… 235
  - 3.2　分散剤の構造とはたらき …… 236
  - 3.3　分散剤の適用事例 …………… 237
- 4　高分子乳化剤 ……………………… 240

[第1編　界面活性剤の最新研究]

第1章　再生可能原料を用いた合成界面活性剤の機能

荒牧賢治[*1], 鯉谷紗智[*2]

1　はじめに

　合成系界面活性剤は安価に製造でき，高機能であることから洗浄剤，化粧品などの日用品から化成品の製造などに幅広く用いられている。一方，資源，環境，安全面や消費者へアピールできる商品開発の観点から，近年特に再生可能原料から合成された界面活性剤も求められている。また，これらの界面活性剤は糖，グリセリン，アミノ酸などの化学的特徴を活用することにより石油系合成界面活性剤には見られない新たな機能を引き出せることもある。本稿ではアミノ酸系，ショ糖系，ポリグリセリン系の界面活性剤による機能性を引き出した例について述べる。

2　ひも状ミセルによる水，油の増粘効果

2.1　ひも状ミセル

　球状ミセルが形成された水溶液の粘性率は水のそれと大差ないが，高分子鎖のように長く成長したひも状ミセル水溶液での粘性率は水の1000万倍にまで達する場合がある。それと同時に溶液は非ニュートン性，粘弾性体となり，ゲル状の素材として利用できる。このような増粘効果は泡沫からの排液を抑制するため，シャンプーや食器用洗剤などの泡沫安定化に使われている。また，水に鎖状高分子を少量添加することで，トムズ効果（DR効果）といった流体摩擦抵抗の大幅な低減が引き起こされる現象が知られている。DR効果は地域冷暖房システムの省エネルギー技術として有効であることが示されている[1, 2]。最近では循環系で分子鎖の切断が起こる高分子DR剤に代わり，送液ポンプでの剪断で壊れても数秒程度で構造を回復する自己修復性能をもつひも状ミセルの利用が主流である。

　球状ミセルから棒状ミセルへの構造転移は臨界充填パラメータが1/3から1/2になるように系を制御することで得られる。最もよく知られる例としてイオン性界面活性剤であるモノアルキル4級アンモニウム塩に有機電解質であるサリチル酸ナトリウムを添加する系があり，DR剤として市販されている。また，親水性界面活性剤-親油性界面活性剤混合割合[3]，アニオン性界面活性剤-カチオン性界面活性剤混合割合[4]を調節することでも得られる場合があり，洗浄剤などの泡沫安定化などに貢献している。

　[*1]　Kenji Aramaki　横浜国立大学　大学院環境情報研究院　准教授
　[*2]　Sachi Koitani　横浜国立大学　大学院環境情報学府

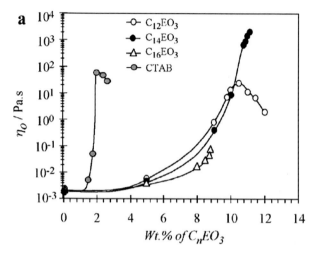

図1　ラウロイルグルタミン酸-トリエタノールアミンと非イオン界面活性剤,
カチオン性界面活性剤混合水溶液系の25℃におけるゼロ剪断粘度

2.2　アシルアミノ酸エステルによるひも状ミセルの形成

　低刺激性洗浄剤などに利用されているアシルアミノ酸エステルは分子内に2つのカルボキシ基を有し,中和度に応じて親水性を変化させることができる。ナトリウム塩ではクラフト点が高くなることがあるが,トリエタノールアミンやリジンで中和させると,クラフト点が低く使用しやすくなる。SDSなどの親水性界面活性剤と同様に疎水性の非イオン界面活性剤[5〜7]や親水性のカチオン性界面活性剤[8]を混合させることで(場合によってはMgCl$_2$などの電解質も添加することで)ひも状ミセルが形成される。図1はラウロイルグルタミン酸をトリエタノールアミンで中和したものにポリ(オキシエチレン)型非イオン界面活性剤($C_{12}EO_3$, $C_{14}EO_3$, $C_{16}EO_3$),カチオン性界面活性剤(CTAB)を添加した水溶液の25℃におけるゼロ剪断粘度η_0を示している。補助界面活性剤を添加しないときは低粘度であるが,非イオン界面活性剤添加量が増すと徐々にη_0は増加し,特に$C_{14}EO_3$系においては10^3Pa sオーダーまで増粘している。このような増粘系ではマクスウェルモデルで記述されるような粘弾性体となり,温度変化に対してはアレニウス式で記述される典型的なひも状ミセル水溶液系の挙動を示す。

2.3　ショ糖脂肪酸エステルによるひも状ミセルの形成

　非イオンのひも状ミセルは電解質やpHの影響を受けにくい増粘系を構築できる。ポリ(オキシエチレン)型界面活性剤でもひも状ミセルが形成されることがあるが[9,10],一般的な傾向として増粘しにくい場合が多い。一方,ショ糖脂肪酸エステルは主に食品用乳化剤,分散剤として用いられている非イオン界面活性剤である。温度変化に対して親水性-親油性バランスの変化が少なく,油過剰系においても界面活性を発揮しやすい。また,ひも状ミセル形成にも適した非イオ

第1章　再生可能原料を用いた合成界面活性剤の機能

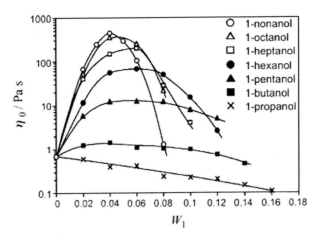

図2　水/$C_{16}SE$/直鎖脂肪族アルコール系の30℃におけるゼロ剪断粘度η_0を$C_{16}SE$とアルコール中のアルコールの重量分率（W_1）に対してプロットしたもの。水の重量分率は0.9で固定

ン界面活性剤である。

　図2は水／ショ糖パルミチン酸エステル（$C_{16}SE$）／直鎖脂肪族アルコール系の30℃におけるゼロ剪断粘度η_0を示したものである[11]。$C_{16}SE$水溶液のゼロ剪断粘度は1 Pa s程度であるが、$C_{16}SE$の4～6％をアルコールで置換すると、最大400 Pa s以上まで急激に増粘することがわかる。アルコールの炭素数が多くなると増粘するが、クラフト点の上昇によりC_{10}以上では水和固体相が析出してしまう。また、アルコールの添加割合が多くなると粘度は減少に転じる。この挙動はミセル長が短くなるのではなく、伸長したひも状ミセル同士が結合し、分岐したひも状ミセルを形成することにもとづく。アルコールの代わりに脂肪酸[12]や親油性のポリ（オキシエチレン）型界面活性剤[13]を用いても増粘することが知られている。

2.4　逆ひも状ミセル形成による油の増粘

　原油輸送や潤滑油においてもDR剤あるいは粘度調整剤として高分子が添加されるが、循環利用により高分子鎖が切断され性能を失っていく。さらに、オイルクレンジング剤などの油剤ベースの化粧品製剤でも有効な高分子増粘剤が限られているだけでなく、十分な使用感を得られないという問題がある。水中で親水基を外側に向けたひも状ミセルに対して、非極性溶媒中で親水基を内側に向けた逆ひも状ミセルが形成される場合もある。レシチンは有機溶媒中では球状もしくは楕円形のミセルを形成する。しかし、球状の逆ミセル溶液に微量の水や極性添加物（ホルムアミド、グリセリンなど）が加わると、逆ひも状ミセルが形成され、そのネットワーク形成により増粘する[14,15]。さらにRaghavanら[16,17]は水の代わりに胆汁酸塩、橋崎ら[18,19]は尿素やショ糖脂肪酸エステルを加えた系を報告している。しかし、レシチン以外の界面活性剤による逆ひも状ミセルの研究例は非常に少ない。ポリ（オキシエチレン）型界面活性剤では親水基が油に溶解する

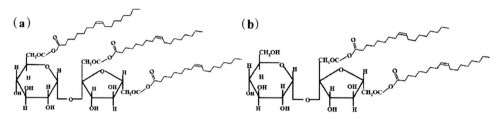

図3　(a)STOおよび(b)SDOの分子構造

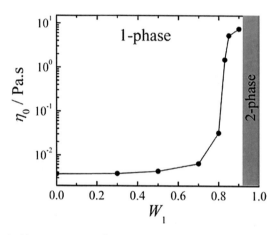

図4　ヘキサデカン/STO/SDO系におけるゼロ剪断粘度（η_0）と相挙動（25℃）

ため，本質的に逆ミセルを形成しにくい。また，イオン性界面活性剤ではAOTによる逆ミセルの研究例が数多くあるが，逆ひも状ミセルの報告はない。しかし，非イオン界面活性剤であるショ糖脂肪酸エステルのショ糖部は水素結合により集合傾向が強く，逆ひも状ミセルを形成させることができる[20]。

図3に示したショ糖トリオレイン酸エステル（STO）はヘキサデカン中で球状の逆ミセルを形成する。一方，STOに比べて親油性の弱いショ糖ジオレイン酸エステル（SDO）はヘキサデカン中では分子集合体を形成せず，相分離する。STOとSDOの混合組成を変化させてゼロ剪断粘度を測定した結果を図4に示す。

W_1は全界面活性剤中のSDOの重量分率である。SDOの添加量が少ないとゼロ剪断粘度η_0の変化は見られないが，$W_1=0.5$になると，僅かではあるが増粘が見られる。さらにSDOが添加されると（$W_1 \geqq 0.8$）ゼロ剪断粘度η_0の著しい増加が見られる。この増粘挙動は一次元方向への成長に伴う逆ひも状ミセルの形成によることが，小角X線散乱測定によって明らかにされている。

第1章 再生可能原料を用いた合成界面活性剤の機能

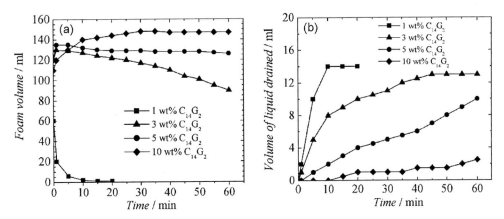

図5　$C_{14}G_2$/オリーブ油系の25℃におけるピッカリング泡沫体積(a)と排液量(b)の時間変化

3　モノおよびポリグリセリン脂肪酸エステルの結晶・液晶微粒子による泡沫安定化

　固体微粒子による泡沫やエマルションの安定化は食品，化粧品などでよく使われる技術である。また，海洋へ流出した原油が大量の海水を取り込み，乳化物を形成するため，除去作業に支障を与えるといった問題を引き起こす仕組みとしても知られている。これらはタンパク質，無機微粒子，有機高分子微粒子，有機結晶微粒子などが気液，液液界面に吸着することで強固な界面膜を形成することで得られ，ピッカリング泡沫やピッカリングエマルションと呼ばれる[21,22]。ここではモノおよびポリグリセリン脂肪酸エステルの水溶液系，非極性溶媒系における相挙動を利用したピッカリング泡沫の形成について述べる。

　モノグリセリドおよび重合度の小さい（2～5程度）ポリグリセリン脂肪酸エステルは親油性の乳化剤や分散剤として用いられている。そのうち飽和脂肪酸エステルの水溶液系では多くの場合，室温付近で水和結晶を形成する。融点以上においてはラメラ液晶，逆ヘキサゴナル液晶，逆キュービック相などのリオトロピック液晶を形成し，希薄系ではそれらと水相との2相平衡となる。しかしオレイン酸などの不飽和脂肪酸のエステルでは室温付近でもリオトロピック液晶が形成されることがある[23]。これらの希薄水溶液系において泡沫安定化が報告されており，通常の界面活性剤による起泡性，泡沫安定性を支配する表面物性とは関連が低く，サブミクロンサイズの液晶，結晶微粒子吸着によるピッカリング泡沫の形成による安定化機構が支配的である。モノおよびジグリセリン脂肪酸エステル系においても同様の仕組みでピッカリング泡沫形成が報告されている[24,25]。

　一方，非極性溶媒系においてもグリセリン脂肪酸エステル結晶[24]，ジグリセリン脂肪酸エステル結晶[26,27]によるピッカリング泡沫が報告されている。図5はジグリセリンミリスチン酸エステル（$C_{14}G_2$）/オリーブ油系の泡沫の経時変化の様子を示している。$C_{14}G_2$濃度が5，10％のとき，

界面活性剤の最新研究・素材開発と活用技術

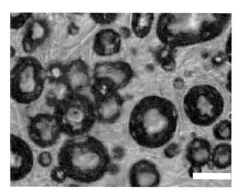

図6　ピッカリング泡沫の光学顕微鏡写真（スケールバーは20μm）

25℃において240分後まで泡沫体積の変化はほとんど見られず，10%においては1ヶ月後まで安定であった。排液速度は$C_{14}G_2$濃度の低下に対応して速くなり，泡沫安定性は少量の水の添加により向上する。この泡沫の光学顕微鏡写真（図6）では10〜20μm程度の気泡の周囲をα型結晶が覆っている様子がわかる。

4　ポリグリセリン型界面活性剤水溶液系の相挙動とニオソーム形成

ポリグリセリン型界面活性剤（ポリグリセリン脂肪酸エステル，ポリグリセリンアルキルエーテル）は非イオン界面活性剤であるが，ポリ（オキシエチレン）型界面活性剤と異なり温度による親水性-親油性バランスの変化が少ないことが特徴である。また，原料のグリセリンは油脂製品やバイオ燃料製造の副生成物として利用拡大が求められている。特に化粧品，医薬品，農薬などに利用するために，相挙動の解明と分子集合系マテリアルの構築を行うことが重要である。

ポリグリセリン鎖に複数の脂肪酸がグラフト鎖として結合したポリグリセリン脂肪酸エステルは食品用乳化剤として広く用いられており，水溶液系の相挙動や結合脂肪酸鎖数と集合体構造，曇点，HLB温度の関係が國枝ら[28,29]により報告されている。また，加水分解を起こしにくいポリグリセリンモノアルキルエーテルの相挙動[30]も報告されている。最近，2つの疎水鎖をポリグリセリン鎖の末端に結合させたポリグリセリンジアルキルエーテル（図7）系の相挙動とその分子構造の特徴を利用したニオソーム形成が報告[31]された。

ニオソームは非イオン界面活性剤のベシクルの総称であり，リポソームに比べて，安価な原料，高い化学的安定性，分子設計による表面修飾の容易さなどの特徴があるため，ドラッグデリバリーシステムの担体として利用されている。ポリグリセリンジアルキルエーテル水溶液系では，2つの疎水基を有するリン脂質やジアルキル型四級アンモニウム塩と同様に，ラメラ液晶が主に相図（図7）中にあらわれる。希薄領域ではラメラ液晶と水との2相平衡となり，超音波分散などを行うことにより直径100 nm程度のマルチラメラ型のニオソームが形成される。図7で

第1章　再生可能原料を用いた合成界面活性剤の機能

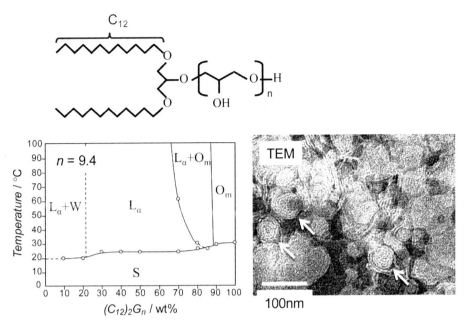

図7　ポリグリセリンジアルキルエーテルの分子構造，水溶液系状態図およびネガティブ染色法による透過型電子顕微鏡写真（濃度1 wt%）

は親水基の重合度が9.4のものであるが，重合度を変えてもラメラ液晶が主に形成される傾向は変わらず，通常の1親水基-1疎水基型界面活性剤と異なり，親水性-親油性バランスを変えても集合体中の分子膜の曲率は大きく変化しないことがわかる。

5　おわりに

再生可能原料を用いた合成界面活性剤は石油系合成界面活性剤と天然の界面活性物質（バイオサーファクタントや脂質類）の間に位置する界面活性剤である。資源利用，環境適合性，安全性，商業的メリットなどの側面があるのは当然であるが，本稿ではその界面化学的特徴について従来の界面活性剤より優れている点について紹介した。今後も特徴的な界面化学物性，集合体形成挙動が見つかることにより，医薬品，食品，化粧品などを中心とした応用展開が期待できる。

文　　献

1) R. Zana et al., "Giant Micelles", p.488, CRC (2007)
2) 佐伯隆, 化学工学, **74**, 160 (2010)
3) D. P. Acharya et al., *Phys. Chem. Chem. Phys.*, **6**, 1627 (2004)
4) H. Yin et al., *J. Colloid Interface Sci.*, **338**, 177 (2009)
5) R. G. Shrestha et al., *J. Colloid Interface Sci.*, **322**, 596 (2008)
6) R. G. Shrestha et al., *Colloid Surf. A*, **332**, 103 (2009)
7) R. G. Shrestha et al., *J. Oleo Sci.*, **58**, 243 (2009)
8) K. Aramaki et al., *J. Oleo Sci.*, **59**, 203 (2010)
9) N. Naito et al., *J. Oleo Sci.*, **53**, 599 (2004)
10) D. Varade et al., *J. Colloid Interface Sci.*, **312**, 489 (2007)
11) K. Aramaki et al., *Colloid Surf. A*, **366**, 58 (2010)
12) K. Aramaki et al., *Colloid Surf. A*, **396**, 278 (2012)
13) A. Maestro et al., *J. Phys. Chem. B*, **108**, 14009 (2004)
14) Y. A. Shchipunov, *Colloids Surf. A*, **183**, 541 (2001)
15) T. H. Ibrahim et al., *Langmuir*, **20**, 3114 (2004)
16) S. H. Tung et al., *J. Am. Chem. Soc.*, **128**, 5751 (2006)
17) S. H. Tung et al., *Langmuir*, **23**, 372 (2007)
18) K. Hashizaki et al., *Colloid Polym. Sci.*, **287**, 927 (2009)
19) K. Hashizaki et al., *Colloid Polym. Sci.*, **287**, 1099 (2009)
20) L. K. Shrestha et al., *Langmuir*, **27**, 2340 (2011)
21) B. P. Binks et al., *Nature Materials*, **5**, 865 (2006)
22) S. Lam et al., *Current Opin. Colloid Interface Sci.*, **19**, 490 (2014)
23) L. K. Shrestha et al., *J. Colloid Interface Sci.*, **301**, 274 (2006)
24) L. K. Shrestha et al., *Langmuir*, **22**, 8337 (2006)
25) L. K. Shrestha et al., *Colloid Surf. A*, **293**, 262 (2007)
26) L. K. Shrestha et al., *Langmuir*, **23**, 6918 (2007)
27) R. G. Shrestha et al., *Colloids Surf. A*, **353**, 157 (2010)
28) M. Ishitobi et al., *Colloid Polym Sci.*, **278**, 899 (2000)
29) H. Kunieda et al., *J. Colloid Interface Sci.*, **245**, 365 (2002)
30) Y. Matsumoto et al., *Colloid Surf. A*, **341**, 27 (2009)
31) K. Aramaki et al., *Langmuir*, **31**, 10664 (2015)

第2章　ジェミニ型両親媒性物質の実用化も意識した研究展開

酒井健一*

1　はじめに

ジェミニ（双子）型界面活性剤とは，通常の一鎖一親水基型界面活性剤2分子を連結基（スペーサー）でつなげた機能性有機材料である。ジェミニ型界面活性剤の一般的な特徴をまとめると，以下のようになる。

① きわめて低い臨界ミセル濃度（cmc）を有しつつ，良好な水溶解性を示す。
② 表面張力の低下能に優れている。
③ 比較的低い濃度領域からでも，ひも状ミセルやベシクルといった分子集合体を自発的に形成する。

すなわち，ジェミニ型は比較的少ない添加量でも一鎖一親水基型に匹敵する，あるいはそれに勝るとも劣らない界面化学的な機能を発現できるとされており，従来型の界面活性剤に代わってジェミニ型を化成品中に配合すれば，界面活性剤の総使用量を低減できる。香粧品や洗浄剤等の一般消費者にとって，界面活性剤はどちらかというとネガティブな印象をもたれる成分であり，その使用量削減は商品の低コスト化のみならずイメージアップにもつながる。つまり，従来型に代わってジェミニ型を使用することは時代の要請にかなっているが，現状，ジェミニ型への置き換えは多くの工業分野で進んでいない。この最も大きな理由は，ジェミニ型の製造コストが高いためである（ジェミニ型は従来型に比べて，その合成・精製プロセスが複雑になり，これが製造コストの高騰化を招く）。ジェミニ型への置き換えを推進するためには，ジェミニ型を安価に製造可能な工業プロセスの確立に加えて，ジェミニ型でなければ実現不可能な「何か」をそこに求められていると考えられる。筆者の所属する研究室ではこのような課題を意識しつつ，ジェミニ型界面活性剤（あるいは，より広い意味でジェミニ型両親媒性物質）の開発と界面化学的な機能評価を進めている。

ところで，日本油化学会発行のオレオサイエンス誌（2011年第9巻第5号）に「ジェミニ型界面活性剤の最近の展開」と題する特集が組まれた。この中で，ジェミニ型界面活性剤の研究史と基礎物性について，京都工芸繊維大学の老田達生教授[1]，奈良女子大学の吉村倫一教授[2]，ならびに筆者[3] がそれぞれ別の視点から解説を行った。筆者は，実用化を指向したジェミニ型界面活性剤として，オレイン酸（不飽和脂肪酸）を出発原料とした一連の界面活性剤について紹介した。執筆からすでに数年が経過し，オレイン酸系ジェミニ型界面活性剤に関する新たな知見も得

＊　Kenichi Sakai　東京理科大学　理工学部　工業化学科　講師

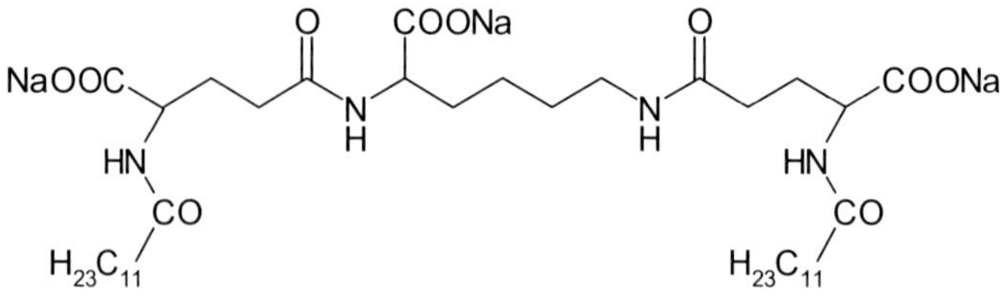

図1 ジラウロイルグルタミン酸リシンナトリウム塩（12-GLG-12）の代表的な化学構造

られてきているが[4,5]，本稿では内容の重複を避けるという意味から，同時並行で進めてきた別の取り組み事例について紹介する。

2 アミノ酸系ジェミニ型界面活性剤

筆者の把握している限り，工業レベルで市販されているジェミニ型界面活性剤（あるいは類似な構造を有する両親媒性物質）は日本国内において以下の4例である。

① 中京油脂㈱：二本鎖ビスカルボン酸塩型の両親媒性物質（商品名：ジェミサーフ）
② 旭化成㈱：ジラウロイルグルタミン酸リシンナトリウム塩（商品名：ペリセア）
③ タマ化学工業㈱：ビスピリジニウム四級アンモニウム塩型の両親媒性物質（商品名：ハイジェニア）
④ 日油㈱：ホスホリルコリン類似基を有する両性の両親媒性物質（商品名：ヴィノベール）

これらのうち，筆者の所属する研究室では②およびそのアルキル鎖長を変えた類縁体（化学構造を単純化したアミノ酸系ジェミニ型界面活性剤も含む）について，界面化学的な機能評価を行ってきた。②の代表的な化学構造を図1に示す。以下，この物質を12-GLG-12と略称する。12-GLG-12はグルタミン酸系の一鎖型界面活性剤（12-Glu）2分子がリシンによって結合された構造を有しており（Glu-Lys-Glu），厳密には二鎖三親水基型の界面活性剤といえる。12-GLG-12には皮膚や毛髪に対するダメージ修復能があるとされており[6,7]，界面機能のみならず生体作用という面からも興味深い素材である。

12-GLG-12および12-Gluの温度-濃度相図（水との二成分系・いずれもナトリウム塩）を図2に示す[8]。両界面活性剤とも，濃度が上昇するにつれて，ミセル溶液（W_m）相→非連続キュービック液晶（I_1）相→ヘキサゴナル液晶（H_1）相→ラメラ液晶（L_α）相へと転移した。また，温度が上昇すると，$I_1→H_1$および$H_1→L_\alpha$の相転移が共通して観測された。後者については，親水頭部およびスペーサー部周辺の脱水和（水素結合能の低下）が進行したことに伴い，親水頭部の見かけの占有面積が縮小，その結果，曲率の小さな分子集合体に転移していったと考えられる。一方，両界面活性剤を比較すると，12-GLG-12はH_1相領域，12-GluはI_1相領域がそれぞれ相対的に広くなっている。すなわち，同温度で比較すると，12-GLG-12の方が低濃度からでも曲率の小さな分子集合体を形成しやすいことが示された。

第2章 ジェミニ型両親媒性物質の実用化も意識した研究展開

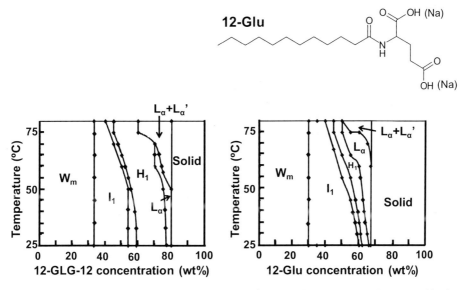

図2 12-GLG-12および12-Gluの温度-濃度相図（界面活性剤はナトリウム塩型として使用）
（文献8）より転載許可を得て，一部修正のうえ引用）

　アミノ酸系の界面活性剤は親水頭部の占有面積が大きく，水溶液中でひも状ミセル（球状ミセルが一次元方向に成長したミセル）を形成しづらい。そのため，ひも状ミセルの形成により水溶液の粘度を高めるためには，塩強度を高めたり，助剤を加えたりする必要がある[9]。筆者らは12-GLG-12の類縁体についても，陽イオン性の一鎖一親水基型界面活性剤（助剤）との混合系でひも状ミセルが形成され，水溶液の粘度が著しく上昇すること，またジェミニ型構造を有していることで比較的低濃度領域でもひも状ミセルを形成し得ることを報告した[8,10]。

　アミノ酸系ジェミニ型界面活性剤に関する応用展開として，αゲル（α型水和結晶とも呼ばれる）の調製も試みた[11]。αゲルは高粘度でしかも水を多量に保持可能なクリーム様の性状をしており，化粧品をはじめとする各種パーソナルケア商品の礎剤の一つとなっている。αゲルに関する学術論文の数はきわめて限定的ではあるものの，これまでに報告されてきた知見をまとめると，おおむね以下のようになる。

① 界面活性剤（両親媒性物質），長鎖アルコール，水の三成分混合系で調製される場合が多い。
② 白色で粘度が高い。
③ 長軸方向には二分子膜がラメラ状に配列し，層間に（多量の）水を吸収できる。
④ 短軸方向には水和結晶状態のアルキル鎖がヘキサゴナル状に配列する。
⑤ 熱力学的には非平衡状態であり，分散安定性や粘度が経時的に変化する。

　以上の知見は主に，一鎖一親水基型の界面活性剤を用いて調製されたαゲルに関するものである。一方，ジェミニ型でαゲルを調製したという報告例（学術論文）は筆者が調べた限り皆無で

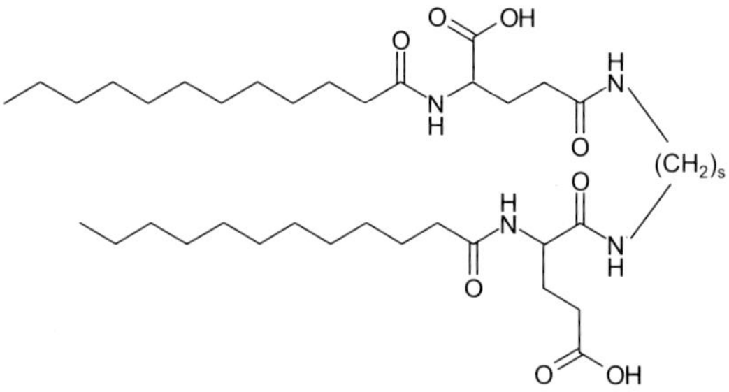

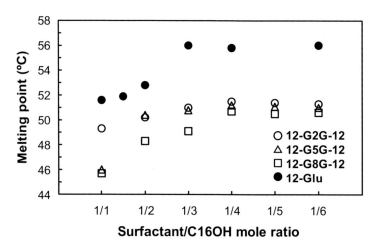

図3 アミノ酸系ジェミニ型界面活性剤（12-GsG-12；s＝2, 5, 8）の代表的な化学構造
（文献11）より転載許可を得て引用）

図4 各種界面活性剤を用いて調製されたαゲルの融点
1-ヘキサデカノールC16OHとの添加モル比依存性：系中の水量は90wt％に固定：ジェミニ型の場合には，
1分子内に2本のアルキル鎖があることに注意。
（文献11）より転載許可を得て引用）

あった。つまり，アミノ酸系であることはともかく，ジェミニ型でαゲルを調製すると，一鎖一親水基型の場合に比べて，形成されるαゲルの構造あるいは性質にどのような違いが生じるのか基礎科学的にも興味深いと思われた。

結果の解釈を容易にするため，ここでは図3に示すアミノ酸系ジェミニ型界面活性剤（12-GLG-12よりも化学構造が単純化されている）を用いた。αゲルの形成確認は主に，示差走査熱量（DSC）測定と小角広角X線散乱（SWAXS）測定により行った。DSCの測定からは，αゲルの融点を決定することができると同時に，系中に長鎖アルコールが過剰量存在する（つまり，αゲルの構造中に取り込まれなかった長鎖アルコールが系中に存在する）場合にはそのことも判定可能である。図4に各組成で調製されたαゲルの融点を示す[11]。アルキル鎖1本あたりで比較すると，一鎖型（12-Glu）の場合には界面活性剤：長鎖アルコール（1-ヘキサデカノール，

第2章 ジェミニ型両親媒性物質の実用化も意識した研究展開

C16OH) ＝ 1：3のモル比でαゲルの融点が最高に達した（つまり、αゲル中に取り込まれたC16OHが飽和量に達した）のに対し、ジェミニ型の場合には1：2のモル比で同様の状態になった。すなわち、ジェミニ型によるαゲルは一鎖型のそれに比べて、取り込み得るC16OHの分子数が少ない。換言すると、C16OHの混合モル比が低くても飽和状態に達することがわかった（アルキル鎖数で規格化したときの比較）。なお、オレオサイエンス誌（2016年第16巻第7号）の特集企画「αゲルについて考える」の中でも、筆者はこの研究成果を題材に、今後の研究展望を述べている[12]。そちらの解説記事もあわせて参照頂ければ幸いである。

3 アルキルアミン・アルキルカルボン酸による複合体
（擬似ジェミニ型両親媒性物質）

冒頭で述べたように、ジェミニ型界面活性剤の市場展開あるいは用途開発を拒む最大の要因は、製造コストの高騰化にある。筆者の所属する研究室では最近、複雑な有機合成プロセスを経由することなく、ジェミニ型界面活性剤と同等な機能を有する素材として、アルキルアミンとアルキルカルボン酸の複合体（擬似二鎖型あるいは擬似ジェミニ型の両親媒性物質と呼んでいる）に着目している。アミンとカルボン酸はプロトンの授受（酸塩基反応）により溶液中で複合体を形成するが、この反応は両者を常温下、単純に混合するだけで達成される。また、陽イオン性と陰イオン性の界面活性剤混合系とは異なり、アミンとカルボン酸の複合化にあたっては、両者に対イオンが存在しないため、水中で「その場」混合しても系のイオン強度が上がらないという特徴もある。

三級のアルキルアミンとアルキルジカルボン酸を水中で混合した溶液について、その表面張力－濃度プロットを作成した。結果を図5に示す[13]。これら化合物の構造は図5中に示してある。純水に対するアルキルアミンとアルキルジカルボン酸の溶解量はそれぞれ限定的であるが、これらを2：1のモル比で混合すると、透明な水溶液が得られた。類似な構造を有する四級アンモニウム塩型界面活性剤の表面張力－濃度プロットも図5中に示してあるが、アミン－カルボン酸複合体系の方が界面活性能は明らかに高くなった（表面張力が全体的に低く、cmcに相当する屈曲点も1桁程度、低濃度側にシフトした）。系中に存在するアミンとカルボン酸がすべて2：1型の複合体として挙動しているのか、つまり溶液中にフリーな状態として存在するアミンないしカルボン酸と複合体（2：1型に限らず1：1型等も含めて）との平衡関係がどのようになっているのか、現時点では未解明であるものの、通常のジェミニ型界面活性剤に匹敵する優れた界面活性能を有しているという点で、このようなアミン－カルボン酸の複合系は非常に興味深いと思われる。

筆者らが取り組んできたもう一つの例として、アルキルアミンとアシルグルタミン酸の複合系がある。前述のように、アミノ酸系界面活性剤の水溶液を増粘させるためには何らかの工夫を要するが、本系ではアルキルアミンを有機対イオンとして複合化させることでひも状ミセル水溶液

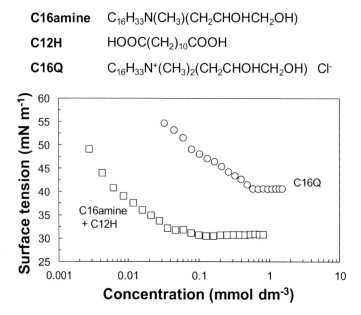

図5 三級アルキルアミン（C16amine）・アルキルジカルボン酸（C12H）複合体の水系表面張力-濃度プロット
C16amine：C12H = 2：1のモル比で混合
（文献13）より転載許可を得て，一部修正のうえ引用）

あるいはハイドロゲルを調製し，その粘度を高めることができた[14,15]。本例の場合，アルキルアミンとアシルグルタミン酸をエタノール中で混合撹拌（室温）することで複合体を調製し，それをエタノールから分離後，水に溶解させることでサンプルを得た。NMRスペクトルおよび質量分析の結果から，二級ないし三級のアルキルアミンはアシルグルタミン酸と1：1型の複合体を形成する一方，一級のアルキルアミンはアシルグルタミン酸と2：1型の複合体を形成することがわかった。なお，後者はpHに依らず水に不溶であった（アルキル鎖長が共にC12の場合）[14]。

一例として，三級のアルキルアミン（ジメチルドデシルアミン，12-DMA）と酸型のアシルグルタミン酸（12-Glu）で調製した1：1型複合体水溶液のゼロシア粘度とpHの関係を図6に示す[14]。動的粘弾性の測定結果から，pH5.6～5.8の領域でひも状ミセルの形成が示唆されている。このようなpH依存的な粘度挙動は，12-Gluの解離度の変化に起因しており，pHの低下に伴い球状ミセル（低粘度な水溶液）→ひも状ミセル（絡み合いに基づく著しく増粘した水溶液）→分岐あるいは融合したひも状ミセル（極大点に比べて粘度の低下した水溶液）への転移が進行していると考察した（図7）。また，アシルグルタミン酸のアルキル鎖を長くすると，特定のpH領域で水溶液はゲル化した[15]。球状ミセルを形成するpH領域に比べて，ハイドロゲル領域での粘度は10^7倍程度も増加しており（アシルグルタミン酸のアルキル鎖長がC16の場合），そのpH感受性はきわめて劇的かつ鋭敏であった。

第2章 ジェミニ型両親媒性物質の実用化も意識した研究展開

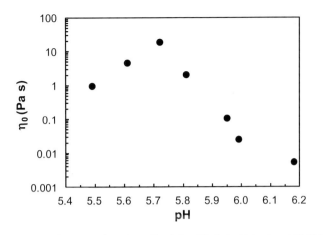

図6 アルキルアミン（12-DMA）-アシルグルタミン酸（12-Glu）1：1型複合体水溶液の
ゼロシア粘度 η_0 に及ぼすpHの効果
複合体の濃度は3 wt%に固定
（文献14）より転載許可を得て引用）

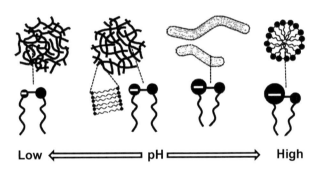

図7 アルキルアミン（12-DMA）-アシルグルタミン酸（12-Glu）1：1型複合体による
分子集合体形成の模式図
（文献14）より転載許可を得て引用）

4 ホスホリルコリン類似基を有する両性ジェミニ型両親媒性物質による乳化

　液体が関与する界面の性質は界面活性剤の存在により変化させられるが，通常，界面活性剤は分子溶解する溶液（連続）相と界面吸着相とに分配されるがゆえに，界面状態の制御に直接関与できる分子数はその添加量に比べて減少する。低炭素化社会の実現という観点からすると，添加量に対する有効量の低減は大いなる課題である。すなわち，界面の性質を最大限有効に制御するためには，添加された両親媒性物質は互いに混ざり合わない二相の界面に局在することが望まれる。このような観点から筆者らは，機能性界面制御剤（AIM）と称する新たな物質概念を提唱している[16, 17]。AIMは共存する二相にそれぞれ親和性を有するが，いずれの相にも実質的に分子

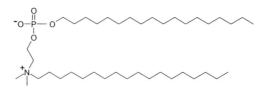

図8　18P-2-18Nの化学構造
（文献18) より転載許可を得て引用）

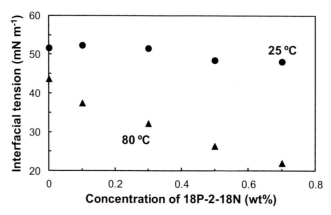

図9　ヘキサデカン／水界面張力の18P-2-18N濃度依存性
（文献18) より転載許可を得て引用）

溶解することはないという点で，いわゆる「界面活性剤」とはその概念を区別している。AIMに期待される機能は，形成された二相の界面に独立した第三相として存在し，二相を隔てる界面エネルギーを実質的にゼロレベルまで低下させることである。

　ホスホリルコリン類似基を有する両性のジェミニ型両親媒性物質は，工業レベルで市販されているジェミニ型両親媒性物質の一つである。本研究で使用した物質（18P-2-18N：化学構造を図8に示す）は，水や多くの油剤に実質的に不溶であることから，AIMとして機能することを期待しその乳化能を検討した[18]。18P-2-18Nによる水中油滴（O/W）型の乳化物は，あらかじめ18P-2-18Nを水中に分散させ，そこに油（例えばヘキサデカン）を加えてプローブ型超音波ホモジナイザーにより撹拌することで得た。このとき，乳化撹拌時には液晶状態，静置保存時にはゲル状態に18P-2-18Nの相状態を制御しておくことで，系の分散安定性を高めることができた。この現象を解明する目的で，18P-2-18Nの油（ヘキサデカン）／水界面張力を測定した。結果を図9に示す[18]。25℃（ゲル状態）では18P-2-18Nの濃度に依らず界面張力の低下は認められなかったのに対し，80℃（液晶状態）では濃度依存的に界面張力は低下した。80℃での乳化撹拌時，液晶状態の18P-2-18Nは通常の界面活性剤と同様の機構で油／水界面に吸着する。この後の降温（25℃・静置保存時）により18P-2-18Nは界面でゲル化，粉体乳化（ピッカリング乳化）と類似

第2章 ジェミニ型両親媒性物質の実用化も意識した研究展開

な機構で乳化系の安定性を高めていると考察した。AIM乳化では，クリーミングや凝集による見かけ上の不安定化はあっても，液滴間の合一は阻害され，わずかな外力の付与で元の分散状態に戻るという統一的な現象を見出しつつあるが，本系でもこの傾向に則した知見が得られたことになる。

5　おわりに

本稿では，「ジェミニ型両親媒性物質の実用化も意識した研究展開」として，筆者の所属する研究室での取り組み事例について紹介した。ジェミニ型両親媒性物質はたいへん魅力的な素材でありながら，工業レベルでの市販品はごく少数に限られ，それゆえに化成品への配合もなかなか進んでいない。ジェミニ型両親媒性物質の利用用途が今後拡大していくためには，読者諸氏からのご助言が必要不可欠であり，本稿で紹介した基礎検討結果がそのきっかけとなれば幸甚である。

文　　献

1) 老田達生ほか，オレオサイエンス，**11**, 313（2011）
2) 吉村倫一，オレオサイエンス，**11**, 319（2011）
3) 酒井健一ほか，オレオサイエンス，**11**, 327（2011）
4) K. Sakai et al., *J. Oleo Sci.*, **62**, 489（2013）
5) K. Sakai et al., *J. Oleo Sci.*, **63**, 257（2014）
6) 関口範夫ほか，フレグランスジャーナル，**36**, 67（2008）
7) 山本政嗣ほか，高分子，**58**, 919（2009）
8) R. G. Shrestha et al., *Langmuir*, **28**, 15472（2012）
9) R. G. Shrestha et al., *J. Colloid Interface Sci.*, **311**, 276（2007）
10) K. Sakai et al., *J. Oleo Sci.*, **63**, 249（2014）
11) K. Sakai et al., *Langmuir*, **30**, 7654（2014）
12) 酒井健一，オレオサイエンス，**16**, 327（2016）
13) H. Sakai et al., *J. Oleo Sci.*, **60**, 549（2011）
14) K. Sakai et al., *Langmuir*, **28**, 17617（2012）
15) K. Sakai et al., *Chem. Lett.*, **45**, 655（2016）
16) K. Sakai et al., *Langmuir*, **26**, 5349（2010）
17) 酒井健一ほか，オレオサイエンス，**12**, 321（2012）
18) K. Sakai et al., *Chem. Lett.*, **44**, 247（2015）

第3章　長鎖アルキルアミンオキシド誘導体の水溶液挙動-水素結合部位導入の効果

懸橋理枝[*1]，東海直治[*2]

1　はじめに

　両親媒性物質の自己組織化によるナノ構造を制御するには，両親媒性物質の分子間あるいは分子内相互作用の利用が極めて有効である。例えば，工業的にも重要な物性の1つである溶液のレオロジー制御では，分子間相互作用を利用し，絡み合った紐状ミセルを形成させることで粘弾性が発現する。しかしながら，これまでの代表的な自己集合ナノ構造体の構造転移の報告例は，例えば陽イオン性-陰イオン性界面活性剤混合系などのように，極性基の静電相互作用に基づくイオン対形成によるものが多かった[1]。これらは，形成される複合体の水への溶解度が極めて小さく，容易に沈殿を生成してしまう。共存塩によっても，さらに複合体の溶解領域が小さくなる。そのため，利用できる組成や濃度条件が非常に狭いという欠点があった。

　我々は長鎖アルキルアミンオキシド（LAO）に注目し，その水溶液物性について研究を行ってきた。LAOは，台所用洗剤にもしばしば配合される弱塩基性の界面活性剤で，水溶液のpHにより陽イオン種（プロトン化種）と非イオン種（脱プロトン化種）の組成を任意に調節できる点が特長である[2]。具体的には，アミンオキシド（AO）基のpKは5付近で，非イオン種のみとなるのはpH9程度以上である。LAOは広い濃度条件で溶解度が高く，他の界面活性剤と混合しても沈殿を生じにくいため混合成分として用いるのに適している。AES/ドデシルジメチルアミンオキシド混合系について，最近の興味深い報告もある[3]。

　LAOについては，分子間水素結合を考慮しない場合，混合ミセル中でのイオン種の割合（a）が0.2程度で臨界ミセル濃度（cmc）が最小になるというGoldsipeらの計算結果[4]があるが，ドデシルジメチルアミンオキシド（C12DMAO；図1）水溶液のpHを調整して得られる陽イオン/非イオン界面活性剤混合系では，それよりも陽イオン種の分率がずっと高い$a=0.5$程度で臨界ミセル濃度（cmc）は最小に，ミセルの会合数は最大になることが報告されている[5]。また，NaClを0.5M以上添加した場合，電荷間の静電反発があるはずの陽イオン種の方が非イオン種よりcmcが低くなる特異な挙動も報告されている[5]。これらは，プロトン化した陽イオン種と非イオン種のAO基間に形成される水素結合によるものと考えられ，赤外分光によりこれを支持する結果が得られている[6,7]。一般に，イオン種の分率を増加させるとイオン種間の静電反発により会合体の曲率は大きくなるが，LAOではイオン種導入により紐状ミセルやベシクルなど曲率の小さい会

　[*1]　Rie Kakehashi　（地独）大阪市立工業研究所　有機材料研究部　研究主任
　[*2]　Naoji Tokai　（地独）大阪市立工業研究所　有機材料研究部　研究主任

第3章　長鎖アルキルアミンオキシド誘導体の水溶液挙動-水素結合部位導入の効果

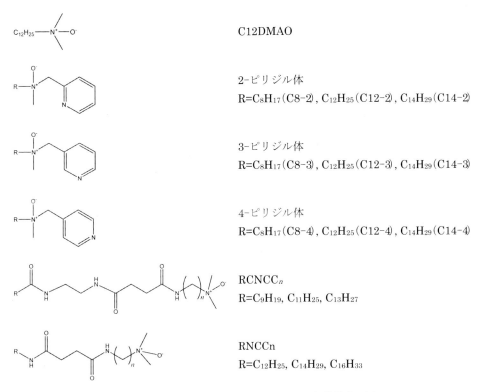

図1　今回用いたアミンオキシド誘導体の化学構造の例

合体の形成が確認されている[8~12]ことも上記の水素結合形成を支持している。つまりアミンオキシド系は，AO基のプロトン化による電荷の導入が水素結合部位の導入とカップリングする非常に興味深い系と言える。一方，AO基のプロトン化とカップリングする分子間水素結合を利用してナノ構造や溶液物性を制御するには，水溶液のpHを適切に調節する必要があるが，細かいpH調整は実用的ではない点が問題であった。この問題点を克服するため，新たな水素結合部位を導入した長鎖アルキルアミンオキシド誘導体を合成し，緩やかなpH条件下で水素結合形成を制御できる系の構築と，会合体構造および水溶液物性の制御を目指した。本稿では，水素結合部位としてピリジル基を導入した系[13]と，アミド基を導入した系[14~16]について紹介する。なお，シンプルな長鎖アルキルアミンオキシドの構造形成や水溶液物性の詳細については，総説を参照されたい[5,17]。

2　ピリジルアミンオキシド型界面活性剤

一分子中にアミンオキシド基とピリジル基の2つのプロトン化部位を有するN-メチル-N-ピリジルメチルアルキルアミンオキシド（PAO）では3種類の位置異性体が存在する。これらの

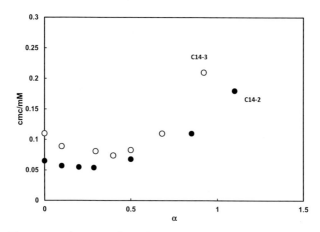

図2　PAO（R＝$C_{14}H_{29}$）の臨界ミセル濃度のプロトン化度依存性

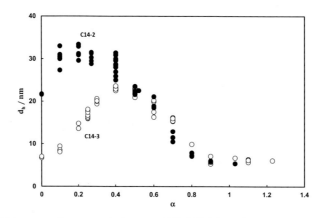

図3　PAO（R＝$C_{14}H_{29}$）ミセルの流体力学直径のプロトン化度依存性

化学構造を図1に示す。PAOは，2つのプロトン化部位（AO基とピリジル基）の位置によって，分子間水素結合だけでなく分子内水素結合が形成される可能性があり，単純なLAO系とは異なる溶液物性を示すことが期待できる。3つの位置異性体（それぞれ，2-ピリジル体，3-ピリジル体，4-ピリジル体とする）について，アルキル鎖長を8，12，および14と変化させた試料を準備した。

まず，PAOのプロトン化度（α）をPAO一分子に結合したプロトンの数と定義する（$0 \leq \alpha \leq 2$）。水素イオン滴定およびUV吸収スペクトル測定の結果から，2-ピリジル体は3-あるいは4-ピリジル体と比べ，2個目のプロトンが結合しにくいこと，そして，置換基の位置の違いに依らず，プロトン化はピリジル基よりもアミンオキシド基で優先的に起きることがわかった[13]。次に，置換基の位置の違いが，cmcや可溶化，ミセルの大きさなどにどのように影響するかを調べた。

3-ピリジル体では，単純なLAOと同様，プロトン化種（陽イオン種）と脱プロトン化種（非

第3章　長鎖アルキルアミンオキシド誘導体の水溶液挙動-水素結合部位導入の効果

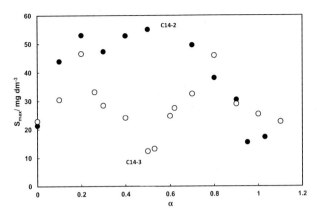

図4　PAO（R＝$C_{14}H_{29}$）ミセルへの油溶性色素Sudan Ⅲの可溶化量のプロトン化度依存性

イオン種）が1：1の組成（$\alpha \approx 0.5$；つまり，二分子のPAOにプロトンが1つ）でcmcは最小（図2），動的光散乱測定で評価したミセルサイズは最大（図3）であるにも関わらず，油溶性色素Sudan Ⅲの最大可溶化量は最小（図4）となった。これは，プロトン化種-脱プロトン化種間の強い分子間相互作用（水素結合など）によりパリセード層への可溶化が困難なことを示唆している[13]。また，ピリジル基を持たないシンプルなLAOであるC12DMAO（$\alpha \approx 0.5$）においても，ミセルサイズが最大であるにもかかわらず2-フェニルエタノールの最大可溶化量が極小を示すことがUchiyamaらにより報告されており[18]，3-ピリジル体と類似の挙動であった。一方，2-ピリジル体では$\alpha \approx 0.2$でcmcは最小（図2），ミセルサイズは最大（図3）となり，可溶化量も大きく（図4），3-ピリジル体とは大きく異なるプロトン化度依存性を示した。（4-ピリジル体は結晶性が高く水溶性に劣るため，今回は検討していない。）

一方，極低温高分解能透過電子顕微鏡（cryo-TEM）で観察したところ，2-ピリジル体のα = 0.2および0.5，3-ピリジル体のα = 0.2および0.5ではいずれも紐状ミセルが確認され，会合体構造やサイズに顕著な違いは見られなかった[13]。DLSで見積もった流体力学的なミセルサイズも，上記の組成ではせいぜい2倍程度の違いしかないことからも，ミセルの形態やサイズに大きな違いはないと考えられるが，プロトン化種と脱プロトン化種間の強い近距離相互作用が可溶化には極めて強く影響していることは興味深い。可溶化に界面活性剤混合系を適用する場合，混合成分は慎重に選択する必要があると言える。

既に述べたように，LAOについて分子間水素結合形成を考慮せずにミセル形成の自由エネルギーを計算した場合，αが0.2～0.3でcmcは極小となることが報告されているが[4]，2-ピリジル体の結果はそれとよく一致した。2-ピリジル体では2個目のプロトンが極めて結合しにくいことも実験から確認されており，ピリジル基とAO基間の分子内水素結合形成が示唆される。つまり，2-ピリジル体では分子内で水素結合を形成するため分子間水素結合形成が困難となり，その結果，水素結合を考えない場合のLAOのプロトン化度依存性の計算結果と一致したものと考えら

れる。PAO系では置換基の位置により分子内および分子間水素結合を制御できること，その結果cmcや可溶化挙動などの溶液物性も制御できることが明らかとなった。

3 アミドアミンオキシド型界面活性剤

次に，水素結合部位としてアミド基を導入したアミドアミンオキシド型界面活性剤（AAO）について検討した[14～16]。トリメチルアミンオキシド（TMAO）には蛋白質の安定化，変性剤との拮抗作用などが知られており，AO基とアミド基は反発的である[19]。これより，AAOのアミド基は表面での水和よりも会合体内部で水素結合を形成する傾向が示唆される。我々は，いくつかのタイプのAAOが，水や電解質水溶液ばかりでなく，複数の有機溶媒をゲル化・増粘することを見出した[15, 16]。一般のゲル化・増粘剤の多くは寒天やゼラチンに代表される高分子物質であるが，低分子の両親媒性物質の超分子形成によるゲル化・増粘に関する研究が最近増えてきている。そこで，低分子ゲル化・増粘剤としての応用を図るべく，AAOの化学構造と会合体構造，およびゲル化（増粘）温度の関係について調べた。AAOは，炭化水素鎖，アミド基，スペーサー，AO基からなり，それぞれのパーツを適宜調節することで会合体構造や溶液物性を制御できる点が特長である。例えば，炭化水素鎖を長くする，アミド基の数を増やす，あるいはスペーサーをある程度以上長くすると，AAOの水中での構造形成能は大きく向上する。また，これらのパーツの組み合わせ次第で，水以外の溶媒中での会合体形成や溶液物性の制御にも対応できる。

低分子ゲル化剤・増粘剤は，通常いったん加熱して溶媒に十分溶解させたのちに放冷するとゲル化（増粘）する。どの温度でゲル化（増粘）するかは，化学構造に由来する分子間相互作用に加え，会合体構造にも関係すると考えられる。ここでは水溶液系について説明する。界面活性剤濃度c_D = 50 mMとし，試料溶液を加熱後，放冷しながら音叉振動式粘度計SV-10A（A&D社製）を用いて粘度と温度を同時に測定し，温度の低下に伴い粘度が急激に増加し始める温度をゲル化温度T_gと定義した。T_gが高いほどゲルは広い温度領域で安定であり，T_gはゲルの安定性の指標の一つと言える。また，AAOの溶媒中での会合体構造をcryo-TEMで観察し，AAOの分子構造と会合体構造およびゲル化・増粘挙動を関連付け，ゲル化・増粘のメカニズムを推察した[16]。

本研究で合成したAAOの化学構造の例を図1に示す。アミド基を向い合せに3個配置したCNC型と，2個配置したNC型を主に用いた。アミド基の配列は，隣り合う分子のアミド基間で水素結合を形成しやすいように設計した。目視観察ではCNC型は水など高極性の溶媒に，NC型は低極性溶媒に対してゲル化・増粘性能を示した。この傾向は，アミド基が親水性の官能基であり，アミド基の数が多いCNC型の方がNC型よりも親水的（高極性）であるためと考えられる。一方，水素結合が形成される環境（水中か疎水場か）の違いも，会合体の構造や溶液物性に強く影響すると考えられる。スペーサーが短いとアミド基＋スペーサーは嵩高い極性基となり水中に存在するが，スペーサーが長いとアミド基＋スペーサーの全部あるいは一部は疎水部に取り込ま

第3章　長鎖アルキルアミンオキシド誘導体の水溶液挙動-水素結合部位導入の効果

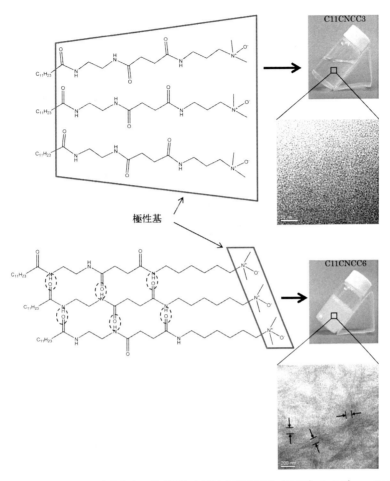

図5　C11CNCC3&6の分子会合の模式図と水溶液の外観写真（25℃）およびcryo-TEM像
界面活性剤濃度C_D = 50 mM

れるため，隣接する分子のアミド基間に形成される分子間水素結合は疎水場で形成されると期待できる。一例としてC11CNCCnの結果を図5に示す。25℃において，C11CNCC3（図5上）は低粘性水溶液であるのに対し，C11CNCC6（図5下）は流動性を示さずゲル状であった。また，cryo-TEMによる会合体の構造観察から，C11CNCC3ではディスク状あるいは球状の小さな会合体が，C11CNCC6ではリボン状会合体が観察された[16]。図5に示すように，スペーサーが短いC11CNCC3では極性基が嵩高く，曲率の大きい（サイズの小さい）会合体を形成し，溶液の粘度も低いが，スペーサーが長いC11CNCC6では極性基はコンパクトとなり，会合体の曲率は小さくなる。また，疎水場でのアミド基間の水素結合も構造形成に有効に作用し，リボン状会合体を形成した結果，溶液はゲル化したと考えられる。

C11CNCCnおよびC13CNCCnの非イオン種および陽イオン種について，Tgのスペーサー依存

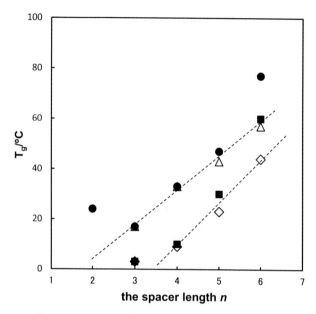

図6 C11CNCCnおよびC13CNCCnのゲル化温度Tgのスペーサー長n依存性
■：C11CNCCn（非イオン種），◇：C11CNCCn（陽イオン種），●：C13CNCCn（非イオン種），
△：C13CNCCn（陽イオン種）。

性[14]）を図6に示す。陽イオン種のTgは$3 \leq n \leq 6$でnに対しほぼ直線的に増加し，その傾きは炭化水素鎖が長くなると小さくなる傾向が見られた。これは，炭化水素鎖が長いと，Tgへのスペーサーの効果が相対的に小さくなるためと考えられる。$n = 2$の陽イオン種はクラフト点がTgより高く，Tgは得られなかった。一方，非イオン種のTgは$3 \leq n \leq 5$では陽イオン種とほぼ一致するものの，$n = 6$で急激に上昇した。Tgの急激な変化の原因を確かめるため，C13CNCCnの非イオン種についてcryo-TEM観察を行ったところ，$n = 3, 4, 5$ではファイバー状会合体が見出された（図7(a)，(b)，(c)）。一方，$n = 6$では幅の広いリボン状の会合体が観察された（図7(d)）。現在のところ，このリボン状会合体は炭化水素鎖長RがC11以上，かつスペーサー長nが6以上の非イオン種でのみ観察されており（図5下および図7(d)），陽イオン種では見られていない。C9CNCCnでは，$n = 8$としても会合体はファイバー状であった。リボン状会合体は，電顕観察時に回折像が得られており，結晶様の非常に規則性の高い構造であることが示唆された。つまり，リボン状会合体は，炭化水素鎖長（おもに会合体の曲率に関係）とスペーサー長（おもに水素結合形成位置に関係）の両方がそろった時に形成される構造であると言える。この会合体の構造の違いがTgの特異な挙動，すなわち陽イオン種と非イオン種でのTgの大きな差異（$n = 6$）などに関係していると考えられる。つまり，極性基間の距離はリボン状会合体の方がファイバー状会合体より近く（低曲率のため），プロトン化の効果が相対的に強く表れるため，プロトン化によるリボン状からファイバー状への構造変化が起こり，ゲルの安定性（Tg）が大

第3章　長鎖アルキルアミンオキシド誘導体の水溶液挙動-水素結合部位導入の効果

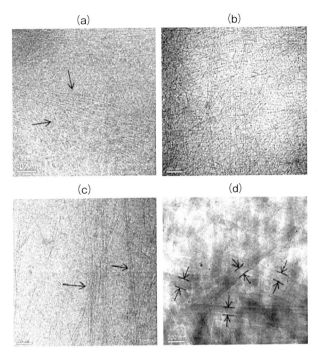

図7　C13CNCCn非イオン種の水溶液のcryo-TEM像
C_D = 50 mM，(a)n = 3，(b)n = 4，(c)n = 5，(d)n = 6，(a)，(b)，(c)は繊維状会合体，(d)はリボン状会合体（矢印で示したリボンの幅は約100nm）。

きく低下する要因となる。また，アミド基とスペーサー全体が疎水部に組み込まれるのは$n \geq 6$の場合で，n = 4～5ではその一部だけが疎水部に存在している可能性がある。また，リボン状会合体が確認された系のTgはいずれも60℃以上の高い値を示したが，一方で，60℃前後の高いTg値を示す系での会合体は必ずしもリボン状構造とは限らず，ファイバーが集合し高次構造を形成している場合があることもcryo-TEM観察から明らかとなった。会合体構造とTgには相関があるが，Tgのみから会合体構造を推定することは困難であると言える。本系で観察されたファイバー状会合体とリボン状会合体は，そのサイズや曲率，配向の規則性が大きく異なる。リボン状会合体は結晶に近く外観も白っぽい。それに対し，ファイバー状会合体では外観は透明に近いが，高いTgを示す場合にはファイバーが集合しており外観も白濁していた。さらに，AAOのハイドロゲルはスペーサー長nが長いほど，炭化水素鎖長Rが長いほど，またアミド基の数が多いほど安定であることも確認している。また，AAOの多くは塩（電解質）添加によりゲル化・増粘の安定性は向上する傾向があった[20]。

今回，AAOの分子構造と会合体構造およびゲル化温度Tgに密接な関係があることを見出した。炭化水素鎖長Rとアミンオキシド基のプロトン化の有無は主に会合体の曲率に関係する。一方，スペーサー長nはアミド基の位置（会合体中で，アミド基が溶媒からどのくらい離れているか）

に，アミド基の数は水素結合の強さにそれぞれ関係していると考えられる。特に水系では，スペーサー長nが短いと溶媒の水分子がアミド基間の水素結合形成を阻害する可能性がある。一方，nが十分長ければ，アミド基は疎水環境中に存在するため，アミド基間の水素結合が構造形成に有効に作用すると考えられる。

　高極性の有機溶媒でのゲル化・増粘は，水系と同様の機構と考えられるが，疎溶媒性相互作用が水系よりも弱いため，最小ゲル化濃度は水に比べかなり大きくなると予想される。一方，スクアランのような低極性溶媒では，分子の疎水性をより高める工夫が必要となる。

4　おわりに

　系統的に化学構造を変化させたピリジルアミンオキシド型界面活性剤（PAO）およびアミドアミンオキシド型界面活性剤（AAO）を用いて，水素結合の適切な制御が溶液物性の制御に極めて有効であることを明らかにした。例えば，PAOでは分子内あるいは分子間水素結合形成により，臨界ミセル濃度やミセルサイズ，可溶化挙動などが大きく異なった。また，AAOでは会合体構造や粘度挙動に強い相関が見られた。特に，アルキル鎖長が比較的短いC11やC13でも，スペーサー長を制御することで温度に対して十分安定なゲルを形成することは，複数の水素結合を疎水場で形成することの重要性を示唆するものと考えられる。AAOは，一般の低分子ゲル化剤に比べて化学構造がシンプルで，合成も容易である。また，今回はスペーサーに焦点を絞ったが，炭化水素鎖やアミド基の数など他のパーツを制御することでも溶液物性の制御ができることを確認している。極性基などの化学構造を調節することで，トルエンやクロロホルム，スクアランなど種々の有機溶媒やイオン液体のゲル化・増粘も確認している。水素結合を構造形成や溶液物性の向上に有効に利用する手法はAAOに限らず，他の多くの界面活性剤でも応用可能である。

謝辞

　本研究はJSPS科研費22500727および25350067の助成を受けたものである。アミドアミンオキシドのcryo-TEM観察については文部科学省ナノテクノロジープラットフォーム事業（京都大学微細構造解析プラットフォーム）の支援を受けて実施された。心より感謝いたします。

文　　献

1) 例えばE. W. Kaler, *et al., J. Phys. Chem.*, **96**, 6698 (1992); A. J. O'Connor, *et al., Langmuir*, **13**, 6931 (1997); E. F. Marques, *et al., J. Phys. Chem. B*, **102**, 6746 (1998); *J. Phys. Chem. B*, **103**, 8353 (1999); R. Kakehashi, *et al., J. Colloid Interface Sci.*, **331**, 484 (2009)
2) K. W. Hermann, *J. Phys. Chem.*, **66**, 295 (1962)

第3章　長鎖アルキルアミンオキシド誘導体の水溶液挙動-水素結合部位導入の効果

3) C. Endo, *et al.*, *J. Oleo Sci.*, **64**, 953 (2015)
4) A. Goldsipe, D. Blankschtein, *Langmuir*, **22**, 3547 (2006)
5) H. Maeda, R. Kakehashi, *Adv. Colloid Interface Sci.*, **88**, 275 (2000)
6) J. F. Rathman, D. R. Scheuing, ACS Symposium Series, **447**, Chapter 7, p.123, American Chemical Society (1990)
7) H. Kawasaki, H. Maeda, *Langmuir*, **17**, 2278 (2001)
8) H. Maeda, *et al.*, *J. Phys. Chem. B*, **105**, 5411 (2001)
9) H. Kawasaki, *et al.*, *J. Phys. Chem. B*, **106**, 1524 (2002)
10) M. Miyahara, *et al.*, *Colloids Surf. B*, **38**(3-4), 131 (2004)
11) H. Kawasaki, *et al.*, *J. Phys. Chem. B*, **110**, 10177 (2006)
12) Y. Yamashita, *et al.*, *Langmuir*, **23**, 1073 (2007)
13) R. Kakehashi, *et al.*, *J. Oleo Sci.*, **62**, 123 (2013)
14) R. Kakehashi, *et al.*, *J. Oleo Sci.* **58**, 185 (2009)
15) R. Kakehashi, *et al.*, *Chem. Lett.* **41**, 1050 (2012)
16) R. Kakehashi, *et al.*, *Colloid Polym. Sci.*, **293**, 3157 (2015)
17) 川崎英也, 前田悠, 表面, **41**, 289 (2003)
18) H. Uchiyama, *et al.*, *Langmuir*, **7**, 98 (1991)
19) Q. Zou, *et al.*, *J. Am. Chem. Soc.*, **124**, 1192 (2002)
20) R. Kakehashi, N. Tokai, in preparation.

第4章 pH応答性を有するジブロック共重合体の会合によるミセル形成

遊佐真一*

1 はじめに

両親媒性ジブロック共重合体は，水中で疎水ブロックの疎水性相互作用による会合でコアを形成し，そのまわりを親水ブロックのシェルが取り囲んだコア-シェル型の高分子ミセルを形成する[1]。このような高分子ミセルは，分離[2]および送達[3]などを含むさまざまな応用分野で利用されている。さらに温度，pH，光，添加物の種類や量などの変化に応答して，高分子ミセルの形成・解離を制御可能な刺激応答性ブロック共重合体が合成されている[4〜6]。

近年，安定ニトロキシルラジカルを用いた重合（SFRP）[7]，遷移金属錯体などを用いた制御ラジカル重合（ATRP）[8,9]，可逆的付加-開裂連鎖移動（RAFT）型ラジカル重合[10]，有機テルル化合物を用いた制御ラジカル重合（TERP）[11,12]などを用いることで，構造の制御されたブロック共重合体を合成できるようになってきた。これらの制御ラジカル重合法の中でもRAFT重合は，通常のラジカル重合の反応系に硫黄を含む連鎖移動剤を添加するだけで，重合を制御できる。さらにRAFT重合は，さまざまな官能基を持つ水溶性モノマーの重合を制御できる。例えば光上らは[13]，ジチオベンゾエート型の連鎖移動剤を用いたRAFT重合で，ポリ（4-スチレンスルホン酸ナトリウム）（PSSNa）マクロ連鎖移動剤を合成している。このPSSNaはポリマー鎖の末端にジチオベンゾエート基を含むため，高分子型連鎖移動剤として働く。PSSNaマクロ連鎖移動剤を用いて，水中で4-ビニル安息香酸を重合することで，pH応答性ジブロック共重合体（PSSNa-PVB）を合成している。PSSNa-PVBは塩基性の水中で，両方のブロックがイオン化するため，ユニマー状態で溶解するので動的光散乱（DLS）で求めた流体力学的半径（R_h）は8 nmと小さな値を示した。一方，酸性にすると，pKaの違いによりPSSNaブロックは影響を受けないが，PVBブロックが選択的にプロトン化される。そのため酸性条件で，プロトン化されたPVBブロックをコア，親水性のPSSNaブロックがシェルの高分子ミセルを形成するため，R_hは19 nmに増加した。

またRAFT重合でポリ（2-アクリルアミド-2-メチルプロパンスルホン酸ナトリウム）（PAMPS）とポリ（6-アクリルアミドヘキサン酸）（PAaH）からなるジブロック共重合体（PAMPS-PAaH，図1）が合成され，水中でのpH変化に応答したミセル形成と解離について光散乱，NMRの緩和時間，蛍光プローブを用いた方法などで調べられている[14]。PAMPS-PAaHはpHが4より低いとき高分子ミセルを形成し，pHが4以上になると解離してユニマー状態になる。このpHに応答した会合・解離挙動は可逆的である。

---

* Shin-ichi Yusa　兵庫県立大学　大学院工学研究科　応用化学専攻　准教授

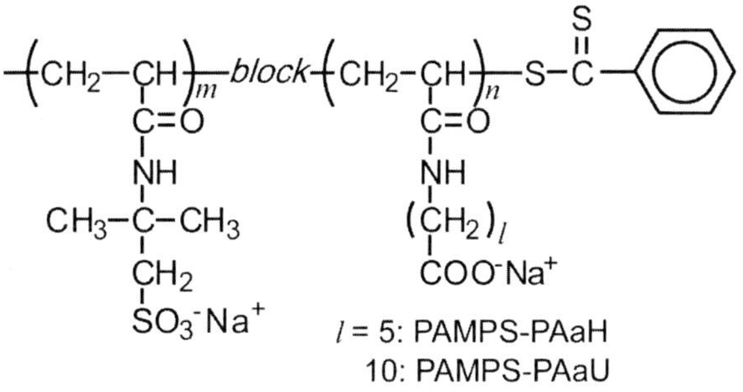

第 4 章　pH応答性を有するジブロック共重合体の会合によるミセル形成

図 1　PAMPS-PAaHおよびPAMPS-PAaUの化学構造

　本稿ではPAMPSとポリ（11-アクリルアミドウンデカン酸）（PAaU）からなるpH応答性ジブロック共重合体（PAMPS-PAaU，図1）の合成と，水中でのpHに応答した会合挙動の変化について解説する。PAMPS-PAaUはPAMPS-PAaHと同様に，側鎖にスルホネートイオンを持つPAMPSブロックと，側鎖に脂肪酸を含むブロックで構成されている。PAaU側鎖の脂肪酸は炭素数が11で，PAaHは6という違いがある。一般にカルボキシ基周辺の疎水性の増加に伴って，pKaが増加するので，PAaUのpKaはPAaHより高くなる。

2　PAMPS-PAaUの合成

　PAMPS-PAaUを合成するため，最初に75量体のPAMPSマクロ連鎖移動剤をRAFT重合で合成した。NMRでポリマー鎖末端の連鎖移動剤由来のフェニル基と側鎖のプロトンの積分強度比から，重合度は75と求められた。GPCから見積もった分子量分布（M_w/M_n）は1.25だった。次にPAMPSマクロ連鎖移動剤を用いて11-アクリルアミドウンデカン酸（AaU）を重合することで，目的のPAMPS-PAaUを合成した。NMRの積分強度比から見積もったPAaUの重合度は39だった。またGPCから求めたPAMPS-PAaUのM_w/M_nは1.23だった。

3　pHに応答した会合挙動

　^{1}H NMRのスピン-スピン緩和時間（T_2）は，プロトンの運動性を反映する[15]。プロトンの運動性が抑制されるとT_2は短くなり，運動性の増加に伴い増加する。T_2は各プロトンごとに求められるので，ポリマー鎖の局所的運動を評価するための強力なツールとなる。

　PAMPS-PAaUが重水中でpH変化に応答してコア-シェル型の高分子ミセルを形成することを確かめるためT_2を調べた。図2に3.2ppmに観測されるPAaUブロック側鎖のメチレンプロトン由来のピークと，3.4ppmに観測されるPAMPSブロック側鎖のメチレンプロトン由来のピークのT_2をpHに対してプロットした。PAaUブロック由来のピークのT_2は，pH 9より高いときに40msで

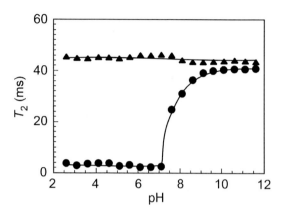

図2　重水中でのPAMPS-PAaUの3.2ppmに観測されるPAaUブロック側鎖のメチレンプロトン（●）と3.4ppmに観測されるPAMPSブロック側鎖のメチレンプロトン（▲）のスピン-スピン緩和時間（T_2）のpH依存性

一定だった。pHを9から7に下げると，T_2は4msまで低下した。一方PAMPSブロック由来のピークのT_2は，全てのpH領域で45msで一定だった。したがって，pH9より高い場合，ユニマー状態でPAMPS-PAaUは水に溶解する。pH9より低いときPAaUブロックのカルボキシレートイオンはプロトン化され始めて，会合するために運動性が低下したと考えられる。

次に光散乱を用いてPAMPS-PAaUのpHに応答した会合状態を調べた。図3にpHを塩基性から酸性に調製したときの，各pHでのポリマー水溶液の散乱光強度とR_hをプロットした。pHが8.5から6の範囲で散乱光強度の増加が観測されたので，この範囲でポリマー鎖間の会合が起こったと考えられる。pHを12から8まで低下したとき，R_hは単調に減少した。これはpHが12のときPAaUブロック側鎖の脂肪酸が完全にイオン化して，静電反発でポリマー鎖が伸びるのでサイズが大きくなるが，pHを下げるとPAaUブロックのカルボキシレートイオンが部分的にプロトン化されて，伸び切り鎖から縮むためだと考えられる。pHを8から6.5まで低下すると，R_hの増加が

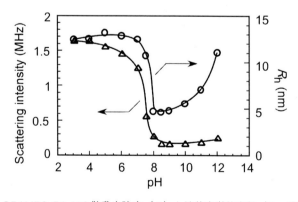

図3　水中でのPAMPS-PAaUの散乱光強度（△）と流体力学的半径（R_h, ○）のpH依存性

第4章　pH応答性を有するジブロック共重合体の会合によるミセル形成

観測された。このpH領域で，プロトン化により十分に疎水性になったPAaUブロック間の相互作用で，ポリマー鎖間で会合して高分子ミセルを形成し始めると考えられる。pH 6.5より低い領域では，既に高分子ミセルを形成しているためR_hは変化しない。PAMPS-PAaHの場合，pHを5から4に低下したとき，高分子ミセルを形成してR_hの増加が観測された。PAMPS-PAaUはPAMPS-PAaHより高いpH領域で高分子ミセルを形成した。これはPAaU側鎖の脂肪酸のpKaがPAaHより高いためである。一般的に脂肪酸はアルキル基の鎖長が長いほどpKaが大きくなる傾向がある。例えば炭素数12のラウリン酸と，炭素数6のヘキサン酸のpKaはそれぞれ，5.30と4.88である。

　DLS測定の結果，PAMPS-PAaUはpH 12以上でユニマー状態の伸び切り鎖で，pH 9付近では部分的に疎水的になったPAaUが，単一ポリマー鎖内の疎水性相互作用で会合してサイズがコンパクトになり，pH 6以下でポリマー鎖間の会合で高分子ミセルを形成してサイズが大きくなる。これを確認するため，pH 3，9，12の各水溶液中でのPAMPS-PAaUの静的光散乱（SLS）測定を行った（表1）。会合体の重量平均分子量（M_w），回転自乗半径（R_g），第2ビリアル係数（A_2）をSLSから求めた。会合体を形成するポリマー鎖の本数を表す会合数（N_{agg}）はSLSから求めたM_wをGPCから求めた単一ポリマー鎖のM_wで割ることで計算した。pH 9と12のときにSLSで求めたM_wはGPCで求めた値と一致した。したがってpH 9以上でPAMPS-PAaUはユニマー状態で，pH 9のとき単一ポリマー鎖の分子内自己会合でR_hが小さくなったことがわかる。pH 3のN_{agg}から9本のPAMPS-PAaUポリマー鎖が会合して，一つの高分子ミセルを形成する。各pHの中でpH 3のとき，A_2は最も小さな値を示した。A_2はポリマー間またはポリマーと溶媒との相互作用の強さを示す指標で，その値が小さい場合，ポリマーを溶解している溶媒が，貧溶媒であることがわかる[16]。pH 3でPAaU側鎖の脂肪酸が完全にプロトン化されるため，PAMPS-PAaUの水への溶解性が低下したため，高分子ミセルを形成する。R_gとR_hの比（R_g/R_h）はポリマーの形状と粒径の分布に依存する[17]。理論的に単分散の剛体球の場合のR_g/R_hは0.778になる。単分散の球状の場合は1に近く，棒状および多分散度が大きくなると，R_g/R_hは大きな値になる。pH 3の場合，PAMPS-PAaUのR_g/R_hは1.20で球形に近いことがわかる。これはPAMPS-PAaU間で会合して球状の高分子ミセルを形成したためだと考えられる。またpH 9と12でR_g/R_hは1より大きな値

表1　各pHでのPAMPS-PAaUの重量平均分子量（M_w），第2ビリアル係数（A_2），回転自乗半径（R_g），流体力学的半径（R_h），R_g/R_h，会合数（N_{agg}）

pH	$M_w{}^a \times 10^{-4}$	$A_2{}^a \times 10^4$ (mol mL g^{-2})	$R_g{}^a$ (nm)	$R_h{}^b$ (nm)	R_g/R_h	$N_{agg}{}^c$
3	78.2	1.65	15.0	12.5	1.20	9.2
9	6.1	15.6	12.0	5.1	2.35	1
12	8.5	8.86	17.8	11.2	1.59	1

a　静的光散乱（SLS）で求めた。
b　動的光散乱（DLS）で求めた。
c　SLSで求めたM_wをGPCで測定した単一ポリマー鎖の分子量で割ることで計算した。

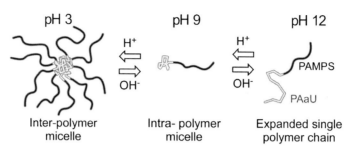

図4　PAMPS-PAaUのpHに応答挙動の概念図

を示したので，これらのpH領域ではPAaUブロックが静電反発で，ある程度伸びていることを示唆する。

　NMRの緩和時間，DLS，SLS測定からPAMPS-PAaUはpH9より高い領域でPAaUブロックが脱プロトン化して，静電反発により伸び切り鎖として水に溶解する（図4）。pHを9から8に低下すると，PAaUブロック側鎖のカルボキシレートイオンがプロトン化され始めるため，PAaUブロックの疎水性相互作用で単一ポリマー鎖内で自己会合して，単一高分子ミセルを形成する。さらにpHが8より低い場合，PAaUブロックのプロトン化の進行に伴い，疎水性相互作用がポリマー鎖間で働くため，ポリマー鎖間で会合して高分子ミセルを形成する。この高分子ミセルはPAaUブロックが疎水性のコア，PAMPSブロックが親水性のシェルで，約9本のポリマー鎖が会合している。

4　pHに応答したゲスト分子の取り込みと放出

　8-アニリノ-1-ナフタレンスルホン酸アンモニウム塩（ANS）の蛍光は，その周囲の微極性の変化を反映する[18]。ミセルのコアなど，疎水的な環境にANSは取り込まれやすい。ANSは極性の高い環境で長波長側に弱い蛍光が観測される。一方疎水環境下で短波長側に強い蛍光が観測されることが知られている。またANSの蛍光はpHの影響を受けない。そこでANSの水溶液中にPAMPS-PAaUを溶解して，各pHでのANSの蛍光極大波長の変化を調べた（図5）。

　pH9より高い領域で蛍光極大波長は約500nmでほぼ一定だった。この蛍光極大波長はANSだけを水に溶解して測定したときの値に一致するので，ANSは水相に存在している。pHを9から8に下げると，蛍光極大波長は465nmに短波長シフトした。ANSはスルホネート基を持つため，負に帯電しているが，PAaUブロックのプロトン化により形成される疎水場に取り込まれたことがわかる。DLSおよびSLS測定からpH8でPAMPS-PAaUはユニマー状態で，PAaUブロックの疎水性相互作用で単分子ミセルを形成し，pH8より低い領域でポリマー鎖間での会合により高分子ミセルが形成される。pHを8から低下すると，ANSの蛍光極大波長は一度短波長にシフトしてから，長波長にシフトした。これはpHの低下に伴い，ユニマー状態でPAaUが形成する疎水

第 4 章　pH応答性を有するジブロック共重合体の会合によるミセル形成

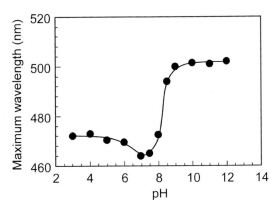

図 5　PAMPS-PAaU存在下でのANSの蛍光極大波長のpH依存性

場から，高分子ミセルが形成するコアへとANS周囲の環境が変化したことを示すと考えられるが，詳細についてはさらに検討が必要である。ANSとPAMPS-PAaUを溶解した水溶液のpHを12から3に下げてから，連続してpHを3から12に戻した場合，ANSの蛍光の変化は可逆的に最初のpH 12のスペクトルに戻った。したがってPAMPS-PAaUがpH変化に応じて形成する高分子ミセルは，可逆的にゲスト分子の取り込みと放出を制御できる。

5　まとめ

　RAFT重合で合成した構造の制御されたイオン性ジブロック共重合体であるPAMPS-PAaUのpH応答挙動について紹介した。PAMPS-PAaUは水中でpHを塩基性から酸性にすると，pH 9以上でPAaUブロックが完全にイオン化するため，静電反発により伸び切り鎖になる。pH 8〜9付近でPAaUブロック側鎖の脂肪酸の一部がプロトン化することで，疎水性となり単一ポリマー鎖内の分子内自己会合により単一高分子ミセルを形成する。さらにpH 8より低い領域ではPAaUのプロトン化が進行して疎水性が強くなるため，ポリマー鎖間での会合により高分子ミセルを形成する。この高分子ミセルはpH変化で可逆的に会合・解離を制御できる。さらに酸性で形成される高分子ミセル中へのゲスト化合物の取込みが可能である。取り込んだゲスト分子はpHを塩基性に調製すると，ミセルの解離に伴い水相に放出できる。このようなpH応答性高分子ミセルは，制御放出可能なゲスト分子のキャリアとして利用できる。

文　　献

1) A. Laschewsky, *Adv. Polym. Sci.*, **124**, 1 (1995)
2) P. N. Hurter and T. A. Hatton, *Langmuir*, **8**, 1291 (1992)
3) K. Kataoka, G. S. Kwon, M. Yokoyama, T. Okano and Y. Sakurai, *J. Control. Release*, **24**, 119 (1993)
4) M. D. C. Topp, P. J. Dijkstra, H. Talsma and J. Feijen, *Macromolecules*, **30**, 8518 (1997)
5) V. Bütün, S. P. Armes, N. C. Billingham, Z. Tuzar, A. Rankin, J. Eastoe and R. K. Heenan, *Macromolecules*, **34**, 1503 (2001)
6) M. V. Paz Bánez, K. L. Robinson, V. Bütün and S. P. Armes, *Polymer*, **42**, 29 (2001)
7) M. K. Georges, R. P. M. Veregin, P. M. Kazmaier and G. K. Hamer, *Macromolecules*, **26**, 2987 (1993)
8) M. Kato, M. Kamigaito, M. Sawamoto and T. Higashimura, *Macromolecules*, **28**, 1721 (1995)
9) J. -S. Wang and L. Matyjaszewski, *Macromolecules*, **28**, 7572 (1995)
10) J. Chiefari, Y. K. Chong, F. Ercole, J. Krstina, J. Jeffery, T. P. T. Le, R. T. A. Mayadunne, G. F. Meijs, C. L. Moad, G. Moad, E. Rizzardo and S. H. Thang, *Macromolecules*, **31**, 5559 (1998)
11) S. Yamago, *J. Polym. Sci., Part A Polym. Chem.*, **44**, 1 (2006)
12) S. Yamago, K. Iida and J. Yoshida, *J. Am. Chem. Soc.*, **124**, 13666 (2002)
13) Y. Mitsukami, M. S. Donovan, A. B. Lowe and C. L. McCormick, *Macromolecules*, **34**, 2248 (2001)
14) S. Yusa, Y. Shimada, Y. Mitsukami, T. Yamamoto and Y. Morishima, *Macromolecules*, **36**, 4208 (2003)
15) S. Yusa, A. Sakakibara, Y. Tohei and Y. Morishima, *Macromolecules*, **35**, 5243 (2002)
16) S. Yusa, M. Sugahara, T. Endo and Y. Morishima, *Langmuir*, **25**, 5258 (2009)
17) T. Konishi, T. Yoshizaki and H. Yamakawa, *Macromolecules*, **24**, 5614 (1991)
18) J. Slavik, *Biochim. Biophys. Acta*, **694**, 1 (1982)

第5章 ペプチドベース界面活性剤の特性とその応用

井村知弘*

1 はじめに

ペプチドの多彩な生理機能と,界面活性を併せ持つペプチドベース界面活性剤"ペプファクタント（PF）"が注目されている。界面活性剤のように「親水基と長鎖アルキル基」といった明確な骨格を持たなくても,ある種のペプチドは「疎水性のアミノ酸と親水性のアミノ酸が局在化」（図1）することにより,特異な界面活性を示す。化粧品や食品の分野では,ペプチドは古くから保湿剤・乳化剤として馴染み深いものであるが,実際に,特定のタンパク質を加水分解して得られるペプチドの中には,優れた乳化特性を示すものが知られている[1,2]。

生体の仕組みを踏まえたペプチド本来の多彩な生理活性に加えて,近年のサステイナブルな素材に関するニーズの高まりから,ペプチドをベースとした各種の界面活性剤が開発されている。また最近のペプチドの合成技術の発達や,バイオテクノロジーの飛躍的な進展により,これまで困難であった安定なペプチドを量産する技術も確立しつつある。

本稿では,こうした「プチドベース界面活性剤」について,タンパク質の加水分解・抽出によって得られるペプチドは除き,①化学合成によって得られるもの,②バイオ技術によって得られるもの（発酵法）,に大別して概説したい。

2 化学合成・ペプチド界面活性剤

2.1 構造と特徴

アミノ酸は,反応しやすい官能基を複数持つため,アミノ酸を縮合してペプチドを合成する場合,官能基の保護・脱保護が必要になる。様々な種類の保護基が知られているが,アミノ基には通常,9-フルオレニルメトキシカルボニル基（Fmoc法）やt-ブトキシカルボニル基（Boc法）を用い,Merrifield[3]により開発された固相ペプチド合成法により,C末端からN末端に向けてアミノ酸が結合され,通常30残基以下のペプチドが得られる。バクテリアなどでペプチドを生産する場合と比べて,様々な配列のペプチドを網羅的に得ることが可能であり,界面活性を持つ種々の機能性ペプチドが合成されている。

エラスチンは,弾性線維タンパク質であり,紫外線や加齢による皮膚におけるシワの発生など

---

* Tomohiro Imura （国研）産業技術総合研究所 化学プロセス研究部門
上級主任研究員

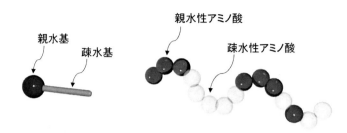

図1　通常の界面活性剤及びペプチドベース界面活性剤

に影響している。エラスチンに特有の繰り返し配列（Val-Pro-Gly-Val-Gly）のペプチドのN末端をアンモニウム塩型とし，C末端に界面活性剤の疎水基に良く用いられるC12のアルキル基を導入したEI-C12[4]が合成されている。界面活性剤は，界面に吸着して表面張力を低下し，ある濃度以上でミセルを形成することで機能を発揮するが，このペプチドのミセル様会合体の形成濃度（Critical Association Concentration：CAC）は6.1 mMであり，これは同様の鎖長のアルキルアンモニウム塩と比べると1/2程度低い。また，細胞外マトリックスとしてエラスチンよりも豊富に存在するコラーゲンのモデルペプチドである（Pro-Hyp-Gly）$_3$のN末端に，C12のアルキル基を導入した界面活性ペプチドも報告[5]されている。このペプチドは，コラーゲンと同様のトリプルヘリックス構造を示すとともに，そのCACは0.25 mMであり，エラスチン由来のものよりも1桁以上も低くなる。

　特定の配列のペプチドにアルキル基を導入した界面活性ペプチド以外にも，疎水部にアラニン（Ala）やバリン（Val）を，親水部にアスパラギン酸（Asp）を持つ単純な配列のAc-(Ala)$_6$-AspやAc-(Val)$_6$-Aspが合成[6]されている。アラニンよりもバリンの疎水性が高いため，Ac-(Ala)$_6$-AspのCAC（1.6 mM）よりも，Ac-(Val)$_6$-AspのCAC（0.5 mM）の方がわずかであるが低下した。これらは，同じ陰イオン性の界面活性剤であるドデシル硫酸ナトリウム（SDS）のCAC（8.0 mM）よりも1桁程度も低い。また，アスパラギン酸の代わりにリシン（Lys）を用いることで，カチオン性の界面活性ペプチド[7]も得られる。

　水中において疎水性相互作用で会合する通常の界面活性剤とは異なり，界面活性ペプチドは，分子内あるいは分子間で$α$ヘリックスや$β$シートなどの二次構造を形成する場合がある。こうした二次構造の形成は，その特異な界面物性に大きく寄与している。例えば，ラクトースの代謝を制御するLacリプレッサータンパク質のC末端領域をベースとしたAM1[8]（Ac-MKQLADSLHQLARQVSRLEHA-CONH$_2$）が合成されている。AM1は，$α$ヘリックスの片方の面に疎水性のアミノ酸が，もう片方の面に親水性のアミノ酸が局在した両親媒構造により特異に界面に吸着する。特に，Zn^{2+}やNi^{2+}の存在下において，分子間の会合が促進され，優れた乳化能や高い泡安定性を示す。

　一方，筆者らは，血中でリン脂質やコレステロールの輸送を担う高密度リポタンパク質（HDL）の構成因子であるアポリポプロテインA-Ⅰ（Apo A-Ⅰ）のC末端領域をベースにした界面活性

第5章 ペプチドベース界面活性剤の特性とその応用

ペプチド,Surfpep22[9] (NH$_2$-PVLESFKASFLSALEEWTKKLN-CONH$_2$) を開発している。水中で安定な α ヘリックスを形成するSurfpep22は,特異な界面配向により,極めて低濃度 (0.027 mM) から界面活性や自己会合挙動を示すが,詳細については次項で紹介する。

2.2 Surfpep22の合成と界面活性[9]

ApoA-Ⅰは,相同性の高い10個の α-ヘリックスが直列に連結した構造を持つ。このうち脂質に対して高い親和性を示す10番目のヘリックス (PVLESFKVSFLSALEEYTKKLN) に着目し,これをベースとした22残基のペプチド (Surfpep22) をFmoc法により固相合成した。なお,界面活性を向上するために,もとの配列のバリン (V-227) の代わりにアラニン (A) を,チロシン (Y-236) の代わりにトリプトファン (W) を導入した。

まず,ペプチドの水への溶解性を確認したところ,得られたSurfpep22は,良好な水溶性を示すことが分かった。また,Surfpep22のヘリカルホイールプロットを図2(a)に示す。図より明らかなように,一次構造では,疎水性と親水性のアミノ酸が無秩序に配列しているように思われるが,二次構造 (α-ヘリックス) を形成した場合,ヘリックスの片方の面に疎水性のアミノ酸が,もう片方の面に親水性のアミノ酸が局在した特異な両親媒性構造を持つ。

次に,各種濃度のSurfpep22水溶液を調製し,ペンダントドロップ法によりその表面張力低下能を評価した (図2(b))。その結果,通常の界面活性剤の骨格のように明確な親水基及び疎水基を持たないにも関わらず,Surfpep22は表面張力を低下し,ある濃度 (CAC:2.7×10^{-5} M) 以上で吸着平衡に達して一定 (γ_{CAC}:51.2 mN/m) となった。またCAC以上において,散乱光強度の急激な増加が認められたことから,Surfpep22はCAC以上で会合体を形成することが確認さ

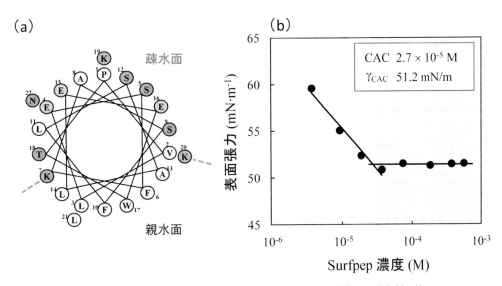

図2 Surfpep22の(a)ヘリカルホイールプロット及び(b)表面張力低下能

れている。興味深いことに，Surfpep22は会合することにより，そのヘリックス構造が著しく安定化する。

代表的な生体由来の界面活性剤であるコール酸ナトリウム（CMC：1.6×10^{-2}M，γ_{CMC}：48.8 mN/m）と比較すると，嵩高い構造を持つSurfpep22は，二桁程度もCACが低く，ほぼ同等の表面張力低下能を示す。この他にも，筆者らは，Surfpep22をC末端に向かって6残基まで短くした6種類の界面活性ペプチド[10]や，Surfpep22と類似の配列のペプチドをネイティブケミカルライゲーション（NCL）により連結した，いわゆるジェミニ型の界面活性ペプチド[11]についても合成している。

2.3 Surfpep22による脂質ナノディスク形成[9]

Surfpep22は，もともと血中の脂質代謝を担うApoA-Ⅰをベースとしているため，ここでは，Surfpep22のリン脂質に対する可溶化能を検討した。まず，リポソーム化したリン脂質（DMPC：2 mM）水溶液に，CAC以上の0.2 mMとなるようにSurfpep22を混合し，撹拌したところ，白濁したリポソームの水溶液は速やかに透明となった。これは，リポソームを構成するDMPCがSurfpep22に可溶化されたことを意味している。一方で，CAC以下のSurfpep22濃度では，同様の組成で混合しても濁度の低下は認められなかった。

また，この水溶液の動的光散乱（DLS）測定を行ったところ，粒子径9.5±2.7 nmの微細かつ単分散の粒子が観測された（図3(a)）。また，この粒子をネガティブ染色法によりTEM観察したところ，ナノディスクと呼ばれる多数の粒子が形成していることが確認された。

このナノディスク（図3(b)）は，生体内において脂質輸送を担う高密度リポタンパク質（pre β HDL：7～13 nm）を模倣したものであり，動脈硬化などを予防する新しい医薬品[12]や，化粧

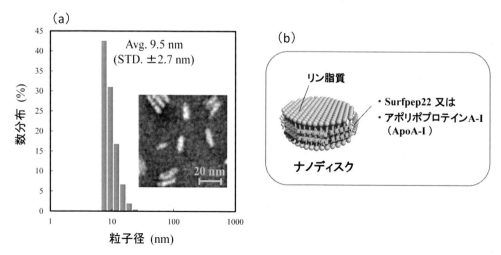

図3　(a)粒子径分布 及びTEM観察像　(b)ナノディスクの構造

第5章 ペプチドベース界面活性剤の特性とその応用

品・食品の分野における可溶化剤・分散安定化剤[13]として注目されている。既存のApoA-Iを用いたナノディスクは，主としてコール酸ナトリウムなどを用いた「界面活性剤透析法」により調製されており，この方法では，プロセスが煩雑となるばかりか，系内から完全に界面活性剤を除去することも容易ではない。一方，疎水性と親水性のアミノ酸の局在によるペプチドの界面活性を巧みに利用することにより，透析法を用いなくても，混ぜ合わせるだけで効率的にナノディスクを調製できることが明らかになった。

またApoA-Iを用いたナノディスクでは，その粒子径は，リン脂質を取り囲むApoA-Iの長さに制限されていたが，我々のナノディスクでは，Surfpep22/DMPC比により，その粒子径を任意に制御することもできる。ナノディスクのゼータ電位についても評価しており，pHに依存し，+20 mV（pH 4）から，Surfpep22の等電点（PI=6.6）付近でほぼゼロとなり，−20 mV（pH 9）へと変化した。こうしたナノディスクの物理化学的性質の変化は，ナノディスクの分散安定性や，各種有効成分の保持といった実用的な側面ばかりでなく，生体内におけるHDL（善玉コレステロール）の役割を解明することにも貢献するものと考えられる。

Surfpep22は，新しいタイプの可溶化・分散剤としてばかりでなく，これらが形成するユニークな形状を有するナノディスクが，リポソームの応用を超える新しい材料として発展することに期待したい。

3 バイオ合成（発酵法）・ペプチド界面活性剤

3.1 構造と特徴

生体内では，DNAの遺伝情報がm-RNAに転写され，その情報をもとにそれに対応するアミノ酸をt-RNAが運んで組み上げることにより，ペプチド（タンパク質）が合成されている。近年，こうした遺伝子工学的な手法により，ペプチドを合成することも可能になりつつあるが，ここでは，古くて新しい「微生物を利用した発酵プロセス」によって生産されるいくつかのペプチド界面活性剤について紹介する。

微生物（酵母や細菌など）によって各種の炭素源から生産される界面活性物質は，一般にバイオサーファクタント（BS）[14]と呼ばれ，その歴史は古く，1960年代に始まった石油の採掘技術に端を発している。ペプチド以外にも，糖をベースとした様々な種類のものが知られているが，こうした微生物由来の代表的な界面活性ペプチド（環状リポペプチド）の構造を図4に示す。いずれのペプチドも，水の表面張力（72 mN/m）を20 mN/m台まで低下させる強力な界面活性を有しており，そのCACはSDSなどの合成界面活性剤の1/100〜1/1000程度である。

これらは非リボソーム型合成系により作り出され，特徴的な環状ペプチド構造を有している。また，環内において側鎖の向きが通常のL体とは逆になるD体のアミノ酸を含んでいる。こうした構造的特徴により，分子内あるいは分子間でスタックしてβシート構造を形成することが知られており，これが優れた界面活性発現に寄与している。

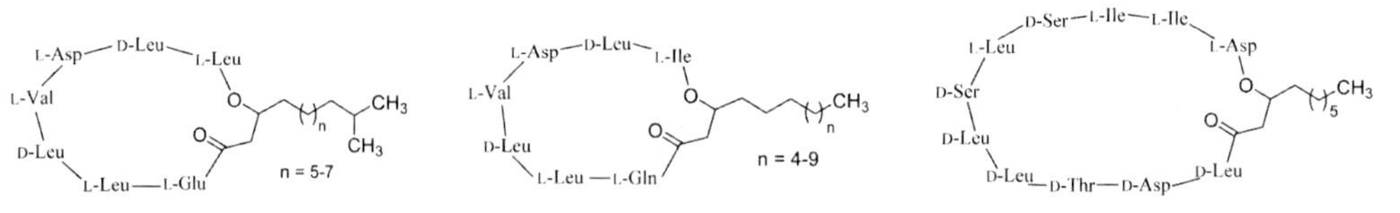

(a) サーファクチン　　　　(b) ライケンシン　　　　(c) アルスロファクチン

図4　微生物由来のペプチド界面活性剤（環状リポペプチド）

　図4に示した(a)サーファクチン（SF），(b)ライケンシン（Lch），(c)アルスロファクチン（AF）のうち，SFが最もよく研究が進められており，最近の生産技術の革新により工業レベルでの量産が実現している。次項ではこれらについて紹介する。

3.2　サーファクチン（SF）[15〜17]

　枯草菌（*Bacillus subtilis*）により生産され，二つのD体のアミノ酸を含む環状のヘプタペプチドに，ヒドロキシ脂肪酸が結合した構造を有している。また炭化水素鎖の末端が分枝しているのも特徴の一つである。1968年に有馬と垣沼らによって発見[15]され，強い界面活性を示すことからサーファクチン（Surfactin）と呼ばれている。

　こうした環状ペプチドは生理活性を示すものが多いが，SFも血液凝固阻害，血栓溶解作用，抗菌活性，抗腫瘍活性などの生理活性を示す。また，最近の研究により，N末端から2番目のL-Leuと5番目のL-Aspの間の水素結合により環状ペプチドが折れ曲がり，「horse saddle（鞍）」構造になることが明らかにされている[18]。これらがスタックしてβシート構造を形成する[19]。疎水基あるいは親水基といった単純な両親媒性ではなく，このように特異な疎水面あるいは親水面を構築することにより，SFは優れた界面活性を示す。

　SFのナトリウム塩（SFNa）の純水中におけるCACは，2.7×10^{-5} M，その際の表面張力は27.2 mN/mとなり，極めて低濃度から優れた界面活性を示す。筆者らは，開環した直鎖状のものと比較することにより，優れた界面活性には環状のペプチド構造が重要であることを確認している。また，SFNaは希薄溶液では水に良く溶け使いやすい一方で，濃厚溶液では特異なラメラ液晶を形成する[20]。

　糖型など他のBSに比べても，環状リポペプチドの収率は高いものでなく，これまで工業レベルで生産することは困難とされていた。一方，㈱カネカでは，独自の発酵技術・ノウハウを活用して培養工程での飛躍的な生産性向上を達成し，現在，SFNaは工業規模で生産されている（製品名：カネカ・サーファクチン）。

　製造されているSFNaは，上記したように強力な界面活性作用を持ち，少量の使用で優れた乳化安定性や分散性を示すばかりでなく，高い起泡性や泡安定性を有する。また，皮膚刺激性が従来のアミノ酸系界面活性剤に比べても際立って低いことなどを特徴としている。

第5章 ペプチドベース界面活性剤の特性とその応用

また，少量添加により各種オイルの透明ジェルを容易に調製できるため，化粧品の処方上も有用であり，サステイナブルな素材として今後の需要の拡大が期待される。

3.3 ライケンシン（Lch）

石油貯留槽から分離された細菌 *Bacillus licheniformis*（BAS50株）はライケンシン（Lch，図4(b)）を生産する。SFと同様に，7つのアミノ酸とヒドロキシ脂肪酸が結合した環状リポペプチドである。SFの環状ペプチド部位の1番目のグルタミン酸（L-Glu）がグルタミン（L-Gln）に，7番目のロイシン（L-Leu）がイソロイシン（L-Ile）に置換されたものである。また，脂肪酸末端は，SFとは異なり分岐していない。Lchも優れた界面活性を示し，CACは1.2×10^{-5}Mで，その際の表面張力値は28 mN/mとなる[21]。グラム陽性及び陰性細菌に対して生育阻害活性を発揮するとともに，Ca^{2+}やMg^{2+}に対して優れたキレート作用[22]を示すことが報告されている。

3.4 アルスロファクチン（AF）

静岡県の油田から分離された *Pseudomonas* 属の細菌（MIS38株）は，アルスロファクチン（AF）を生産する。AFは，SFやLchとは環サイズが異なり，11個のアミノ酸を持つ環状リポペプチドである。CACは1.0×10^{-5}Mで，その際の表面張力値は24 mN/mであり，優れた乳化作用を持つ。また，油の可溶化活性に関しては，Triton X-100やSDSよりも優れている[23]。このように環状リポペプチドは，特異な生理活性や高い界面活性を示す一方で，SF以外のものに関する生産性や機能性に関する基盤的な研究がまだまだ少ない。これらの生産性の向上やバライアティーの拡充が，今後の課題である。

4　おわりに

皮膚を構成する細胞の増殖，特性のコラーゲンの産生促進，メラニンを抑制するペプチドなど，生理学的な仕組みを活かした「機能性ペプチド」がトレンドになっている。こうしたペプチドを親水・疎水バランスや組織化といった界面化学的視点から理解することは，分子レベルでの作用機構の解明やこれらの製剤化といった観点からも重要である。

ここでご紹介したように，通常の界面活性剤のように「親水基と長鎖アルキル基」といった明確な骨格を持たなくても，ある種のペプチドは，「疎水性のアミノ酸と親水性のアミノ酸が局在化」することによって界面活性を発現する。製品開発における処方の自由度や刺激性の観点からも，こうした性質を巧みに利用し，添加物である界面活性剤を使用しない，あるいは使用量を減らせるということは大きなメリットとなる。もちろん，ペプチドの安全・安心に関しては最善の注意が必要であるが，「ペプチドベース界面活性剤」の分野は潜在的に需要があり，世界的に大きく発展する分野であろう。取り残されないためにも，新しい両親媒性のコンセプトを持つペプチド素材の開発にチャレンジし，それを活用したユニークな材料が生まれてくることに期待したい。

文　　　献

1) T. Imura, M. Nakayama, T. Taira, H. Sakai, M. Abe, D. Kitamoto, *J. Oleo Sci.*, **64**, 183-189 (2015)
2) D. Panyam, A. Kilara, *J. Food Sci.*, **69**(3), C154-C163 (2004)
3) R. B. Merrifield, *J. Am. Chem. Soc.*, **85**, 2149-2154 (2004)
4) 桑原順子, 田中雄二, 甲斐原梢, *FRAGRANCE JOURNAL*, **36**(3), 21-27 (2008)
5) Y. Tanaka, Y. Sugiyama, M. Naito, J. Kuwahara, N. Nishino, K. Kaibara, H. Akisada, *Peptide Sci.*, 459-462 (2009)
6) S. J. Yang, S. Zhang, *Supramolecular Chemistry*, **18**(5), 389-396 (2006)
7) G. V. Maltzahn, S. Vauthey, S. Santoso, S. Zhang, *Langmuir*, **19**, 4332-4337 (2003)
8) A. F. Dexter, A. S. Malcolm, A. P. J. Middelberg, *Nature Materials*, **5**, 502-506 (2006)
9) T. Imura, Y. Tsukui, T. Taira, K. Aburai, K. Sakai, H. Sakai, M. Abe, D. Kitamoto, *Langmuir*, **30**, 4752-4759 (2014)
10) T. Imura, Y. Tsukui, K. Sakai, H. Sakai, T. Taira, D. Kitamoto, *J. Oleo Sci.*, **63**, 1203-1208 (2014)
11) Y. Zhao, T. Imura, L. J. Leman, L. K. Curtiss, B. E. Maryanoff, M. R. Ghadiri, *J. Am. Chem. Soc.*, **135**, 13414-13424 (2013)
12) C. J. Fielding, P. E. Fielding, *J. Lipid Res.*, **36**, 211-228 (1995)
13) S. G. F. Rasmussen, B. K. Kobilka *et al.*, *Nature*, **477**, 549-555 (2011)
14) D. Kitamoto, H. Isoda, T. Nakahara, *J. Biosci. Bioeng.*, **94**, 187-201 (2002)
15) K. Arima, A. Kakinuma, G. Tamura, *Biochem. Biophys. Res. Commun.*, **31**, 488-494 (1968)
16) 石上裕, 表面, **35**, 515-523 (1997)
17) F. Peypoux, J. M. Bonmatin, J. Wallach, *Appl. Micorbiol. Biotechnol.*, **51**, 553-563 (1999)
18) J. M. Bonmatin, M Genest, H. Labbe, M. Ptak, *Biopolymers*, **34**, 975-986 (1994)
19) Y. Ishigami, M. Osman, H. Nakahara, Y. Sano, R. Ishiguro, M. Matsumoto, *Colloids Surf.*, **B4**, 341-348 (1995)
20) T. Imura, S. Ikeda, K. Aburai, T. Taira, D. Kitamoto, *J. Oleo Sci.*, **62**, 499-503 (2013)
21) M. M. Yakimov, W. R. Abraham, H. Meyer, L. Giuliano, P. N. Golyshin, *Biochim. Biophys. Acta*, **1438**, 273-280 (1999)
22) I. Grangemard, J. Wallach, R. Maget-Dana, F. Peypoux, *Appl. Microbiol. Biotechnol.*, **90**, 199-210 (2001)
23) M. Morikawa, Y. Hirata, T. Imanaka, *Biochim. Biophys. Acta*, **1488**, 211-218 (2000)

第6章　界面活性剤の棒状ミセルによる抵抗低減効果

佐伯　隆*

1　はじめに

　流体を配管で輸送する場合，ポンプによって流体に圧力が加えられ，そのエネルギーで流体は管内を流れる。このとき，管壁において摩擦が生じるため，圧力は下流に行くにしたがって低下していく。今，直径D，長さLの平滑管に流体を流したとき，上流と下流の圧力差ΔPは以下のファニングの式（Fanning's equation）で表される。

$$\Delta P = 4f\frac{L}{D}\frac{\rho u^2}{2} \tag{1}$$

ここで，ρは流体の密度，uは平均流速であり，fをファニングの管摩擦係数と呼ぶ。fは流体の運動エネルギーに対する壁面せん断応力の割合を表し，レイノルズ数（Re）に依存する。Reが3,000～100,000の範囲では，以下に示すブラシウス（Blasius）の式が適用できる。

$$f = 0.0791 Re^{-0.25} \tag{2}$$

　ここで，(2)式はニュートン流体に対する近似式であるが，流体によってはこれよりも流体抵抗が低減する場合があることが知られていた。ForrestとGrierson[1]は1931年に木繊維を含む水スラリーの流れに対し，抵抗の低減効果を発見した。Myselsら[2,3]は1945年にある種の炭化水素中に溶解したアルミニウムセッケンの流れで抵抗低減が起こることを見出したが，知財の問題で論文投稿はしなかった。その後，Toms[4]が1948年に希薄高分子溶液が示す顕著な抵抗低減効果を報告したことから，この現象はトムズ（Toms）効果，またはToms-Mysels効果と呼ばれている。ただし，トムズ効果は高分子によって起こる（高分子系）抵抗低減効果という狭義な意味で使われることがあるため，本章では抵抗低減（Drag Reduction）効果，以下，DR効果と呼ぶことにする。

　界面活性剤による（界面活性剤系）DR効果はその発見から実用化まで高分子系よりも約10年遅れて進められてきた感がある。Nash[5]は1956年にカチオン性界面活性剤のCTAB（Cetyltrimethylammonium bromide）とサリチル酸誘導体を混合すると，粘弾性のあるゲルができたことを報告し，White[6]は1967年にCTABと1-ナフトールの水溶液がDR効果を示すことを円管による実験で報告した。また，Savins[7]は水中で形成される紐状（wormlike）ミセルの存在がDR効果に寄与していることを指摘した。以後，カチオン性のみならず，非イオン性や両性イオンの界面活性剤

---

*　Takashi Saeki　山口大学　大学院創成科学研究科　教授

表1　4級アンモニウム塩カチオン性活性剤のDR効果

物質名／商品名	分子構造	冷房域	暖房域	備考
CTAC	$C_{16}H_{33}N^+(CH_3)_3Cl^-$	溶解性が低下し，析出する	○	イオンの影響を顕著に受け，劣化する
Arquad 18～63	$C_{18}H_{37}N^+(CH_3)_3Cl^-$	溶解性が低下し，析出する	◎	暖房用
Ethoquad O/12	$C_{18}H_{35}N^+(C_2H_4OH)_2CH_3Cl^-$	◎	◎	冷暖房用
Ethoquad O/13	$C_{18}H_{35}N^+(CH_3)_3Cl^-$	◎	○	冷暖房用
Dehyquart C	$C_{22}H_{45}N^+(CH_3)_3Cl^-$	溶解性しない	100℃以上でもDR効果を示す	高温の循環系用

- 「冷房域」は10℃以下，「暖房域」はおおむね50℃以上を示す。
- 商品名はライオンアクゾ㈱（現，ライオン・スペシャリティ・ケミカルズ㈱）のものである。

が示すDR効果について数多くの研究が報告されてきた。

　DR効果の実用化について，高分子系は米国のアラスカ原油パイプライン（管径：48インチ≒1.2m）で使用され，原油の流量が25％増加する高効率な流体輸送が行われている[8]。高分子の機能も飛躍的に発達し，添加量は20年間で当初の100mg/Lから5mg/L以下となっている。近年では，米国が関わる原油の約40％がDR効果のための界面活性剤を含有していると言われるまでに，実用化が拡大した[9]。ここで，高分子は流れのせん断力で機械的劣化を受けるため，一過性のパイプラインにおいても，ポンプステーションを通過する際に追加添加が必要になる場合がある。これに対し，界面活性剤系は高いせん断力によってミセル構造が破壊されても，低せん断域ではその構造を再生する機能がある。このことから，界面活性剤系のDR効果は循環系での使用を視野に入れた研究開発が行われてきた。

　本章では，まずDR効果を示す界面活性剤について概説し，そのレオロジー特性を述べる。次に，DR効果を示す流れの特徴を述べ，最後にDR効果の実用化について説明する。

2　DR効果を示す界面活性剤

　界面活性剤系のDR効果の研究は4級アンモニウム塩のカチオン性界面活性剤とサリチル酸ナトリウムの組合せを基本とした研究が行われてきた。Nashが報告したCTABは水に溶解させると白濁するため，溶解性の良好なCTAC（Cetyltrimethylammonium chloride）が多用された。さらに疎水基の炭素数や親水基の構造を変えた界面活性剤を使用し，これらを様々な添加条件（濃度，対イオンの添加量，水温など）で流した際のDR効果が計測された[10～12]。佐伯ら[13]は4級アンモニウム塩のカチオン性界面活性剤の既存製品についてDR効果のスクリーニング試験を行っており，空調設備への応用を考慮して結果を表1にまとめた。わが国ではEthoquad O/12とO/13を主剤とした添加剤（DR剤）が商品化された。

第6章　界面活性剤の棒状ミセルによる抵抗低減効果

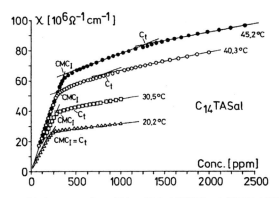

図1　DR剤（C_{14}TASal）の温度に対する電導度 χ と濃度との関係[10]

　界面活性剤系では，棒状（紐状ともいうが，特に違いはない）のミセル構造の存在がDR効果の発現に寄与していると考えられてきた。Ohlendorfら[10]はDR効果を示す界面活性剤のミセル構造を電気伝導度で測定した。図1は疎水基がC_{14}で親水基に3つのメチル基を持つ4級アンモニウム塩のカチオン性界面活性剤（C_{14}TASal）とサリチル酸ナトリウムに対する結果である。濃度とともに電気伝導度が上昇し，その傾きが変化する濃度が臨界ミセル濃度（c.m.c.）である。45.2℃における結果を見ると，400mg/Lにおいて球状ミセルのc.m.c.が見られるが，その後も濃度を増加させるとシャープな変化ではないが傾きが変化する濃度（1300mg/L）が存在する。これについて，Ohlendorfらは球状ミセルからの構造変化が起きていることを指摘し，複屈折，中性子小角散乱（SANS），蛍光，NMRなどの技術でミセルサイズを検討する意義について述べている。

　四方ら[14]はサリチル酸ナトリウムの存在下で形成するCTABの棒状ミセル構造を透過型電子顕微鏡（TEM）によって直接観察した。図2はLangmuirに掲載された有名なTEMイメージである。

　薄井ら[15]は界面活性剤の分子構造とDR効果の関係について報告しているが，現象論的な議論に留まっている。これには界面活性剤の分子構造と形成されるミセルの構造やその物理的性質（レオロジー），およびDR効果の発現メカニズムの関係が明らかにされる必要があり，今もって取り組まれている研究課題である。

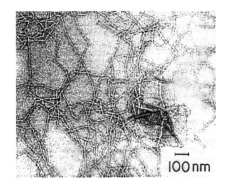

図2　CTAB/NaSal.（C_D＝0.001mol/L）の棒状ミセル構造[14]

3　DR効果を示す界面活性剤のレオロジー特性

　DR効果を示す界面活性剤が棒状ミセルを形成すると，水溶液の粘度は顕著に上昇する。棒状ミセルを形成する臨界ミセル濃度も存在するであろうが，それよりも低濃度において，せん断力を加えると粘度が上昇する現象が見られる。これをせん断誘起状態（Shear Induced State：SIS）と呼び，せん断流れ場において棒状のミセルが集合・整列することに対応する。SISを示すことがDR効果の発現に何らかの関係があると考えられてきたが[16,17]，SISが必須かというと疑問であり，必要十分条件とはいえない。佐伯ら[18]は表1に示したEthoquad O/12とサリチル酸ナトリウムの系について，モリブデン酸ナトリウム（防錆剤として使用される）を添加した場合，そのSISは無添加で見られるほどの顕著な粘度変化として捉えられないにも関わらず，DR効果は無添加よりも高くなったことを報告している。

　Savins[7]はDR効果を示す流体は粘弾性流体であることを指摘し，その後の研究もそれを支持するものであった。しかし，粘弾性流体であればDR効果を示すとはいえ，これも必要十分条件とはいえない。Luら[19]はDR効果の測定に加え，流動複屈折の測定やCryo-TEMによる棒状ミセルの網状組織の観察，および水溶液の粘弾性と伸張粘度の測定を行った結果より，粘弾性をもたない界面活性剤溶液がDR効果を示したと報告した。そして伸長粘度がDR効果を制御しうる'key property'であろうと述べている。

　流体が持つ高い粘弾性や法線応力差，また大きな伸長粘度の値がDR効果に関係していることは実験から分かるものの，個々のレオロジー特性値の影響をDR効果に関連付けて実験することは難しい。また，伸長粘度の測定については，これまでいくつか報告がなされてきたが，希薄溶液の測定は簡単ではなく，現在も取り組まれている課題である。

4　DR効果を示す流れの特徴

　DR効果は乱流域において，運動エネルギーの消散に関わる渦運動を抑制することによって生じると考えられる。図3は界面活性剤としてEthoquad O/12（1000mg/L）を使用し，対イオンとしてサリチル酸ナトリウムを添加（600mg/L）した際のfとReの関係を直径25mmの円管で測定した結果である。Reが大きくなるとfはブラシウスの式よりも顕著に低下するが，やがてこの式に近づく。これは高流速によるせん断力でミセル構造が破壊されたことに対応する。ここで，次式は層流におけるfの理論式である。

$$f = 16/Re \tag{3}$$

この式を図中のようにRe数の高い領域まで延長して描くと，実験データはReが約30,000までこれと同じ傾きをとり，その後，ブラシウスの式（乱流の実験式）に近づく。この挙動がニュートン流体における層流から乱流への遷移に類似して見えることから，DR効果を示す流れを「層流」

第6章　界面活性剤の棒状ミセルによる抵抗低減効果

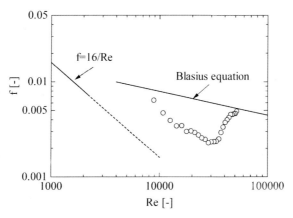

図3　Ethoquad O/12が示すDR効果（25℃）

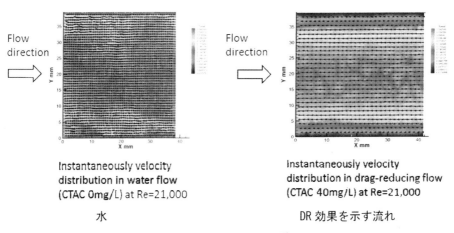

図4　流れの可視化実験[20]
文献20）の図の脚注と流れ方向の記載を加筆した

と捉えたり，「遷移の遅れ」と表現されることがある。

　DR効果を示す流れ構造に関する研究は，可視化実験と局所の流速の測定によって行われてきた。後者はLDV（Laser Doppler Velocimetry：レーザー流速計），PTV（Particle Trace Velocimetry：粒子追跡流速），PIV（Particle Image Velocimetry：粒子画像流速計）と測定手法の発展とともに，迅速かつ詳細な分析が可能となっている。

　可視化実験の一例として，Yagレーザーを用いたLiら[20]の結果を図4に示す。水流れ（左図）では，管壁面近傍の活発な渦運動や管中心の高速流体が壁方向に向かっている様子が分かるが，CTACを添加してDR効果が起こっている流れ（右図）は，半径方向の速度成分はほとんどなくなっている。

　局所の流速測定による実験結果の例として，Saekiら[21]のPTVによる結果を示す。図5は速度

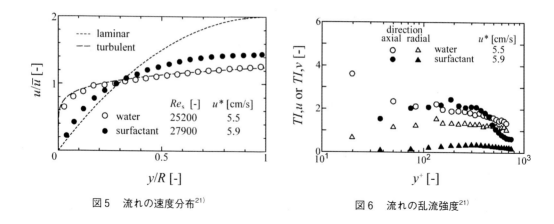

図5　流れの速度分布[21]　　　　　　図6　流れの乱流強度[21]

分布を示しているが，DR効果を示す流れは放物線状の層流（図中の------線）と栓流と呼ばれる乱流（図中の---線）の中間に位置している．図6は乱流強度を示しており，DR効果を示す場合，半径方向の乱れは水に比べ小さいが，流れ方向は水と同レベルの乱れがあることがわかる．流れ方向と半径方向の速度成分の相関を示す統計量としてレイノルズ応力があり，層流ではこの値はゼロになる．先に示したように，DR効果が起こっている場合，流れ方向の変動が大きくても半径方向の乱れが小さいことから，結果的にレイノルズ応力はほぼゼロになる．このこともDR効果が起こっている流れを層流と捉えてしまう一因になっている．

近年，筆者らはDR効果を示す流れをPIVで計測し，そのデータをもとに乱流統計量を求めて議論するのではなく，流れパターンとして捉え，さらに界面活性剤の集合体の存在に局所的な分布があることを考慮した解析を行っている[22]．この中で，DR効果を示す流れには界面活性剤の濃度によって，少なくとも2つのパターンがあることが指摘された．1つは希薄濃度において，界面活性剤の集合体が壁近傍の渦運動を抑制する流れであり，もう1つは高濃度において，管内を流れる流体がスラグ状の塊となって管内を移動する流れである．このことは，界面活性剤の添加条件によって，DR効果の発現メカニズムが違うことを示唆するものである．

以上，述べてきたようにDR効果を示す界面活性剤の研究は，その分子構造や溶液のレオロジー特性，また，流れの特徴が議論されてきたものの，DR効果を定量的に見積もるまでには至っていない．DR効果の発現メカニズムの解明や界面活性剤の分子設計につながる指針を得るためには，今後とも検討が必要である．

5　界面活性剤によるDR効果の実用化

わが国では，1992年と1995年に周南地域地場産業振興センターがカチオン性界面活性剤を使用した流体の輸送技術として2件の特許を出願し，これがDR効果の実用化に対する基本特許となった[23,24]．これより先，海外ではドイツ，チェコ，デンマークなどで実証試験が行われたが，

第6章　界面活性剤の棒状ミセルによる抵抗低減効果

水を撹拌

DR剤を添加

図7　渦試験

いずれも商用的な利用には至っていない。ここでは，筆者が関わったエルエスピー協同組合（現，周南水処理㈱），（公財）周南地域地場産業振興センター，山口大学の産官公連携の取り組み（1996年〜）を中心にDR効果の実用化について述べる。

5.1　配管抵抗低減剤の商品化

一般に，界面活性剤は発泡することから，閉路循環系がDR効果の適用場所として検討され，このうち国内でも数の多い水循環の空調設備が主なターゲットとなった。空調設備の冷房・暖房運転に対し，安定なDR効果を発現するEthoquad O/12が界面活性剤として選定された。対イオンとしてサリチル酸ナトリウムが使用され，最適化実験より界面活性剤との濃度はモル比で1.5と決定された。空調設備では防錆剤が使用される場合があるが，その成分によっては棒状ミセルの形成を阻害する恐れがあった。そこで，DR剤に防錆機能を持たせた配管抵抗低減剤：LSP-01（エルエスピー協同組合）が開発された。LSP-01は10kgのパックとして商品化され，これを設備の保有水量 $2m^3$ あたりに添加することで，最適なDR効果が得られるものである。

5.2　DR効果による空調設備の省エネルギー

空調設備にLSP-01を添加する場合には，まず循環水を採取し，図7に示すようにスターラーで撹拌する（左写真）。これにLSP-01を規定量添加し，渦が消失すれば水質の問題はないと判断する（右写真）。これは「渦試験」と呼ばれ，棒状ミセルの形成を阻害する成分がないかを簡単にチェックすることができる。この試験は粘弾性流体が示すワイゼンベルク効果に利用したものである。

LSP-01は循環ポンプの吐出側配管から加圧ポンプで少量ずつ添加し，同時に循環流量を流量計（ない場合は超音波式流量計を仮設する）で測定する。LSP-01が有効濃度に達すると流量が上昇する。循環ポンプの運転がインバーター制御されている場合は，LSP-01を添加する前の流量まで設定周波数を下げる。この周波数の低減分が省エネルギーとなる。インバーターが設置されていないときは，新規に購入する場合もあるが，複数のポンプで輸送が行われている場合は，

稼働ポンプの台数を減らすことで，同様の流量が得られる場合がある。これらの方法はDR効果による省エネルギー効果を狙ったものであるが，循環流量の不足分を補う目的でDR効果が適用されることもある。

5.3　DR効果の普及

LSP-01は1996年に商品化され，徳山競艇場やホテルなど，山口県内の施設に試験的に導入された。その後，県外の施設へとその適用が拡大した。2008年には産業総合研究所がLSP-01を使用して札幌市役所の庁舎（地上19階，地下2階）にDR効果を適用し，ポンプの消費電力が60%低減できたことがプレス発表された[25]。このプロジェクトはNHKでも取り上げられ，全国放送されたことで，LSP-01の普及は加速した。2015年下期時点でLSP-01の導入実績は200件を超えており，おおむね20%以上の流体輸送動力の低減効果を示している。近年，東京都環境局が認定する優良特定地球温暖化対策事業所（トップレベル事業所）のアクションとして認知され，地上30階程度の高層ビルや工場設備にも導入されている。

5.4　実用化の問題点

DR効果が起こっている流れを層流と解釈すると，伝熱特性の低下がイメージされるため，空調設備の伝熱能力に与える影響を危惧するユーザーが多い。加えて，「熱源機や空調端末では伝熱特性を低下させない全く新しいタイプ」と表記されたDR剤が他社より商品化されたため，一部でDR効果を積極的に取り入れる機運が失われた感がある。しかし，実際のところ，上述した200件を超えるLSP-01の導入実績において，冷暖房の能力が低下するような伝熱阻害は全く起こっていない。Saeki[26]はDR効果が及ぼす空調設備の伝熱の影響を山口大学医学部付属図書館の設備を使い検証した。ここで得られた結果でも，DR効果の導入は冷暖房能力にトラブルをもたらすのものではなかった。この理由について，空調設備の冷房運転と暖房運転に分けて説明する。

冷房運転では吸収式の冷水発生機や冷凍機などで5～10℃程度の冷水を製造し，これを熱交換器で熱交換する。すなわち，壁面温度一定条件での伝熱であり，仮に伝熱阻害が起これば，熱交換器の出口温度が高くなる。ここで，熱交換器内の配管は伝熱を促進するために小口径の伝熱管が使用されており，DR剤の濃度が適切に管理されていれば，流れのせん断力で棒状ミセル構造が破壊され，伝熱特性はニュートン流体と等しくなる。これに対し，暖房運転の場合は熱流束一定の条件での伝熱である。暖房運転の水温では冷房時に比べ棒状ミセル構造が壊れにくいが，このことでたとえ伝熱阻害が起こっても，影響は壁面温度の上昇として現れ，熱交換器の出口流体の温度低下にはつながらない。壁面温度の上昇は実測より10～20℃であり，鋼管に影響するものではない。

筆者が実用化の問題点として挙げるとすれば，DR剤の濃度管理の重要性と煩雑さである。循環系に添加されたDR剤の劣化を考える必要はないが，一般の設備ではポンプの軸受けシール水

第6章　界面活性剤の棒状ミセルによる抵抗低減効果

や何らかの漏水によって濃度が低下していく。このため，年1回程度の濃度分析とDR剤の補充が必要である。さらに，設備によっては界面活性剤と対イオンの濃度が大幅に変化する場合がある。これは腐食した配管面への吸着特性の違いから起こると考えているが，多くの場合，界面活性剤の濃度が低下する。このため，対イオンを含まないLSP助剤という商品が開発されている。このように，最大限の省エネ効果を得るためにはきめ細かな運転管理が必要であり，このノウハウの確立によって200件の導入実績が達成できたといえよう。

6　おわりに

　DR効果の発見から実用化に向けた一連の研究開発，および実用化について述べてきた。既存の界面活性剤のスクリーニングや最適添加条件の検討からDR剤の商品化へとつながり，実用化件数も増加している。一方，アカデミック的な研究は道半ばである。さらに，本章では紙面の関係で割愛した非イオン性界面活性剤の開発や非水系におけるDR効果などが今後注目される研究分野になるであろう。

文　　献

1) F. Forrest and G.A.H. Grierson, *Paper Trade J.*, **92**, 39（1931）
2) K. Mysels, Flow of thickened fluids, US Patent 2, 492, 173（1949）
3) G. G. Agoston *et al.*, *Ind. Eng. Chem.*, **46**, 1017（1954）
4) B. A. Toms, Proc. of Int. Congress on Rheology, 2, 135（1948）
5) T. Nash, *Nature*, **117**, 948（1956）
6) A. White, *Nature*, **214**, 585（1967）
7) J. G. Savins, *Rheologica Acta*, **6**, 323（1967）
8) E. D. Burger *et al.*, *J. Petroleum Technology*, **34**, 377（1982）
9) J. F. Motier *et al.*, Proc. 12the European Drag Reduction Meeting（2002）
10) D. Ohlendorf *et al.*, *Rheologica Acta*, **25**, 468（1988）
11) G. D. Rose, Method for Heat Exchange Fluids Comprising Viscoelastic Surfactant Compositions, US Patent 4, 534, 875（1985）
12) L. C. Chou *et al.*, Proc. 4th Int. Conf. on Drag Reduction, Davos, R.H.S. Sellin and R. T. Moses, eds., p.141-148, IAHR/AIRH, Ellis Horwood, England（1989）
13) 佐伯隆，トライボロジスト，**55**(7)，471（2010）
14) T. Shikata, *et al.*, *Langmuir*, **4**, 354-359（1988）
15) 薄井洋基ほか，化学工学論文集，**24**(1)，134（1998）
16) 薄井洋基ほか，日本レオロジー学会誌，**26**(1)，15-19（1998）

17) H. Usui., *Rheologica Acta*, **37**, 122 (1998)
18) 佐伯隆ほか, 日本機械学会論文集（B編）, **68**, 166 (2002)
19) B. Lu *et al.*, *J. Non Newtonian Fluid Mech.*, **71**, 59 (1997)
20) P. W. Li, *et al.*, Proc. 10th Int. Symp. On Applications of Laser Techniques to Fluid Mechanics (2000)
21) T. Saeki *et al.*, *Nihon Reoroji Gakkaishi*, **28**(1), 35 (2000)
22) T. Saeki, 6th Pacific Rim Conference on Rheology, OR093 (2014)
23) (公財) 周南地域地場産業振興センター, 近距離熱源からの熱エネルギー移送による暖房方法及び装置, 特願H06-094247, 特許第3453583号 (1992)
24) (公財) 周南地域地場産業振興センター, ライオン㈱, 近距離熱源からの熱エネルギー移送による暖房方法及び装置, 特願H08-231941, 特許第3671450号 (1995)
25) (独)産業技術総合研究所, エネルギー研究部門プレスリリース (2008)
26) T. Saeki, Flow Properties and Heat Transfer of Drag-Reducing Surfactant Solutions, "Developments in Heat transfer", Edited by M. A. dos S. Bernardes, InTech Publishers, 18, 331 (2011)

第7章 トリメリック型界面活性剤の
合成・物性・ミセル形成

吉村倫一*

1 はじめに

　従来の単鎖型界面活性剤に対して高性能ならびに高機能性の発現を目指して，新しい構造を有する界面活性剤の開発に関する研究が精力的に行われている[1]。その1つがジェミニ（gemini），あるいはダイメリック（dimeric）型界面活性剤である。ジェミニ型界面活性剤は，界面活性剤同士が親水基またはその近傍で適当な連結基によって繋がれた2疎水基2親水基の構造である。これまでに疎水基，親水基，連結基の構造を変えた多種多様なジェミニ型界面活性剤が分子設計・合成され，様々な物性が調べられてきた[2,3]。ジェミニ型界面活性剤のほとんどは，従来の単鎖型界面活性剤と比較して，低い臨界ミセル濃度（CMC）や高い表面張力低下能などの高い界面活性を有し，水溶液中で会合体の転移や異なる種類の会合体の共存，珍しい構造をした会合体の形成など，特異な会合挙動を示すことが報告されている。さらに，ジェミニ型界面活性剤の延長上の構造として，ジェミニ型構造にもう1分子を繋いだ3疎水基3親水基の構造のトリメリック（trimeric）型界面活性剤に関する研究も行われている[4,5]。ジェミニ型やトリメリック型，さらに4疎水基4親水基構造のテトラメリック（tetrameric）型など，分子内に複数の疎水基と複数の親水基をもつ構造は，一般にオリゴメリック（oligomeric）型界面活性剤とよばれる。

2 トリメリック型界面活性剤

　トリメリック型界面活性剤は，1995年Zanaら[6,7]によって開発されたメチルドデシルビス［3-（ジメチルドデシルアンモニオ）プロピル］アンモニウム塩が初めてである。この親水基間の連結鎖長が3のトリメリック型界面活性剤の対イオンをBrおよびClとして，CMC，イオン化度，ミセルの会合数について調べられた。続いて，Esumi, Koide, Ikeda, Zanaらによって，連結基の鎖長および種類やアルキル鎖長の異なる同タイプの四級アンモニウム塩トリメリック型界面活性剤が合成され（一般にアルキル鎖長n，連結鎖長sを用いてn-s-n-s-nで表される）[8~11]，物性などが報告されている。例えば，トリメリック型界面活性剤はモノメリック型およびジェミニ型よりもCMCが低く，CMCは連結鎖長の増加とともに増大する。水溶液中では，連結鎖長3のときに分岐した糸状のミセル，鎖長6のときに球状のミセルを形成し，ミセルの会合数は連結鎖長の増加とともに減少する。また，Laschewskyらによる*trans*-ブテニレン，*m*-キシリレン，*p*-キシ

---

　*　Tomokazu Yoshimura　奈良女子大学　研究院自然科学系　化学領域　教授

リレンといった剛直な連結基を有する四級アンモニウム塩のトリメリック型界面活性剤[12, 13]や，Wangらによる連結部分にアミド基を含む四級アンモニウム塩のトリメリック型界面活性剤[14, 15]なども報告されている。さらに，星型の四級アンモニウム塩トリメリック型界面活性剤[16]やトリメリック型アニオンおよび非イオン界面活性剤に関しても報告されている[17~20]。

ジェミニ型界面活性剤は1990年頃から現在まで膨大な数の研究が行われているのに対し，トリメリック型界面活性剤の研究はジェミニ型に少し遅れて始まった割には，報告例が少ない。その一番の問題は合成にあると思われるが，出発物質にジエチレントリアミン，トリス（2-アミノエチル）アミン，塩化シアヌルなどを用いれば，四級化反応により容易にカチオンタイプのトリメリック型界面活性剤を得ることができる。

3　カチオンタイプの合成例

四級アンモニウム塩のトリメリック型カチオン界面活性剤の合成についての一例を示す（図1）。メチルドデシルビス［3-（ジメチルドデシルアンモニオ）プロピル］アンモニウムブロミドおよびクロリド（12-3-12-3-12，12-3-12-3-12 Cl$^-$）のトリメリック型界面活性剤[6]は，まず，3-クロロ-1-プロパノールとメチルアミンとの反応で得られるビス（3-ヒドロキシプロピル）メチルアミンを，酢酸エチル中で1-ブロモドデカンと4日間加熱還流することにより，ビス（3-ヒドロキシプロピル）ドデシルメチルアンモニウムブロミドを合成する。この化合物に三臭化リンをクロロホルム中で作用させて得られるビス（3-ブロモプロピル）ドデシルメチルアンモニウムブロミドを，エタノール中でジメチルドデシルアミンと約4日間加熱還流を行い，カラムクロマトグラフィーなどの精製を繰り返すことにより，対イオンにBr$^-$を有する12-3-12-3-12を得ることができる。さらにイオン交換することでCl$^-$を有する12-3-12-3-12 Cl$^-$が得られる。

その後，ビス（3-アミノプロピル）アミン（ジプロピレントリアミン）をメチル化したビス［2-（ジメチルアミノ）エチル］メチルアミン（N,N,N',N'',N''-ペンタメチルジエチレントリアミン）と1-ブロモドデカンとの四級化反応（アセトニトリル中，2～4日間，80℃）により，比較的簡単な12-3-12-3-12の合成法が報告されている[10]。連結鎖長の異なる12-2-12-2-12[8]および12-6-12-6-12[10]，アルキル鎖長の異なる8-2-8-2-8および10-2-10-2-10[11]（対イオンはいずれもBr$^-$）もまた，対応するポリアミンのメチル化物と1-ブロモアルカンとの四級化反応により合成されている。また，2-ヒドロキシプロピレンを連結基にもつビス［2-ヒドロキシ-3-（ドデシルジメチルアンモニオ）プロピル］ドデシルメチルアンモニウムクロリド（12-3(OH)-12-3(OH)-12 Cl$^-$）は，ドデシルメチルアミン塩酸塩とエピクロロヒドリンとの反応で得られるビス（2-ヒドロキシ-3-クロロプロピル）ドデシルメチルアンモニウムクロリドとドデシルジメチルアミンをエタノール中で24時間加熱還流することにより得ることができる[9]。

剛直なtrans-ブテニレン，m-キシリレン，p-キシリレンを連結基に有する直鎖型のビス［4-(N',N'-ジメチル-N'-ドデシルアンモニオ)メチレンエテニレンメチレン］-N-ドデシル-N-メチ

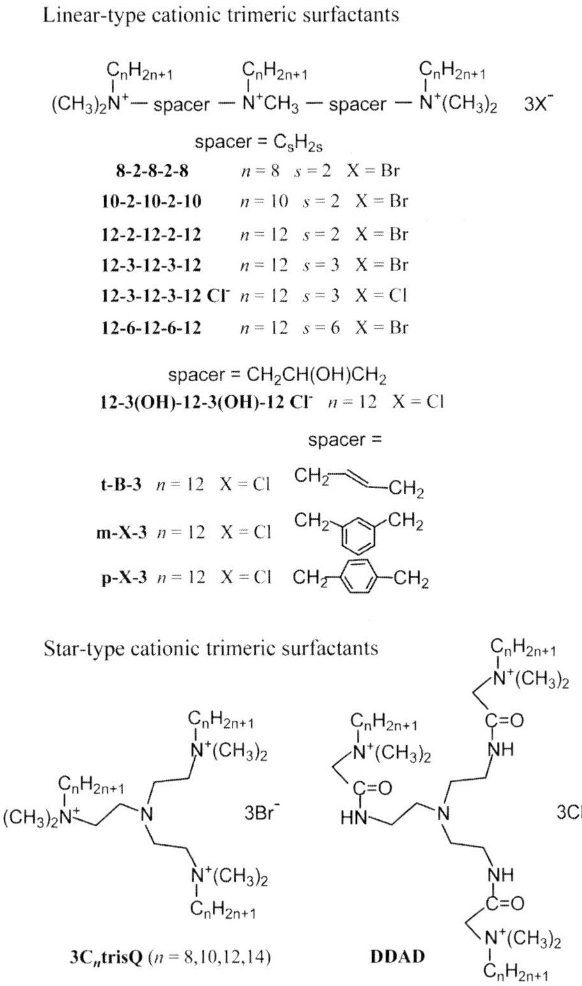

第7章　トリメリック型界面活性剤の合成・物性・ミセル形成

Linear-type cationic trimeric surfactants

$$(CH_3)_2\overset{C_nH_{2n+1}}{\underset{}{N^+}}-\text{spacer}-\overset{C_nH_{2n+1}}{\underset{}{N^+CH_3}}-\text{spacer}-\overset{C_nH_{2n+1}}{\underset{}{N^+(CH_3)_2}} \quad 3X^-$$

spacer = C_sH_{2s}

8-2-8-2-8	$n=8$	$s=2$	$X=Br$
10-2-10-2-10	$n=10$	$s=2$	$X=Br$
12-2-12-2-12	$n=12$	$s=2$	$X=Br$
12-3-12-3-12	$n=12$	$s=3$	$X=Br$
12-3-12-3-12 Cl⁻	$n=12$	$s=3$	$X=Cl$
12-6-12-6-12	$n=12$	$s=6$	$X=Br$

spacer = $CH_2CH(OH)CH_2$

12-3(OH)-12-3(OH)-12 Cl⁻ $n=12$ $X=Cl$

spacer =

t-B-3 $n=12$ $X=Cl$ $CH_2-CH=CH-CH_2$

m-X-3 $n=12$ $X=Cl$ (m-キシリレン)

p-X-3 $n=12$ $X=Cl$ (p-キシリレン)

Star-type cationic trimeric surfactants

3C$_n$trisQ ($n=8,10,12,14$) 　　　**DDAD**

図1　四級アンモニウム塩系トリメリック型カチオン界面活性剤（直鎖型と星型）

ルアンモニウムクロリド（t-B-3），ビス（3-(N',N'-ジメチル-N'-ドデシルアンモニオメチレン）フェニレンメチレン）-N-ドデシル-N-メチルアンモニウムクロリド（m-X-3），ビス（4-(N',N'-ジメチル-N'-ドデシルアンモニオメチレン）フェニレンメチレン）-N-ドデシル-N-メチルアンモニウムクロリド（p-X-3）は，N-メチルドデシルアミンと対応する連結基を含むモノアルキル化した四級アンモニウム化合物との反応により得ることができる[12]。

　星型のトリメリック構造のトリス（N-アルキル-N,N-ジメチル-2-アンモニウムエチル）アミンブロミド（3C$_n$trisQ）は，トリス（2-アミノエチル）アミンをメチル化したトリス（N,N-ジメチル-2-アミノエチル）アミンと1-ヨードアルカン（オクタン，デカン，ドデカン）または1-ブロモテトラデカンとの四級化反応（エタノール中，40時間以上，加熱還流）で得ることができる[16]。また，トリス（2-アミノエチル）アミンとクロロアセチルクロリドとの反応で得られるト

リクロロ化合物とN,N-ジメチルドデシルアミンをメタノール中で72時間，45℃で加熱することにより，連結部にアミド基をもつ星型のトリメリック構造のトリ（ドデシルジメチルアンモニオアセトキシ）トリス（2-アミノエチル）アミンクロリド（DDAD）が得られる[15]。トリス（2-アミノエチル）アミンの代わりにエチレンジアミンを使うと，同様の操作で，連結部にアミド基をもつ直鎖型のトリ（ドデシルジメチルアンモニオアセトキシ）ジエチレントリアミン（DTAD）を得ることができる[14]。

4　臨界ミセル濃度

トリメリック型界面活性剤のほとんどは，アルキル鎖長12，14までは高い水溶性を示し，クラフト温度は室温以下である。例えば，星型構造のトリメリック型界面活性剤$3C_n$trisQのクラフト温度は，アルキル鎖長8〜14のときに5℃以下である。トリメリック型界面活性剤は，分子内に3本のアルキル鎖を有するにもかかわらず，3親水基構造が働いて高い水溶性を示す。

トリメリック型カチオン界面活性剤である星型構造の$3C_n$trisQ，DDAD[15]，直鎖型構造のn-s-n-s-n[6,8,9–11]，剛直な連結基をもつt-B-3，m-X-3，p-X-3[12]，アミド基を有するDTAD[15]，対応するジェミニ型界面活性剤（1,2-ビス（ドデシルジメチルアンモニウム）エタンブロミド12-2-12）[8,21]，単鎖型界面活性剤（ドデシルトリメチルアンモニウムブロミドC_{12}TAB）[8,22]の臨界ミセル濃度（CMC），CMCにおける表面張力（γ_{CMC}），表面過剰濃度（Γ），分子占有面積（A）のパラメーター値を表1に示す。鎖長12において，トリメリック型の$3C_{12}$trisQのCMCは，対応する構造のモノメリック型およびジェミニ型と比べて低く，アルキル鎖の導入に伴い親水基の四級アンモニウム塩が増大するにもかかわらずCMCが約1桁ずつ低下する。これは3本のアルキル鎖によって疎水性が増大することから，低濃度で優れたミセル形成能を示すためと考えられる。このCMCは既存の単鎖型界面活性剤よりも100分の1程度小さく，分子量を考慮しても実際の使用量は大幅に削減することができ，環境負荷の低減に繋がる魅力的な材料と言える。また，星型の$3C_{12}$trisQのCMCは，直鎖型の12-2-12-2-12のCMCよりもわずかに高い。これはトリス（2-アミノエチル）アミン骨格の$3C_{12}$trisQが，3つの四級アンモニウム基に加えて中心に三級アミノ基をもつためである。さらに，$3C_{12}$trisQは剛直な連結基をもつ直鎖型のt-B-3，m-X-3，p-X-3，連結基に3つのアミド基を有する星型のDDADと比べても，対イオンの違いはあるが，低いCMCを示す。

トリメリック型界面活性剤$3C_n$trisQ，n-2-n-2-n，ジェミニ型界面活性剤のn-2-n，単鎖型界面活性剤C_nTABのCMCの対数とアルキル鎖長の関係を図2に示す。一般の直鎖型界面活性剤において，CMCとアルキル鎖の炭素原子数nの間には，Klevensの式として知られる$\log \mathrm{CMC} = A - Bn$（$A$，$B$は定数）の関係が成り立つ。アニオンおよびカチオン界面活性剤のB値は約0.3，両性および非イオン界面活性剤のB値は約0.5である。トリメリック型界面活性剤の場合もKlevensの式が成立し，星型の$3C_n$trisQと直鎖型のn-2-n-2-nの傾き（B値）はほぼ同じである。C_nTAB，

第7章 トリメリック型界面活性剤の合成・物性・ミセル形成

表1 四級アンモニウム系トリメリック型カチオン界面活性剤の表面張力パラメーター

	Surfactant	cmc (mmol dm^{-3})	γ_{cmc} (mN m^{-1})	$10^6 \Gamma$ (mol m^{-2})	A (nm^2/molecule)	reference
Star-type trimeric	3C$_8$trisQ	-	-	0.875	1.90	16)
	3C$_{10}$trisQ	1.17	33.4	0.883	1.88	16)
	3C$_{12}$trisQ	0.139	32.3	0.82	2.03	16)
	3C$_{14}$trisQ	0.00647	32.1	0.97	1.70	16)
	DDAD	0.33, 0.39	-	-	-	15)
Linear-type trimeric	8-2-8-2-8	14	35.1	1.07	1.55	11)
	10-2-10-2-10	0.95	25.8	1.38	1.21	11)
	12-2-12-2-12	0.08, 0.065	36.4	1.29, 1.11	1.28, 1.49	8, 11)
	12-3-12-3-12	0.14	-	1.75	1.47	10)
	12-3-12-3-12 Cl$^-$	0.33	-	-	-	6)
	12-6-12-6-12	0.28	-	0.7	2.49	10)
	12-3(OH)-12-3(OH)-12	0.0096	32	-	-	9)
	t-B-3	0.36	41	-	-	12)
	m-X-3	0.28	40	-	-	12)
	p-X-3	0.29	40	-	-	12)
	DTAD	0.20, 0.32	-	-	-	15)
Gemini	12-2-12	0.9, 0.967	31.4, 32.4	2.31	0.72, 1.00	8, 21)
Monomeric	C$_{12}$TAB	14, 16	38.6, 39	3.42	0.49	8, 22)

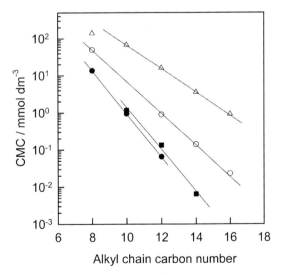

図2 単鎖型界面活性剤C$_n$TAB，ジェミニ型界面活性剤n-2-n，トリメリック型界面活性剤n-2-n-2-n，3C$_n$trisQのCMCとアルキル鎖長の関係
△：C$_n$TAB，○：n-2-n，●：n-2-n-2-n，■：3C$_n$trisQ。

57

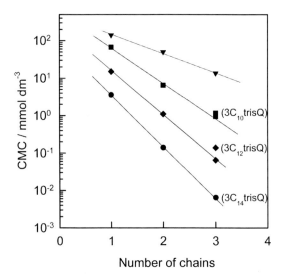

図3 単鎖型界面活性剤C_nTAB, ジェミニ型界面活性剤n-2-n, トリメリック型界面活性剤n-2-n-2-n, 3$C_n$trisQのCMCとアルキル鎖数（オリゴマー度）の関係
▼; n = 8, ■; 10, ◆; 12, ●; 14。

n-2-n, n-2-n-2-n, 3$C_n$trisQのB値はそれぞれ0.31, 0.40, 0.58, 0.56であり，アルキル鎖数の増加とともにB値は増大する。これは鎖長増加に伴うCMCの変化が，トリメリック型のときに最も大きくなることを表している。しかし，アルキル鎖の総炭素数を考慮すると，トリメリック型のCMC変化によるアルキル鎖長の影響は，ジェミニ型とほぼ同じで，モノメリック型よりも小さい。C_nTAB, n-2-n, n-2-n-2-n, 3$C_n$trisQのCMCの対数とアルキル鎖数（オリゴマー度）の関係を図3に示す。連結基にメチレン鎖（s = 2）を有するC_nTAB-(n-2-n)-(n-2-n-2-n) 系において，CMCとアルキル鎖数mとの間にlog CMC = $C - Dm$ (C, Dは定数) の関係が認められる。アルキル鎖長8, 10, 12, 14のD値はそれぞれ0.51, 0.88, 1.02, 1.34であり，アルキル鎖長が長くなるとD値すなわちCMCの変化は増大する。これはアルキル鎖の長い界面活性剤が水溶液中で容易にミセルを形成する事実と一致する。一方，星型の鎖長10と12の3$C_n$trisQはこの直線から外れるが，これは前述したように，直鎖型のn-2-n-2-nと比べて3つの四級アンモニウム基に加えて親水性の三級アミノ基を余分に含むためにCMCが高くなると考えられる。なお，プロピレン連結基（s = 3）を有するC_{12}TAB-(12-3-12)-(12-3-12-3-12) 系および剛直な連結基を有するオリゴメリック系（DTAC-(t-B-s), DTAC-(m-X-s), DTAC-(p-X-s), sは連結鎖長で2～4）においてもCMCと鎖数の関係が調べられている[6,12]。

5　表面張力

トリメリック型界面活性剤3$C_n$trisQは，CMC以下の低濃度あるいは長鎖長において，表面張

第7章 トリメリック型界面活性剤の合成・物性・ミセル形成

力の平衡到達に長い時間を要することが多い。従来の単鎖型では短時間で平衡に達するのに対し，ジェミニ型およびトリメリック型になるとその嵩高い構造から気-液界面への吸着が遅くなると考えられる。星型の3C$_n$trisQのCMCにおける表面張力（γ_{CMC}）は32～34 mN m^{-1}であり，アルキル鎖長には依存しない。これらのγ_{CMC}値は対応する単鎖型よりも低く，ジェミニ型とほぼ同等である。トリス（2-アミノエチル）アミンのリングから放射状に延びる3本のアルキル鎖が，両末端にアルキル鎖をもつ直鎖型と比べて，気-液界面に効率よく吸着・配向できるため，表面張力が低下すると考えられる。3C$_n$trisQの分子占有面積Aは対応する単鎖型およびジェミニ型と比較してかなり大きい値であるが，1本鎖あたりで考えると単鎖型の値に近い。このことからもトリメリック型界面活性剤は，アンモニウム基間の強い静電的反発を有するにもかかわらず，多数のアルキル鎖間の強い相互作用によって気-液界面に効率よく吸着・配向して，高い界面活性を示す。

気-液界面への吸着と水溶液中でのミセル形成のどちらが優先的に起こるかを評価する方法として，Rosenらによって提唱されたpC_{20}およびCMC/C_{20}（C_{20}は水の表面張力を20 mN m^{-1}低下させるのに必要な界面活性剤のバルク相濃度）のパラメーターを用いることもある。pC_{20}およびCMC/C_{20}の値が大きいとミセル形成よりも界面吸着が促進され，両値が小さいと逆にミセル形成が促進されることが知られている。3C$_n$trisQ（$n=10$, 12, 14）のpC_{20}値はそれぞれ3.9, 5.0, 6.2, CMC/C_{20}値はそれぞれ9.5, 12.4, 9.1であり，一般のモノメリック型（p$C_{20}=\sim3$，CMC/$C_{20}=2\sim4$）と比べると両値は大きく，トリメリック型界面活性剤はミセル形成よりも界面吸着の方が有利であることがわかる。

6 水溶液中でのミセル形成

界面活性剤が水溶液中で形成するミセルの形状やサイズは，動的・静的光散乱（DLS・SLS），中性子小角散乱（SANS），X線小角散乱（SAXS），低温透過型電子顕微鏡（cryo-TEM），動的粘弾性，時間分解蛍光寿命などの測定を複数組み合わせて評価することができる。ジェミニ型界面活性剤などの複雑な構造を有する界面活性剤は，濃度やアルキル鎖長を変えると形成する会合体の構造が劇的に変化することも多い。

レオロジーの挙動は，界面活性剤が形成する会合体の形状に依存することが知られている。トリメリック型界面活性剤3C$_n$trisQ（$n=10$, 12, 14）の粘度のずり速度依存性を図4に示す[16]。3C$_{10}$trisQの2.93および5.85 mmol dm^{-3}（CMCの2.5, 5.0倍）では，粘度のずり速度依存性は水の場合と同じであり，会合体の構造は水溶液の粘度に影響しないことがわかる。すなわち，球状または楕円体の小さなミセルの形成が示唆される。3C$_{12}$trisQの3.48 mmol dm^{-3}（CMCの25倍）でも同様の傾向を示すものの，濃度が27.8 mmol dm^{-3}（CMCの200倍）に増加すると，ずり速度の増大とともに粘度が小さくなるずり流動化（shear thinning）が見られる。これは棒状または紐状ミセル形成の典型的な挙動であり，濃度増加に伴い，球状（楕円体）ミセルから棒状（紐状）

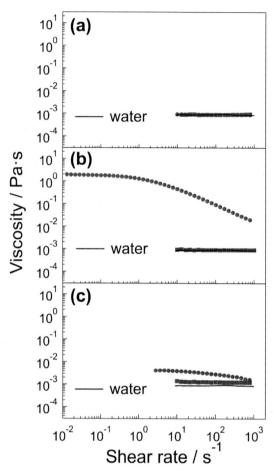

図4　トリメリック型界面活性剤3C$_n$trisQの粘度のずり速度依存性
(a) $n=10$（■；2.93, ●；5.85 mmol dm^{-3}），(b) $n=12$（■；3.48, ●；27.8 mmol dm^{-3}），
(c) $n=14$（■；0.162, ●；1.62 mmol dm^{-3}）。

ミセルに転移することがわかる。この会合体の転移は，対応するドデシル鎖をもつジェミニ型カチオン界面活性剤に対してもSANS，cryo-TEM，動的粘弾性の測定によって認められている。3C$_{14}$trisQの0.162および1.62 mmol dm^{-3}（CMCの25，250倍）では，粘度は水の場合よりも高く，ずり速度が増大しても粘度の大きな変化は見られない。3C$_{14}$trisQの粘度は3C$_{12}$trisQよりも低く，これは濃度の影響によるものと考えられる。

粘度のずり速度依存性を調べることで界面活性剤の会合体の形状をある程度予測できるが，会合体の形状およびサイズを詳細に明らかにするにはSANSまたはSAXSの小角散乱法を用いることが適している。SANSおよびSAXSは，界面活性剤の会合体をナノスケールで定量的に調べるのに役立つ手法の一つである。3C$_n$trisQ（$n=10$, 12, 14）のSANSプロファイルを図5に示す[16]。鎖長10と12は0.02〜0.05 Å^{-1}のq（散乱ベクトル）範囲に，ミセル間の静電的な反発に基づ

第7章 トリメリック型界面活性剤の合成・物性・ミセル形成

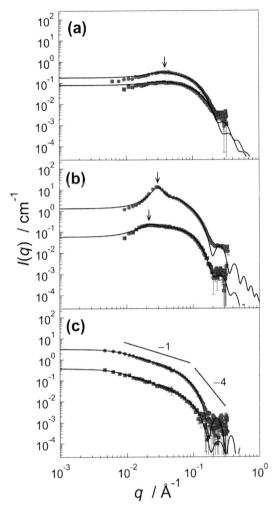

図5 トリメリック型界面活性剤$3C_n trisQ$のSANSプロファイルとフィッティング曲線
(a) $n = 10$ (■ ; 2.93, ● ; 5.85 mmol dm^{-3}), (b) $n = 12$ (■ ; 3.48, ● ; 27.8 mmol dm^{-3}), (c) $n = 14$ (■ ; 0.162, ● ; 1.62 mmol dm^{-3})。

くブロードなピークが見られる。界面活性剤濃度が増加すると、これらのピーク位置は高q側にシフトし、ミセル間の距離が近づくことを示している。一方、鎖長14ではピークは見られず、2つの濃度でのSANSプロファイルは、低q領域 ($q<0.06$ Å^{-1}) で $I(q) \sim q^{-1}$、高q領域 ($q>0.06$ Å^{-1}) で $I(q) \sim q^{-4}$ であり、これは棒状あるいは紐状ミセルの形成を示唆している。電荷をもつ楕円体粒子のモデル式で解析したフィッティング曲線を図5の■上の実線で示す。$3C_{10}trisQ$の2.93 mmol dm^{-3} (CMCの2.5倍) では、楕円体ミセルの短軸の長さR_1は1.62 nm、短軸と長軸の比uは0.55、5.85 mmol dm^{-3} (CMCの5.0倍) では、R_1は1.71 nm、uは0.51と見積もることができる。同様に、$3C_{12}trisQ$の3.48 mmol dm^{-3} (CMCの25倍) では、$R_1 = 1.93$ nm、$u = 0.44$の楕円体

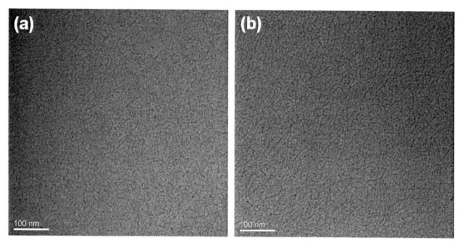

図6　トリメリック型界面活性剤3C$_{12}$trisQミセルのcryo-TEM写真
(a) 13.9 mmol dm^{-3}, (b) 27.8 mmol dm^{-3}。

ミセルである。一方，27.8 mmol dm^{-3}（CMCの200倍）では，粘度のずり速度依存性から棒状または紐状ミセルの形成が考えられる。そこで，電荷をもつロッド状粒子のモデル式で解析したフィッティング曲線を図5の●上の実線で示す。結果は，半径R_c = 2.00 nm，長さL = 16.61 nmの棒状ミセルの形成を示す。3C$_{12}$trisQの13.9および27.8 mmol dm^{-3}（CMCの100，200倍）におけるcryo-TEM写真を図6に示す。13.9 mmol dm^{-3}では，少ない分岐をもつ糸状のミセルの形成が確認され，濃度が増加するとミセルの長さおよび数が増大する。3C$_{14}$trisQにおいては，0.162 mmol dm^{-3}（CMCの25倍）でR_c = 2.26 nm，1.62 mmol dm^{-3}（CMCの250倍）でR_c = 2.13 nmの棒状ミセルを形成し，長さはともに25 nmより大きいと見積もられる。3C$_{14}$trisQの0.324および0.648 mmol dm^{-3}（CMCの50，100倍）におけるcryo-TEM写真からも，鎖長12と同様に，少ない分岐をもつ糸状ミセルの形成が確認され，濃度が増加すると，低粘度であるにもかかわらずミセルの絡み合いが増大することが示されている。

　直鎖型構造の四級アンモニウム塩のトリメリック型界面活性剤12-s-12-s-12は，水溶液中で連結鎖長s = 3（1.5 we%）のとき分岐した紐状ミセル，s = 6（1 wt%）のとき球状ミセルを形成する[10]。これは対応するジェミニ型カチオン界面活性剤と同様の傾向である。さらに，時間分解蛍光寿命を用いて12-s-12-s-12が形成するミセルの会合数が調べられている。12-3-12-3-12の会合数は，エチレン連結鎖のジェミニ型12-2-12に近く，対応するプロピレン連結鎖のジェミニ型12-3-12よりもかなり大きい[6]。オリゴマー度の増大および連結鎖長の減少が，ミセルサイズの増大に大きく影響することは明らかである。また，連結鎖長の長い12-6-12-6-12の会合数は，12-3-12-3-12よりも少なく[10]，ミセル会合数に及ぼす連結鎖長の影響はジェミニ型とトリメリック型では同じである。一方，m-キシリレンを連結基にもつオリゴマー型界面活性剤ミセルの0.1 mol dm^{-3}における会合数は，対応するモノメリック型が27.3，ジェミニ型が22.6，トリメリッ

第7章 トリメリック型界面活性剤の合成・物性・ミセル形成

ク型（m-X-3）が16.2である。p-キシリレン連結基（0.1 mol dm^{-3}）では，ジェミニ型が21.0，トリメリック型（p-X-3）が10.5，trans-ブテニレン連結基（0.035〜0.05 mol dm^{-3}）では，対応するモノメリック型が23.8，ジェミニ型が16.0，トリメリック型（t-B-3）が15.0である。これより剛直な連結基をもつオリゴマー型界面活性剤の会合数は，オリゴマー度の増大とともに減少し，柔軟な連結基の場合と比べて異なる傾向を示す。

7 おわりに

これまでに多くの研究者によって，ジェミニ型界面活性剤の分子設計・合成から界面吸着や会合挙動に関する幅広い研究が行われてきた。しかし，ジェミニ型界面活性剤の構造を少しだけ拡張したトリメリック型界面活性剤に関する研究はいまだに少ないのが現状である。比較的容易に合成できるジェミニ型界面活性剤と比べて，トリメリック型界面活性剤の分子設計・合成・精製が困難であることが大きな理由として考えられる。トリメリック型界面活性剤はジェミニ型以上に興味深い性質や機能性の発現が期待できるので，今後，新しい構造のトリメリック型界面活性剤に関する研究が進み，トリメリック型ならではの特性が数多く明らかになることを願いたい。

文　献

1) K. Holmberg, "Novel Surfactants: Preparation, Applications, and Biodegradability", 2nd ed., Marcel Dekker（2003）
2) R. Zana, J. Xia, "Gemini Surfactants: Synthesis, Interfacial and Solution-Phase Behavior, and Applications", Marcel Dekker（2003）
3) R. Zana, "Structure-Performance Relationships in Surfactants", 2nd ed., Esumi, K., Ueno, M. Eds., Chap. 7, p.341, Marcel Dekker（2003）
4) 吉村倫一，江角邦男，色材協会誌，**75**, 75（2002）
5) 吉村倫一，江角邦男，色材協会誌，**77**, 177（2004）
6) R. Zana, H. Levy, D. Papoutsi, G. Beinert, *Langmuir*, **11**, 3694（1995）
7) D. Danino, Y. Talmon, H. Levy, G. Beinert, R. Zana, *Science*, **269**, 1420（1995）
8) K. Esumi, K. Taguma, Y. Koide, *Langmuir*, **12**, 4039（1996）
9) T.-S. Kim, T. Kida, Y. Nakatsuji, I. Ikeda, *Langmuir*, **12**, 6304（1996）
10) M. In, V. Bec, O. Aguerre-Chariol, R. Zana, *Langmuir*, **16**, 141（2000）
11) T. Yoshimura, H. Yoshida, A. Ohno, K. Esumi, *J. Colloid Interface Sci.*, **267**, 167（2003）
12) A. Laschewsky, L. Wattebled, M. Arotcaréna, J.-L. Habib-Jiwan, R. H. Rakotoaly, *Langmuir*, **21**, 7170（2005）
13) L. Wattebled, A. Laschewsky, A. Moussa, J.-L. Habib-Jiwan, *Langmuir*, **22**, 2551（2006）

14) Y. Hou, M. Cao, M. Deng, Y. Wang, *Langmuir*, **24**, 10572 (2008)
15) C. Wu, Y. Hou, M. Deng, X. Huang, D. Yu, J. Xiang, Y. Liu, Z. Li, Y. Wang, *Langmuir*, **26**, 7922 (2010)
16) T. Yoshimura, T. Kusano, H. Iwase, M. Shibayama, T. Ogawa, H. Kurata, *Langmuir*, **28**, 9322 (2012)
17) T. Yoshimura, K. Esumi, *Langmuir*, **19**, 3535 (2003)
18) T. Yoshimura, K. Esumi, *J. Colloid Interface Sci.*, **276**, 450 (2004)
19) T. Yoshimura, N. Kimura, E. Onitsuka, H. Shosenji, K. Esumi, *J. Surfact. Deterg.*, **7**, 67 (2004)
20) M. E.-S. Abdul-Raouf, A.-R. M. Abdul-Raheim, N. E.-S. Maysour, H. Mohamed, *J. Surfact. Deterg.*, **14**, 185 (2011)
21) F. M. Menger, J. S. Keiper, B. N. A. Mbadugha, K. L. Caran, L. S. Romsted, *Langmuir*, **16**, 9095 (2000)
22) M. J. Rosen, J. H. Mathias, L. Davenport, *Langmuir*, **15**, 7340 (1999)

第8章 超臨界CO_2利用技術に向けたCO_2-philic界面活性剤の開発

鷺坂将伸*

1 超臨界CO_2[1]

 超臨界流体は，臨界点を超えた温度および圧力条件で形成する高密度流体である（図1）。分子間力に打ち勝つ運動エネルギーを常にもつことから，超臨界流体はいくら圧縮しても凝縮を起こさない。そのため，温度や圧力操作により連続的に密度（分子間距離）を変化させることができる。流体の性質は流体を構成する分子の分子間相互作用に支配され，その大きさは分子間距離に強く依存する。したがって，温度や圧力を変えてもあまり密度が変化しない通常の液体に比べ，超臨界流体では微小な温度や圧力の変化で流体としての性質（溶解度，誘電率，イオン積，溶媒和，熱移動，物質移動など）が大きく変わる。特に，臨界点より少し高い温度と圧力の条件下では，密度変化が大きく，物性も大きく変化する。逆を言えば，温度や圧力，すなわち密度をパラメータとして溶媒物性を制御できる。

 一般に，臨界温度や圧力は流体の極性が増加すると上昇する。そのため，例えば溶媒として優れた特性を持つ水は，臨界温度647.3 K，臨界圧力221.2 barと高い臨界条件を有するようになり，一般的な「プロセス溶媒」としては適さなくなる。一方，非極性の超臨界流体であれば臨界条件は穏やかになるが，溶媒としての能力が劣ることとなる。穏やかな臨界条件を持つ超臨界流体に優れた溶媒特性を持たせることができれば，溶媒としての超臨界流体の適用は拡大することが期待される。このような観点から，超臨界流体中に界面活性剤を用いた分散相を形成し，その物性を改善することが検討されるようになってきた。最初に検討されたのは，超臨界エタンと超臨界プロパンへの炭化水素系界面活性剤であるAerosol-OT（AOT）の利用である[2]。しかし，炭化水素系超臨界流体は可燃性であることから，一般的な「プロセス溶媒」としてはあまり適さないものと考えられている。

 比較的穏和な条件で超臨界状態になる物質の中に，二酸化炭素（CO_2）がある。二酸化炭素（CO_2）は，我々の身近に豊富に存在するクリーンな物質であるが，大気圧下ではこれまで目立った用途はなかった。しかし，臨界温度304.2 K，臨界圧力72.8 atmを超えた超臨界流体のCO_2が，ヘキサンに似た極性を持ち，低極性物質を溶解することから，溶媒としての利用に対する関心が一気に高まった。特に，無毒，不燃性，環境調和，低コスト，豊富に存在するといったCO_2本来の利点が，VOCの代替溶媒としての利用を促進し，現在ではホップの抽出やコーヒー豆の脱カ

---

* Masanobu Sagisaka 弘前大学 大学院理工学研究科 自然科学系機能創成科学領域 准教授

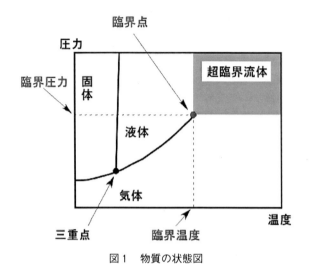

図1　物質の状態図

フェインのための溶媒，さらにはめっき，発泡，洗浄，反応の溶媒として利用されるようになっている[3,4]。残念ながら，超臨界CO_2は溶媒として万能ではなく，ファン・デル・ワールス力がかなり弱いため，高分子や不揮発性の極性物質に対しては貧溶媒である[5,6]。エントレーナ（助溶媒）の添加により溶解度を向上させることもできるが，その場合，グリーンソルベントとしての利点が損なわれる。したがって，超臨界CO_2の応用の範囲を広げるためには，限られた溶解性を克服することが重要な課題である。

2　CO_2-philic界面活性剤の設計

　超臨界CO_2だけでは発現できない表情豊かな溶媒物性を付与させるため，超臨界CO_2に対して界面化学のメスを入れ，分散相や分子集合体を形成する研究が活発に行われてきた。例えば，①ポリマー/$scCO_2$系，②イオン液体/$scCO_2$系[7]，③水/$scCO_2$系のマイクロエマルションやマクロエマルションが提案されている[8]。①は主に$scCO_2$を溶媒とした重合系で，②はCO_2に不溶の原料や触媒を利用した場合の有機合成などで利用されている。③に関しては，②と同様に合成に利用されるほか，抽出，酵素反応，ドライクリーニング，ナノ材料創製，染色や有機/無機ハイブリッド化などに利用できる。このような$scCO_2$中での分散相形成に向けて多くのCO_2-philic界面活性剤の探索・開発が行われてきた。

　界面活性剤分子を設計する上で考えなければならない重要な因子は，各親媒基の親媒性の強さとその体積，またそれに伴う分子全体の形や親和性のバランスである。通常の水/油系の界面活性剤で考えると，Critical Packing Parameter（CPP）[9,10]，親水基の構造，親油（疎水）基の構造，親水性/親油性バランス（Hydrophilic/Lipophilic balance：HLB）[11,12]，Winsor R[13,14]ということになる。研究の初期段階で，130種以上の界面活性剤が試験されたが，W/O系に利用され

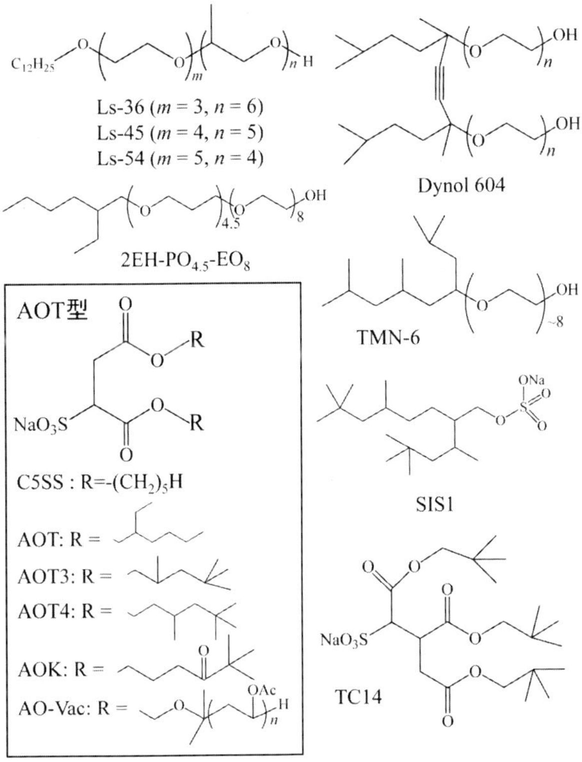

第8章 超臨界CO_2利用技術に向けたCO_2-philic界面活性剤の開発

図2 超臨界CO_2中で試験された炭化水素系界面活性剤

てきた従来の界面活性剤は超臨界CO_2にまったく溶けず,機能しないことが確認された[15]。このことは,W/O系で使われる「Lipophilicity(親油性)」が,W/CO_2系で新たに定義された「CO_2-philicity(親CO_2性)」と同一ではないことを表す。scCO_2の場合には疎水基を親CO_2基と読み替えれば良く,JohnstonらによってHCB(Hydrophilic/CO_2-philic balance)[11,12],Fractural Free Volume(FFV)[16]が提唱されている。以下に過去に検討された界面活性剤(図2,3)を例にして,それらの因子について簡単に述べる。

2.1 分子形状

界面活性剤を利用した分散相の形成は,言い換えれば,界面活性剤の自己組織化による分子集合体の形成である。Israelachiviliら[9]は分子の立体構造と形成する集合体の構造を$v/(a_0 l_c)$で与えられる臨界充填パラメータ(CPP: critical packing parameter)で関連づけている。ここで,vは界面活性剤疎水部分の体積,a_0は親水基の面積,l_c疎水鎖の長さである。scCO_2中に逆ミセル(W/CO_2マイクロエマルション)を形成するためには,CPP>1となる嵩高い親CO_2基を有するものが適している。

Johnstonらによって,界面活性剤の鎖の幾何構造と界面被覆率から計算できるFractional Free

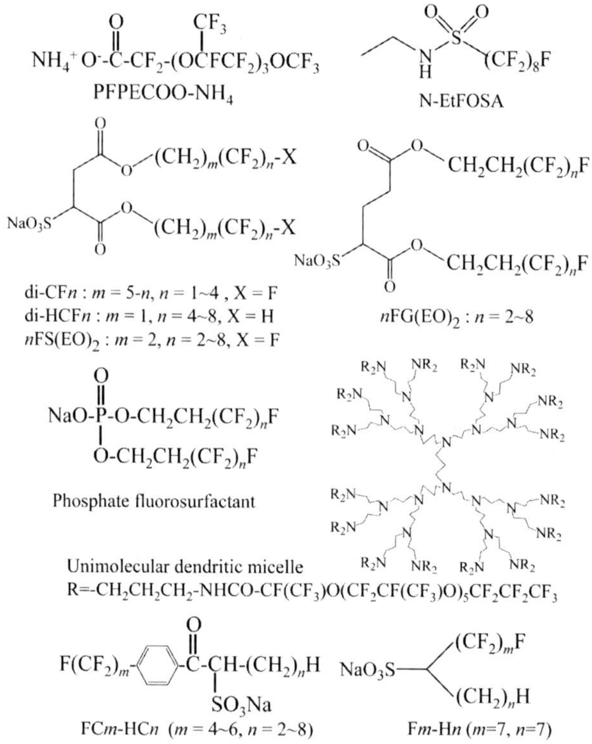

図3　超臨界CO₂中で試験されたフッ素系界面活性剤

volume（FFV）[16]が定義された。このFFVは，上記の臨界充填パラメータとポリマーの浸透性の大小を計る自由体積から出されたもので，以下のような式となる。

$$FFV = 1 - V_t/(t A_h) \qquad (1)$$

ただし，V_tは，界面活性剤の鎖のvan der Waals体積，tは界面の厚さ，A_hは親水基が占める界面面積である。低いFFVであるほどW/CO₂マイクロエマルションの形成に適し，例えば，図2に示すノニオン界面活性剤の場合，FFVの値は，TMN-6では0.52（@35℃，220 bar），Ls-54では0.57（@35℃，218 bar），C_8E_5（C_8H_{17}-(OCH$_2$CH$_2$)$_5$OH）では0.71（@60℃，345 bar）となった[16]。なお，それぞれの超臨界CO₂中での水可溶化能力を界面活性剤に対する水のモル比Wの最大値（W^{max}）として表すと，TMN-6で$W^{max}=34$，Ls-54で12，C_8E_5で4であることが報告[16]されている。したがって，同じ条件であれば，低いFFVがより高い水可溶化能力の発生に起因していることが伺える。また，W/CO₂マクロエマルションの安定性についても，FFVが強く影響を与えていることを確認している。FFVの減少は，界面張力の減少や，疎水鎖間相互作用の低下，界面曲率の増加にも関連することが確認されているため，可溶化・分散系の相挙動・安定性の考察や界面活性剤の設計に非常に有用なパラメータである。

第8章 超臨界CO_2利用技術に向けたCO_2-philic界面活性剤の開発

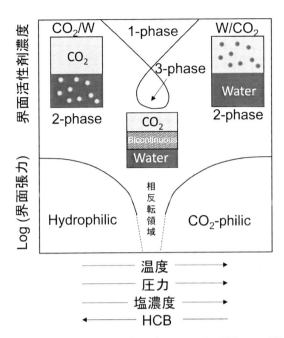

図4 Hydrophilic-CO_2-philic balance (HCB) による界面張力および相状態の変化[12]

2.2 親水性-親CO_2性バランス (*HCB*)[11,12]

*HCB*は、界面活性剤の親水基の親水性と親CO_2基の親CO_2性のバランスを示す値であるが、界面活性剤の溶解度を変える操作変数（温度や圧力、水とCO_2の組成、塩や助溶媒の濃度など）によっても変化する（図4）。なお、溶解度から*HCB*を算出するには、Johnstonらが提案した以下の式[11]を用いれば良い。

$$HCB = 7 + 0.36 \ln \frac{C_w}{C_{CO_2}} \tag{2}$$

C_wは、水/CO_2混合物中での水相内の平衡界面活性剤モル濃度、C_{CO_2}は、CO_2相内の平衡界面活性剤モル濃度である。なお、これにより計算された*HCB*値とその相状態は、従来の水／油混合システムの*HLB*理論のものと適合することが確認されている。すなわち、*HCB* < 7でW/CO_2（CO_2中水滴型）系となり、*HCB* > 7ではCO_2/W（水中CO_2滴型）系となる。*HCB* = 7の相反転温度を有効利用したミニエマルションの調製についても報告されている[17,18]。

*HCB*の式のC_w、すなわち界面活性剤の水への溶解は、ミセル形成により大きく変化する。したがって、イオン性界面活性剤のクラフト点やノニオン性界面活性剤の曇点に対する実験温度に強く影響する。クラフト点が低い、または曇点が高いと水に溶解しやすくなり、曲率が正となりやすい。したがって、W/CO_2型分散系の構築には、水に溶けにくいこと、すなわち高いクラフト点や低い曇点が望まれる。

次に、C_{CO_2}について考えてみると、過去の研究の殆どは、CO_2に良く溶ける界面活性剤を追い

求めてきた。しかし，純粋なscCO$_2$への高い溶解性は，圧力低下に対して，W/CO$_2$ μEやW/CO$_2$マクロエマルションを安定化させるものの，界面よりもCO$_2$相側に好んで存在するようになり，界面活性が低くなる。すなわち，超臨界CO$_2$中でのcmc（過去の論文では臨界マイクロエマルション形成濃度$c\mu c$と定義）が高くなり，Wによって表現される水の可溶化能力が低下する傾向にある[19〜21]。このことから，界面への吸着効率を高めるには，親水基は強い親水性でありながら強い疎CO$_2$性，親CO$_2$基は強い親CO$_2$性であると同時に強い疎水性でなければならない。このように界面活性剤を設計すれば，一方の官能基の疎媒性が他方の溶媒への溶解を妨げるため，両溶媒への溶解性を低く抑えることが可能であり，一方，両基の強い親媒性により，界面張力は効率よく極限まで低下し，可溶化能力も高まると考えられる。

2.3 Winsor R理論[13, 14]

W/O系において，マイクロエマルションの曲率を把握するのにWinsorらによって提唱されたR理論[13, 14]がある。R理論は，界面を凹型および凸型へ変形させようとする2つの力を比で表したものであり，その力として作用するものとして溶媒同士または溶媒と界面活性剤の各部位との相互作用が挙げられる。Johnstonらは，このR理論をscCO$_2$と異相との界面に対して適用し，以下の式を示した[14]。

$$R = \frac{A_{tCO_2} - A_{CO_2CO_2} - A_{tt}}{A_{hX} - A_{XX} - A_{hh}} \tag{3}$$

なお，ここで，Aは相互作用エネルギーを，下付のt，h，xはそれぞれ，界面活性剤の鎖，頭部，scCO$_2$と界面をなす異相（X）の成分を示している。この式において，CO$_2$相を油相と考えると，$R<1$ではWinsor-Ⅰ（CO$_2$-in-X）型マイクロエマルションを，$R>1$ではWinsor-Ⅱ（X-in-CO$_2$）型マイクロエマルションを，$R=1$では，Winsor-Ⅲ（バイコンティニューアス）型マイクロエマルションの形成を表す。

低圧条件では，界面活性剤の鎖とCO$_2$の溶媒和はあまり発達しておらず，A_{tCO_2}は小さく，$R<1$となりやすい。すなわち，Winsor-Ⅰ型マイクロエマルションを形成しやすくなるが，CO$_2$の圧力増加とともに，鎖とCO$_2$の相互作用が増加し，Winsor-Ⅲ（$R=0$）を経てWinsor-Ⅱ型マイクロエマルション（$R>0$）へと変化する。また，界面活性剤の鎖同士の相互作用が強い場合，A_{tt}が大きくなるため，Rが減少し，Winsor-Ⅰ型マイクロエマルションを好むようになる。以上のような点からW/CO$_2$ μEを安定化させるには，CO$_2$圧力（密度）を高くすること，また分子設計において，鎖同士の相互作用（A_{tt}）が弱く，鎖とCO$_2$の親和性が高い疎水鎖を採用することが重要となる。

2.4 CO$_2$-philic界面活性剤の親CO$_2$基と親水基

従来，scCO$_2$は，ヘキサンと同等の性質を持つという意見が支持されてきた。しかし，実際には，40℃のヘキサンが，300 bar以上の圧力を加えられたときにscCO$_2$と同等の溶解度パラメータ

第 8 章　超臨界CO_2利用技術に向けたCO_2-philic界面活性剤の開発

を持つようになるといった主張[22]や，通常のアルカンとscCO$_2$は大きく溶媒特性が異なるという報告[23,24]もある。また，Johnstonら[25]は，CO_2が強い四重極子をもつため，報告されてきた溶解度パラメータは約20%過大評価されていたことを指摘している。すなわち，scCO$_2$は，(6.5cal/cm^3)$^{1/2}$以下の低い溶解度パラメータの化合物，シロキサンやパーフルオロエーテル（PFPE）やパーフルオロアルカンに近いことになる[6]。また，ヘキサンよりも酢酸エチルやアセトンに近いといった報告[26,27]も存在する。

　scCO$_2$は，気体的な性質が強く，大きな自由体積を持ち，また分子内に四重極子を持つためにルイス酸性を有している[28]。そのため，カルボキシル基などのルイス塩基性基に親和性を有する[5]とともに，自由体積が大きな分子団，例えば，低分子量（MW = 1000程度）のpoly（propyleneoxide）（PPO）などを良く溶かす性質[15]を持っている。また，フッ化炭素化合物がscCO$_2$に対して良く溶解することも数多く報告されている[15,29]。これは，フッ化炭素化合物が，双極子を持たずファン・デル・ワールス力がかなり小さいなどのCO_2と同様の性質を持つためと考えられる[15]。例えば，PFPE界面活性剤（図3）は17 MPaにおいて10%程度の優れた溶解性を持つ[30]。

　一方で，同種間の相互作用の強い炭化水素化合物はフッ素系化合物に比べ，超臨界CO_2には溶解しにくく，親CO_2基としての性能は低い。R理論に関して言えば，フッ化炭素の場合では，鎖同士の相互作用（A_{tt}）は炭化水素のものよりも小さく，一方で親CO_2性（A_{tCO_2}）が高いため，Rは1以上（W/CO$_2$型）になりやすいが，通常の炭化水素系界面活性剤では，炭化水素鎖間の誘起双極子相互作用により，A_{tt}は大きくなり，Rは1以下（CO$_2$/W型）になりやすいといえる。この様な点からも，フッ素系界面活性剤のW/CO$_2\mu$E形成に対する優位性が見られる。フッ素系界面活性剤のようなRの優位性を炭化水素系界面活性剤にも発現させるためには，より鎖間の相互作用を弱める多分岐型炭化水素鎖の採用，とくに多数のメチル分岐の導入が必要であろう。以上のことを親CO_2基の設計に取り入れて，高価・高環境負荷になりがちなフッ素系界面活性剤に代わる，汎用性の高いCO_2溶解性炭化水素系界面活性剤の開発がわれてきた。図2からは，親CO_2性と考えられるメチル分岐，カルボニル，アミン，PPOを取り入れた炭化水素系界面活性剤が多く設計，試験されてきたことが伺える。

　初期の研究で超臨界CO_2に高い溶解性を持つことが報告されたPFPE界面活性剤は，親水基にカルボン酸塩[6,14,30]が利用されていた。この比較的高いCO_2溶解性は，カルボン酸が親CO_2性をもつためと考えられている。図2のようにPEOやスルホン酸を親水基としたノニオン界面活性剤の検討も行われた。また，scCO$_2$中で水のpHは，2.9〜3.5まで下がること[31]が知られており，弱酸性下でも働く親水基が良いと考えられる。対イオンとしては，アンモニウムイオンやナトリウムイオンのものが多く，原子番号が大きいものほどCO_2への溶解性が低下する[32]。一方，純粋なCO_2に不溶なイオン界面活性剤も，水との混在により，急激にミセル溶解し始める現象も報告されている[33,34]。

3　CO_2-philic界面活性剤の開発の歴史

　W/CO_2μEの構築は，1990年から試みられ，すでに200種近い界面活性剤が試験されている。初期の研究では，Consaniら[15]，Steavensら[35,36]，Hanら[37~39]のグループが炭化水素系界面活性剤のW/CO_2μE形成能力について報告している。しかし，W/OμEの形成では有効であったAerosol-OT（AOT）や直鎖のAOT類似化合物C5SS（図2）[40]，その他の市販の水／油用炭化水素系界面活性剤のほとんどは，W/CO_2μEの形成には効果がなく，まったく溶解しなかった。CO_2によく溶解する界面活性剤として，図2に示すノニオン性のPPOまたはPEOをもつLs-36，Ls-45[38]，Ls-54[39]，Dynol 604[37]，そしてTMN-6[20,41]が報告された。例えばDynol 604であれば5 wt%までCO_2中に溶解し，0.6 wt%の水を可溶化した。Ls-36やLs-45は，圧力19～22 MPa，温度37～47℃で4 wt%程度の溶解度を持っており，W^{max}は10程度であった。水の可溶化量は決して多くはないが，Ls-54やDynol 604の超臨界CO_2中での水を含む会合体の存在がSAXS測定により明らかにされた[39,42]。TMN-6はW^{max}=30程度の水を分散することが示唆された[20,41]。

　また，Eastoeらは，Aerosol-OTのアルキル鎖に多くのメチル分岐を持たせた界面活性剤（図2のAOT3，AOT4，AOK，AO-Vac，TC14）を合成し，それらがCO_2に溶解すること，そして，AOKではW=30程度となるW/CO_2μEの存在がSANS測定によって明らかにされている[17,43~46]。また，一方で，イソステアリン酸のCO_2中の相挙動が検討され，炭化水素系化合物ではなかなか見られない高いCO_2溶解性が確認された[47]。この論文では，イソステアリン酸をリガンドとし，ヘキサンを助溶媒として加えた超臨界CO_2中に銀ナノ粒子を分散させることに成功[47]している。イソステアリル基の高いCO_2親和性を利用し，これを疎水基とした界面活性剤SIS 1（図2）が合成された[48]。AO-VacやTMN-6に匹敵する高い水可溶化能力を発現するような結果が得られたが，硫酸塩のため分解しやすいこと，超臨界CO_2中への溶解性が低く，水の可溶化に機能させるためには，55℃以上の温度，250 bar以上の高圧力が必要といった欠点も有していた。

　炭化水素系界面活性剤に比べ，炭化フッ素系界面活性剤がW/CO_2μEの形成に効果的であることは，多くの実験事実[6,14,15,30]や分子シミュレーション[49,50]が示してきた。初期の研究ではPFPE鎖を疎水鎖（親CO_2鎖）としたカルボン酸アンモニウム塩（図3）が，超臨界CO_2中でW^{max}=21のW/CO_2μEを形成することが明らかにした[14]。DesimoneらはPFPE鎖のシェルをもつCO_2-philicなデンドリマー型ミセル（図3）を開発[51]している。このミセルは，通常の有機溶媒には全く溶解しない（溶解度<10 ppm）が，室温で圧力76 atm以上の液体CO_2中によく溶け，溶存する液体CO_2相に接する水相から水溶性色素など極性物質を抽出する能力をもつことが確認された。

　フッ化炭素のCO_2親和性が確認されてから，フッ素系界面活性剤のフッ化炭素鎖は長ければ長い方がCO_2-philic界面活性剤として良いと考えられた。しかし，CO_2はかなり小さい分子であるため，ポリマーなど高分子量のものは溶解しないという性質を持つ。例えば，分子量が740，400～800，2500，5000である4種のPEPE界面活性剤を用いて，W/CO_2マイクロエマルションの調

第8章　超臨界CO_2利用技術に向けたCO_2-philic界面活性剤の開発

製を行った研究[52]があるが，最も効率がよいものは，実は中間の分子量である2500のものであった。

その他のフッ素系界面活性剤には，フッ化炭素鎖と炭化水素鎖を有するハイブリッド界面活性剤F_7H_7（図3）[25]と2本のフルオロオクチル鎖を親CO_2鎖としたAerosol-OTと類似の構造をもつdi-HCF4（図3）[53]があり，超臨界CO_2中でF_7H_7は$W^{max}=35$と，di-HCF4では$W^{max}=30$の水可溶化限界量をもつことが報告された。しかし，残念なことにF_7H_7は，常温の大気中で容易に加水分解することや，di-HCF4を用いて$W=20$以上のW/CO_2μEを調製する場合，水と同程度の密度（500 bar以上の高圧力）が超臨界CO_2に必要になることが報告されている。近年では，より良好なケースとして，リン酸基を親水基としてもつ二鎖型フッ素系界面活性剤（図3）[54]も$W^{max}=45$のW/CO_2μEを形成することが報告された。

di-HCF4の改良型としてnFS(EO)$_2$およびnFG(EO)$_2$シリーズが開発された。2003年に開発された8FS(EO)$_2$は，$W^{max}=45$となる当時過去最高レベルの水可溶化能力を発揮した[33,34]。さらに，2010年には$W^{max}=60$の8FG(EO)$_2$[55,56]，2012年には$W^{max}=60\sim80$の4FG(EO)$_2$[57,58]，2015年には過去のものよりも大幅にフッ素量を低減させたハイブリッド界面活性剤FC6-HC4[59]で$W^{max}=60\sim80$が達成された。グリーンソルベントである超臨界CO_2のメリットを維持することを考えると，生体蓄積性の高い長鎖フッ化炭素鎖の利用は避けるべきであり，低フッ素量の4FG(EO)$_2$やFC6-HC4で極めて高いW^{max}を実現できたことは，W/CO_2μEの工業的応用の実現に道を開く。一方，W/CO_2μE系で初めて界面活性剤の混合により界面物性および可溶化限界量に正の相乗効果を発現するケースも発見されている。

また，興味深いことに市販のオキシエチレン数の異なる二種のフッ素系界面活性剤polyethyleneglycol-perfluoroalkylether（(F-$(CF_2)_i$-$(CH_2CH_2O)_j$-H，Zonyl FSO 100（$j=6\sim10$）とZonyl FSN 100（$j=8\sim12$））を混合し，NaCl 1 wt%水溶液を利用して両連続W/CO_2マイクロエマルションの調製に成功した例も報告[60]されている。圧力を増加させると，両連続マイクロエマルション相に可溶化される水およびCO_2の量は増加し，SANS測定で求められた界面活性剤膜の曲げ剛性は，200 bar時の0.88 k_BTから，300 bar時の0.93 k_BTに増加することが報告された。一方で，ノニオン性炭化水素系界面活性剤2EH-PO$_{4.5}$-EO$_8$（図2）とNaCl水溶液を利用したケースで，図2のHCB変化による相挙動，すなわち，温度・圧力操作によるCO_2/W（Winsor I）型-W/CO_2（Winsor II）型の転相が観察され，その転相条件で三相分離（Winsor III相）も確認された。三相条件で界面張力が極小値をとるなど，両連続マイクロエマルションおよびマクロエマルションの形成を支持する結果も得られている[61]。

W/CO_2系とは異なるが，イオン液体（IL）を超臨界CO_2中に可溶化させる界面活性剤の研究も行われた。例えば，N-Ethylperfluorooctylsulfonamide（N-EtFOSA，図3）は，1,1,3,3-tetramethyl-guanidium acetateやその他のILを超臨界CO_2中に可溶化し，同時にメチルオレンジや，$CoCl_2$，$HAuCl_4$をIL/CO_2マイクロエマルション中に取り込むことが報告されている[62]。

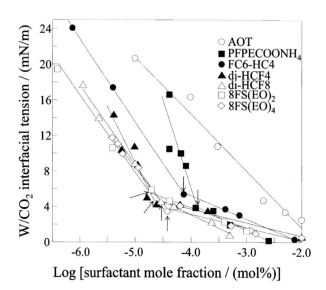

図5 W/CO₂界面張力と界面活性剤濃度の関係[19〜21, 63]
矢印は，それぞれの界面活性剤の$c\mu c$を示す

4 界面活性剤/W/CO₂混合系の相挙動と物性研究

　これまでに懸滴法や毛管法など超臨界流体用の様々な界面張力計が製作されている。それら装置を用いて，水／超臨界CO₂界面張力についても多く調べられており，$0.5\,g/cm^3$以上のCO₂密度では約25mN/m程度であるが，界面活性剤の添加により，1mN/m以下まで低下できることがわかっている（図5）[19〜21, 63]。界面張力と界面活性剤濃度の関係は，従来のW/O系のものと同様であり，逆ミセル（もしくはミセル）の形成により界面張力-濃度曲線が屈曲する現象も見られる。この屈曲点は，$c\mu c$（臨界マイクロエマルション形成濃度）と定義され[64]，界面活性剤の界面活性能の指標として利用されている。図5の結果では，炭化水素系界面活性剤AOT＜PEPE系界面活性剤＜ハイブリッド界面活性剤FC6-HC4＜二鎖型フッ素系界面活性剤のように，フッ化炭素鎖数の増加に伴い高い界面張力低下能力を表した[19〜21, 63]。di-HCFnと8FS(EO)₂を比較すると，$c\mu c$に大きな差はないが，双極子を誘起させるような水素末端のフッ化炭素（di-HCFn）よりも，完全フッ素化フッ化炭素の二鎖型フッ素系界面活性剤（8FS(EO)₂）の方が高いW^{max}を有していることを先に述べた。これは，鎖の末端に双極子を誘起する分子修飾が逆ミセル間の凝集を引き起こし，W/CO₂μEの安定性を低下（W^{max}を低下）させるためと考えられる[34]。

　図6は，フッ素系界面活性剤PFPECOONH₄，FC6-HC4，4FG(EO)₂を用いた場合のW/CO₂ μEとマクロエマルション相の境界圧力を，Wごとに示している[34, 57〜59, 63]。W/CO₂ μEが形成すると透明な一液相が現れる（図6(a)）が，この境界圧力まで低下すると，ナノメートルサイズの水滴の大きさを維持できなくなるほど凝集が進み，系は瞬時に濁り，マクロエマルション相

第 8 章　超臨界CO_2利用技術に向けたCO_2-philic界面活性剤の開発

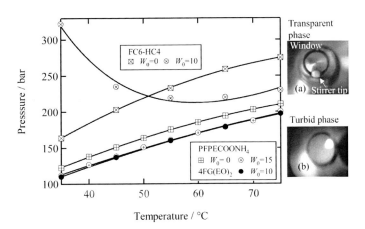

図6　それぞれの界面活性剤のW/CO_2マイクロエマルション（高圧側，透明相）とマクロエマルション（低圧側，白濁相）の境界圧力（界面活性剤濃度：17 mM）[34, 57~59, 63]

（図6（b））となる。マクロエマルションの状態で撹拌を止めると，徐々に水相が析出し，上層のCO_2相は透明な外観を取り戻す。限界圧力から80 barほどさらに低圧力では，界面活性剤も析出しだす。このようなW/CO_2 μEから界面活性剤析出相までの状態変化は，圧力操作により可逆的に起こり，早ければ数秒から数分程度で移り変わる。ハイブリッド界面活性剤よりは，炭化水素部分が少なくフッ素量の多い4FG（EO）$_2$やPFPE界面活性剤の方が低圧でもマイクロエマルションを安定化できることが伺える。これは，先述したように界面活性剤のCO_2への親和性の高さ（低いHCB）とともに，水/CO_2界面張力低下能力の高さに依存すると考えられる。

一般的に，W/O μEおよびW/CO_2 μEの大きさは，界面活性剤と水のモル比Wの増大によって増大する[56, 57]。8FG（EO）$_2$を含むW/CO_2 μEの小角中性子散乱（SANS）プロファイルを多分散球状モデルの理論曲線とのfittingにより得られたコア（D_2O液滴）の半径は，$W = 22, 44, 60$でそれぞれ19.0，28.3，41.4Åであり，液滴半径$r = 5.2 + 0.58W$の比例関係[56, 57]にあった。μE水滴の半径はCO_2密度（すなわち圧力）によっても変化する。動的光散乱測定により得られた逆ミセルの粒子径とCO_2密度の関係を調べると[65]，CO_2の密度を0.95から0.65 g/cm^{3}に低下させると，4 nm程度粒子径が増加することがわかっている。W/CO_2 μEの水滴の凝集は，超臨界流体特有の早い物質輸送特性のため，従来のW/O μEに比べて凝集が格段に速く，低CO_2密度（圧力）条件下では溶媒和するCO_2分子の減少に伴って，さらに凝集しやすくなると考えられる[65]。また，密度や温度低下が生じるとCO_2中の水の溶解度が低下し，析出した水がμE水滴として取り込まれることが水滴粒子を大きくしているとも考えられる[33]。このようにμE水滴の大きさをW_0や温度だけでなく，CO_2密度（圧力）によっても制御できることは，W/O μEにはないW/CO_2 μE特有の性質であり，ナノリアクターへの応用では，生成する微粒子の大きさを圧力によっても制御できるといったメリットを浮かび上がらせる。最後に，W/CO_2 μEとなった水の性質について述べると，主に逆ミセル表面近傍の親水基や対イオンと結合した水と，表面から離れたμE中心部の

バルク水類似の性質を持つ水の2種が存在し、それらは、FT-IRスペクトルにより観測できる[33, 66, 67]。

5　界面活性剤/W/CO_2混合系の応用研究

W/CO_2μEを利用した応用には、ドライクリーニング、抽出、酵素反応などが提案されているが、最も多い応用研究の報告は、微粒子合成である。1980年初頭に開発された逆ミセル合成法は、逆ミセルの内水相をナノリアクターとして用いるもので、内水相の大きさ（数nmサイズ）を反映した超微粒子を合成できることや、他の微粒子合成法に比べ単分散な粒子を得ることができるなどの特徴を有する。μEの水滴の大きさは、Wにより容易に変化するため、微粒子の大きさはW_0によって、また反応場の数（微粒子合成における核の数）は、界面活性剤濃度によって容易に制御することができる[68]。W/CO_2μEでの超微粒子合成の過去の例[69]を挙げると、①金属アルコキシドを分散した水相と反応させて金属酸化物（TiO_2やAl_2O_3）微粒子を、②$KMnO_4$からMnO_2微粒子を、③$AgNO_3$とNaBH(OAc)$_3$からAg微粒子を、④$AgNO_3$とNaX（X = I or Br）のμEとの混合により、AgX微粒子を、⑤M(NO_3)$_2$（M = Zn or Cd）とNa_2SからMS微粒子を、⑥$AgClO_4$含有W/CO_2μEへの紫外線照射により、Ag超微粒子を形成させている。酸化剤、あるいは還元剤をCO_2連続相に添加して反応させる場合は、その溶解度が反応に大きく影響する[69]。生成微粒子の物性（結晶状態、大きさ、形、サイズ分布）と反応条件の相関を得ることで、任意のものを作り出すことも可能になるだろう。しかし、一方では、合成した超微粒子の回収の困難さもKometaniら[70]により指摘されている。これに関し、Sunら[71]は還元剤を含んだ水溶液中に$AgNO_3$水溶液のW/CO_2μEを吹き込むことにより、超微粒子の回収が容易に行われることを報告している。願わくは、有機溶媒を使用しないクリーンなプロセスというだけではなく、図6のような圧力によるW/CO_2μEの形成-崩壊制御を利用し、生成微粒子だけをうまくCO_2相から分離・回収、さらには界面活性剤とCO_2が再利用される循環型プロセスの構築が期待される。

Brightらは、PFPEを疎水基にもつカルボン酸アンモニウム塩型界面活性剤（$PFPECOONH_4$）が形成する水／超臨界CO_2マイクロエマルションを（W = 0～20、T = 35℃）利用し、O_2（10 bar程度）および緩衝液添加条件でコレステロール酸化酵素による反応を検討[72]した。W/CO_2マイクロエマルション中の酵素反応の反応性は、比較として利用したAOT/W/イソオクタンマイクロエマルションのものと同等であった。なお、反応性は、臨界点以上では圧力に対して変化せず、Wによって少しずつ増加した。残念ながら、4時間以降では時間に対して酵素活性が低下し、8時間後には完全に失活したことが報告された。この失活の原因はPFPE界面活性剤に原因があると推察している。なお、超臨界CO_2中（界面活性剤含まず）での酵素反応は過去に多く検討されており、活性が高まるケース、影響しないケース、失活するケースが報告[73]されている。

また、大きな試みの1つとして、原油増進回収（EOR）に向け、棒状逆ミセルを形成させ、CO_2の粘度を増大させる研究が進められている[59, 74, 75]。原油の回収にCO_2圧入法が利用されてい

第 8 章　超臨界CO_2利用技術に向けたCO_2-philic界面活性剤の開発

るが，CO_2の粘度を高めることで，岩や砂の細孔に閉じ込められた原油を（全体の40％程度）を効率的に回収することが可能になる。CO_2の粘度増大により確かなEOR技術が確立できれば，それは「原油資源の延命」となり，水素や太陽光のような非炭素エネルギー源に置き換わるまでに必要な時間をできるだけ多く与えることができる。なお，EastoeおよびEnickらは，図3のF_7H_7を利用して半径14±2Å，長さ600±5Åの棒状ミセルの形成に成功し，2倍のCO_2の粘度増大に成功している[74,75]。

　W/CO_2系ではないが，CO_2/W系で興味深いメソポーラス材料の調製技術が報告されている。Holmesら[76]は，超臨界CO_2の共存下で，3つのプルロニック界面活性剤（構造：$PEO_xPPO_yPEO_x$，P123（$x=20$, $y=69$），P85（$x=26$, $y=39$），F127（$x=106$, $y=70$））が水中で形成するヘキサゴナル液晶をテンプレートに利用したメソポーラスシリカの調製を行っている。この研究では，CO_2の圧力の増加により，液晶相の層間隔やミセルのコア部分が増大するといった，CO_2の取り込みのためと思われる疎水部の膨潤挙動が観察された。この液晶相をテンプレートとして調整されたメソポーラスシリカも，調製時の圧力に伴い，総表面積および細孔体積が増大する結果が得られており，超臨界CO_2がメソポーラス材料のナノ構造制御に利用できることが証明された。一方で，Johnstonらは，シラノール基被覆率が100％から20％，粒子径が10～40 nmのシリカナノ粒子を利用して，CO_2/Wの等体積混合物でピッカリングエマルション（界面活性剤フリー）の調製に成功[77]している。このエマルションの安定性は，粒子濃度，CO_2密度（圧力），ずり速度の増加によって向上した。通常のO/Wエマルションと同様に，この系でもCO_2液滴の不安定化の機構として，凝集，合一，クリーミング，Ostwald ripeningなどが確認されている。

6　おわりに

　これまで述べてきたように，超臨界CO_2を利用したマイクロエマルションやマクロエマルションは，ある時は新規物質を創生できる反応場となり，また有用な物質の抽出の場ともなり，一方では無公害化の手段ともなり，無限の可能性を秘めた物質態であると思われる。現存する化学工業は，これらを利用することで環境破壊の問題とされている有害有機溶媒から脱し，従来技術を一掃する斬新で高効率な新技術の開発など，大きく躍進することが期待できる。しかし，これまでに基礎研究・応用研究が活発に行われ，従来溶媒に比べ高い機能を有することが確認されてはいるが，実際に工業的に応用されているケースはほとんどない。これは，非常に難しい課題ではあるが，温和な温度・圧力条件，高塩濃度条件でも水可溶化能力を高く維持できる，安価で環境負荷の低いCO_2-philic界面活性剤が発見されていないことにある。この分野でのさらなる研究・開発が求められている。

文　献

1) 齋藤正三郎, 超臨界流体の科学と技術, pp.1-5, 三共ビジネス (1996)
2) R. W. Gale *et al.*, *J. Am. Chem. Soc.*, **109**, 920 (1987)
3) M. A. McHugh, V. J. Krukonis, "Supercritical Fluids Extraction Principles and Practice" 2nd ed., Butterworth Heineman, Stoneham, MA (1993)
4) K. A. Shaffer, J. M. DeSimone, *Trends Polym. Sci.*, **3**, 146 (1995)
5) C. A. Eckert *et al.*, *J. Am. Chem. Soc.*, **118**, 1729 (1996)
6) E. J. Beckman *et al.*, *Fluid Phase Equilib.*, **128**, 199 (1997)
7) B. Han *et al*, *Colloid Surf. A*, **279**, 208 (2006)
8) E.L.V. Goetheer *et al.*, *Chem. Eng. Sci.*, **54**, 1589 (1999)
9) J. N. Israelachvili *et al.*, *Biochim. Biophys. Acta*, **470**, 185 (1977)
10) C. Tanford, "The Hydrophobic Effect", Chap. 9, Wiley-Interscience, New York (1973)
11) K. P. Johnston *et al.*, *J. Colloid Interf. Sci.*, **239**, 241 (2001)
12) K. P. Johnston *et al.*, *Ind. Eng. Chem. Res.*, **54**, 4252 (2015)
13) P. A. Winsor, *Trans. Faraday. Soc.*, **54**, 376 (1948)
14) K. P. Johnston *et al.*, *Langmuir*, **12**, 2637 (1996)
15) K. A. Consani, R. D. Smith, *J. Supercrit. Fluids*, **3**, 51 (1990)
16) K. P. Johnston *et al.*, *J. Phys. Chem. B*, **108**, 1962 (2004)
17) K. P. Johnston *et al.*, *Langmuir*, **17**, 7191 (2001)
18) K. P. Johnston *et al.*, *Langmuir*, **18**, 3039 (2002)
19) M. Sagisaka *et al.*, *Langmuir*, **24**, 10116 (2008)
20) M. Sagisaka *et al.*, *Langmuir*, **23**, 2369 (2007)
21) M. Sagisaka *et al*, *Langmuir*, **20**, 2560 (2004)
22) S. Kamat, E. J. Beckman, A. Russel, *J. Proc. Nat. Acad. Sci.*, **90**, 2940 (1993)
23) A. W. Francis, *J. Phys. Chem.*, **58**, 1099 (1954)
24) R. M. Enick *et al.*, *Fluid Phase Equilib.*, **52**, 307 (1982)
25) K. P. Johnston *et al.*, *Langmuir*, **10**, 3536 (1994)
26) J. M. Walsh *et al.*, *Fluid Phase Equilib.*, **33**, 295 (1987)
27) J. A. Hyatt, *J. Org. Chem.*, **49**, 5097 (1984)
28) C. F. Kirby and M. A. McHugh, *Chem. Rev.*, **99**, 565 (1999)
29) J. B. McClain *et al.*, *Science*, **274**, 2049 (1996)
30) K. P. Johnston *et al.*, *Langmuir*, **15**, 6781 (1999)
31) K. P. Johnston *et al.*, *Langmuir*, **13**, 3047 (1997)
32) R. M. Enick *et al.*, *J. Supercrit. Fluids*, **6**, 211 (1993)
33) M. Sagisaka *et al.*, *Langmuir*, **19**, 220 (2003)
34) M. Sagisaka *et al.*, *Langmuir*, **19**, 8161 (2003)
35) G. W. Stevens *et al.*, *Colloids Surf. A*, **146**, 227 (1999)
36) G. W. Stevens *et al.*, *Colloids Surf. A*, **189**, 177 (2001)
37) B. Han *et al.*, *Langmuir*, **17**, 8040 (2001)

38) B. Han *et al.*, *Langmuir*, **18**, 3086 (2002)
39) B. Han *et al.*, *Chem. Eur. J.*, **8**, 1356 (2002)
40) J. Eastoe, *et al.*, *Langmuir*, **27**, 10562 (2011)
41) K. P. Johnston *et al.*, *Ind. Eng. Chem. Res.*, **42**, 6348 (2003)
42) B. Han *et al.*, *J. Supercrit. Fluids*, **26**, 275 (2003)
43) J. Eastoe *et al.*, *J. Am. Chem. Soc.*, **123**, 988 (2001)
44) R. M. Enick *et al.*, *J. Am. Chem. Soc.*, **127**, 11754 (2005)
45) J. Eastoe *et al.*, *Angew. Chem.*, **118**, 3757 (2006)
46) J. Eastoe *et al.*, *Langmuir*, **26**, 13861 (2010)
47) C. E. Roberts *et al.*, *Langmuir*, **21**, 11608 (2005)
48) M. Sagisaka *et al.*, *J. Oleo Sci.*, **62**, 481 (2013)
49) P. J. Rossky *et al.*, *J. Phys. Chem. C*, **114**, 15553 (2010)
50) P. J. Rossky *et al.*, *J. Phys. Chem. C*, **114**, 15562 (2010)
51) J. M. DeSimone *et al.*, *Nature*, **389**, 368 (1997)
52) S. M. Howdle *et al.*, *Colloids Surf. A*, **214**, 143 (2003)
53) J. Eastoe *et al.*, *Langmuir*, **18**, 3014 (2002)
54) J. M. DeSimone *et al.*, *Langmuir*, **18**, 7371 (2002)
55) M. Sagisaka *et al.*, *J. Supercrit. Fluids*, **53**, 131 (2010)
56) M. Sagisaka *et al.*, *Langmuir*, **27**, 5772 (2011)
57) M. Sagisaka *et al.*, *Langmuir*, **29**, 25, 7618 (2013)
58) M. Sagisaka *et al.*, *Langmuir*, **28**, 30, 10988 (2012)
59) M. Sagisaka *et al.*, *Langmuir*, **31**, 27, 7479 (2015)
60) O. Holderer *et al.*, *Soft Matter*, **8**, 797 (2012)
61) K. P. Johnston *et al.*, *J. Supercrit. Fluids*, **55**, 712 (2010)
62) B. Han *et al.*, *Angew. Chem. Int. Ed.*, **46**, 3313 (2007)
63) M. Sagisaka *et al.*, *Mater. Technol.*, **21**, 36 (2003)
64) K. P. Johnston *et al.*, *Langmuir*, **15**, 419 (1999)
65) M. Sagisaka *et al.*, *J. Oleo Sci.*, **58**, 2 (2009)
66) Y. Takebayashi *et al.*, *J. Phys. Chem. B*, **115**, 6111 (2011)
67) Y. Takebayashi *et al.*, *J. Phys. Chem. B*, **112**, 8943 (2008)
68) 河合武司, 色材, **71**, 449 (1998)
69) 鷺坂将伸ほか, ケミカルエンジニヤリング, **56**, 912 (2011)
70) N. Kometani *et al.*, *Chem. Lett.*, **29**, 682 (2000)
71) Y.-P. Sun *et al.*, *Langmuir*, **17**, 5707 (2001)
72) F. V. Bright *et al.*, *Langmuir*, **16**, 4901 (2000)
73) 長浜邦雄ほか, 食品への超臨界流体応用ハンドブック, pp.101-132, サイエンスフォーラム (2002)
74) S. Cummings *et al.*, *Phys. Chem. Chem. Phys.*, **13**, 1276 (2011)
75) K. Trickett *et al.*, *Langmuir*, **26**, 83 (2010)
76) J. D. Holmes *et al.*, *Langmuir*, **21**, 4163 (2005)
77) K. P. Johnston *et al.*, *Langmuir*, **20**, 7976 (2004)

〔第2編 界面活性剤の高機能化〕

第9章 ポリグリセリン脂肪酸エステルの特性と高機能化

中村武嗣*

1 ポリグリセリン脂肪酸エステルの現状

1.1 非イオン性界面活性剤としてのポリグリセリン脂肪酸エステル

ポリグリセリン脂肪酸エステルは，水酸基とエーテル結合を含むポリグリセリンを親水基，脂肪酸残基を親油基とする非イオン性界面活性剤である。その高い安全性から，飲食品や化粧品・トイレタリー用途に汎用されている[1]。

グリセリンをアルカリ触媒存在下，200～260℃で反応させると脱水縮合してポリグリセリンとなる。次いでこれを脂肪酸と反応させるとポリグリセリン脂肪酸エステルとなる。

ポリグリセリン脂肪酸エステルは，

① ポリグリセリンの縮合度
② 脂肪酸の種類
③ 脂肪酸の付加モル数

と3つのファクターを自由に変化させることができるため，親水性のものから親油性のものまで，目的に応じた構造設計・選択ができる。この自由度の高さから多目的に使用され，産業上有用性の高い界面活性剤となっている。

さらに親水基として水酸基とエーテル結合とを有していることから，同じ非イオン性界面活性剤であるポリオキシエチレン系のものと比べてより親水性が高く，温度変化による機能への影響が少ない面も利点とされる。ポリオキシエチレン系の界面活性剤では一般に曇点が観察されるが，親水性ポリグリセリン脂肪酸エステルではふつう塩を添加した溶液でないと観察されない。

本稿ではこのような特性を持つポリグリセリン脂肪酸エステルについて，一般的に利用されているものの物質としての特性を概説し，より高機能化が進められている現状を説明したい。

1.2 ポリグリセリン

ポリグリセリン脂肪酸エステルは，グリセリン縮合度2，3，4，6，10のポリグリセリンと脂肪酸鎖長8～22の脂肪酸との各種エステルが市場に出回っている。その各種製品の中身は膨大な数の化合物種の混合物となっている。ポリグリセリン脂肪酸エステルの理解を深め応用を図るためには，先ずその辺りを詳しくみておきたい。最初にポリグリセリン脂肪酸エステルを構成する

---

* Takeshi Nakamura 太陽化学㈱ インターフェイスソリューション事業部
研究開発部門長

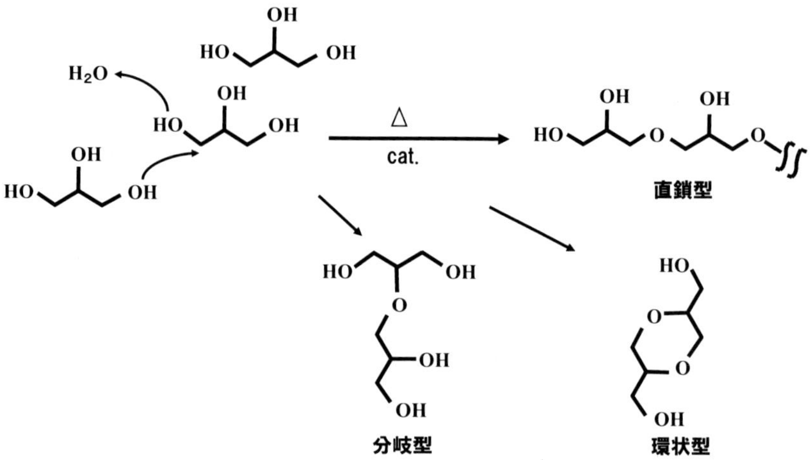

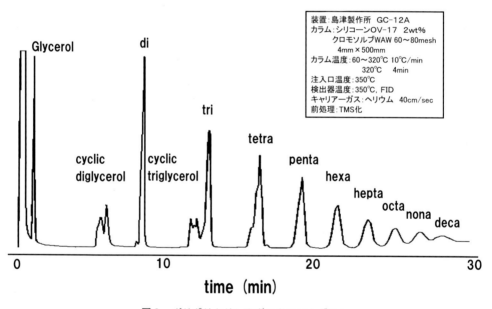

図1 ポリグリセリンの合成

図2 ポリグリセリンのガスクロマトグラム

「ポリグリセリン」について説明する。

　グリセリンは冒頭に述べたように，触媒存在下200℃以上に加熱することによって脱水縮合する。この縮合反応は図1に示すように，グリセリンの1級水酸基同士が反応すれば直鎖状に繋がったポリグリセリンとなるが，このほかにも2級水酸基が反応した分岐状のものやポリグリセリン分子内で脱水反応した環状の構造のものも生成する。市販のポリグリセリン脂肪酸エステルのポリグリセリン部分は，これらの混合物となっている。実際のポリグリセリンのガスクロマト

第9章 ポリグリセリン脂肪酸エステルの特性と高機能化

表1 ポリグリセリンの縮合度と水酸基価

縮合度	名称	水酸基価
1	グリセリン	1830
2	ジグリセリン	1352
3	トリグリセリン	1169
4	テトラグリセリン	1072
5	ペンタグリセリン	1012
6	ヘキサグリセリン	972
7	ヘプタグリセリン	942
8	オクタグリセリン	920
9	ノナグリセリン	902
10	デカグリセリン	888
2	環状ジグリセリン	758
3	環状トリグリセリン	758

グラムを図2に示す。これは「デカグリセリン」として販売されているものであるが、名の示すグリセリン10量体の存在割合はわずかであり、グリセリン単量体から10量体以上まで、様々な重合物が存在していることがわかる。ポリグリセリンの組成分析ではこの例のようにポリグリセリンをTMS化誘導体としてガスクロマト分析する方法がよく行われているが、10量体以上の高重合物は検出されにくい[2]。さらにこのガスクロマト分析条件では、直鎖型と分岐型は区別できず、環状型も2,3量体では別のピークとして観察されるが、それ以上の縮合物では直鎖・分岐型のピークと重なっている。加えて縮合度により感度差があり、グリセリン10量体の感度はグリセリン単量体に比べて約2分の1になっている[3]といった点に注意を要する。

それでは市販されているポリグリセリンの縮合度はどのように規定されているのであろうか。それは、試料単位量当たりの水酸基の数を定量する水酸基価（ヒドロキシル価、OHV）で決定されている。水酸基価は「試料1gをアセチル化するとき、水酸基と結合した酢酸を中和するのに要する水酸化カリウムのmg数」と定義されている[4]。これによれば、グリセリンの理論水酸基価は1830であるが、縮合が進むにつれて水酸基がエーテル結合に変わっていくと、それに伴って水酸基価の値は小さくなっていく。そして水酸基価を1070近辺になるまで縮合させたものがテトラグリセリン、900以下まで縮合させたものがデカグリセリンと呼称されているのである。ポリグリセリンの縮合度と理論水酸基価の関係を表1にまとめておく。ここで注意しなければならないのは環状ポリグリセリンの存在で、1環性のものであればその水酸基価は全て758となる。この環状物が多く含まれるほどポリグリセリンの縮合度は実際よりも高縮合度であると判断されてしまい、界面活性剤としての効果を考察する際に誤解を与える要因となる可能性がある。

このような現状にあるポリグセリンであるが、反応後高真空下で蒸留精製することにより、2量体（ジグリセリン）、3量体（トリグリセリン）は比較的高純度（80%以上）のものが得られ、市販されている。ただし、直鎖型と分岐型は蒸留では分離できないため、化合物種としては、依

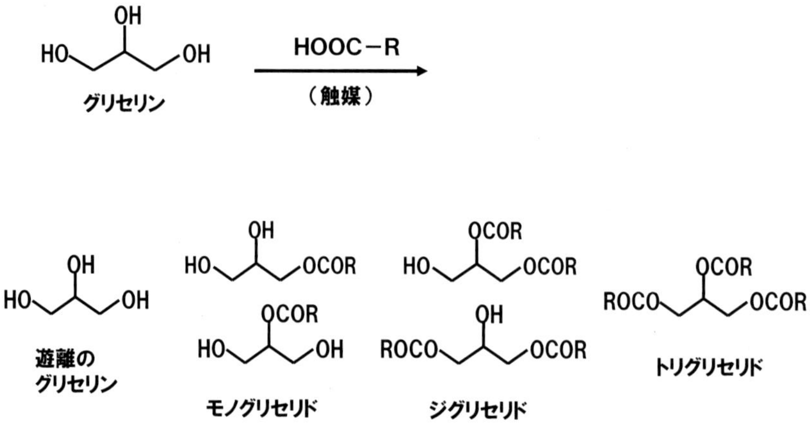

図3 グリセリンと脂肪酸の反応

然として混合物である。

1.3 ポリグリセリンのエステル化

化合物種としての複雑さは，エステル化の段階でさらに増大することになる。先ずは単純なグリセリンと脂肪酸をエステル化反応させる場合を考えてみる（図3）。グリセリンと脂肪酸とを反応容器に入れ触媒存在下加熱すると，反応後の生成物は未反応のグリセリン，モノエステル，ジエステルおよびトリエステルの混合物となる。一般的に化学反応では1級水酸基と2級水酸基を比べると1級水酸基の方がより反応性が高いが，産業的に利用されている高温度下での反応条件においてはグリセリンの3つの水酸基の反応性の差異はほとんど見られなくなる。さらにモノエステルとジエステルはエステル化される部位の違いにより，それぞれ2種ずつが存在している。これは無差別分布[5]と呼ばれ，各エステルの存在比はグリセリンと脂肪酸の反応割合（仕込割合）によって変わってくる。この無差別分布の考えをポリグリセリンについて適用してみよう。図4は，純品と仮定したトリグリセリンとミリスチン酸をエステル化反応させたときの生成物の割合を示している。グラフの横軸はエステル化度，縦軸は各成分の存在比（wt%）である。例えばトリグリセリンのモノエステルを調製したい場合，トリグリセリン1モルとミリスチン酸1モルとを反応させることになり，このときの理論エステル化率は20%である（トリグリセリンの5つの水酸基のうち1つがエステル化される）。この反応割合で反応させた場合，生成物の組成比は，未反応のトリグリセリン18%，モノエステル41%，ジエステル30%，トリエステル10%，テトラエステル1%，ペンタエステル0.1%以下となる。目的のモノエステルは主成分ではあるが，それ以外にも各種の生成物が生じることがわかる。なお，これは理論的な数値であるので，実際には立体障害のためトリ，テトラ，ペンタエステルの存在比はもっと小さくなるであろう。またこの計算ではトリグリセリンから見てエステル化されている位置は考慮していない。

第9章 ポリグリセリン脂肪酸エステルの特性と高機能化

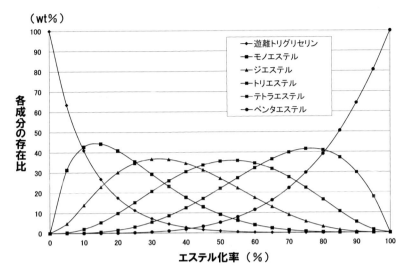

図4 無差別分布 トリグリセリンとミリスチン酸の反応

例えば直鎖状のトリグリセリンのモノエステルであれば，光学異性体を無視しても3種のエステル（末端1級水酸基のエステル，末端グリセリン単位の2級水酸基のエステル，中央グリセリン単位の2級水酸基のエステル）が生成する可能性があり，これらを区別せずモノエステルとしている。

実際に産業分野で利用されているポリグリセリン脂肪酸エステルでは，1.2項で述べたようにポリグリセリン自体が縮合度の異なるものの混合物であり，それぞれの縮合物において直鎖，分岐，環状およびこれらの混合構造をとり得ること，さらにエステル化の時点で各ポリグリセリン成分が無差別分布に従ってエステル化されることを考え合わせると，一つの製品としての「ポリグリセリン脂肪酸エステル」の中には想像できないほど膨大な数の化合物種が含まれていることになる。ポリグリセリン脂肪酸エステルの機能を考察する際にはこの事実を頭においておくべきであろう。

2 ポリグリセリン脂肪酸エステルの高機能化

以上ポリグリセリン脂肪酸エステルの現状を述べてきたが，その機能向上にはいろいろなアプローチが考えられる。ここでは，ポリグリセリンやエステルの分子種をコントロールすることでの機能変換例について概説したい。

2.1 ジグリセリン・トリグリセリンのエステル

先にも述べたが，グリセリン2量体や3量体は減圧下蒸留精製ができるため，純度の高いもの

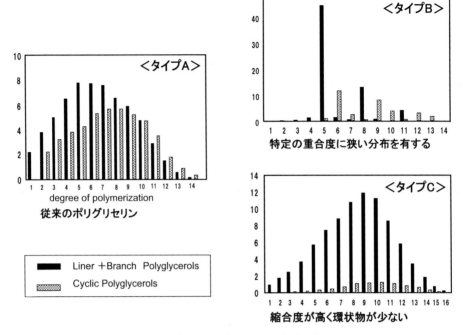

図5　各種ポリグリセリンの組成変換

が入手できる。これらジグリセリン，トリグリセリンのエステルのうち，エステル化度の低いものでは，同様に減圧下での蒸留により精製が可能であり，高純度のエステルが製せられる。例えば，ジグリセリンモノステアレート，ジグリセリンモノラウレートといった製品が市場に出回っている。

　これらのエステルは基本的には油溶性であるが，モノグリセリドよりも水分散性に優れている。油脂に添加して水へのなじみを向上させたり，より高親水性の乳化剤と組み合わせて乳化分散を安定化させるのに使用されている。

2.2　組成を変えたポリグリセリンのエステル[6,7]

　合成法と精製法を組み合わせ，特定成分が主成分となっているポリグリセリン，環状物を極力排除したポリグリセリンといった，従来のポリグリセリンの組成を変えて特徴づけしたポリグリセリンエステルが紹介されている。

　図5は一般的なデカグリセリンと，組成改変を施したポリグリセリンの組成分布を示したものである。なお，この図はGC分析とLC/MS分析で得られたデータを組み合わせて作成している。一般的なデカグリセリン（タイプA）と比較して，タイプBのポリグリセリンは5量体成分が突出して多く含まれている。また別のタイプCのポリグリセリンは縮合度の高い成分が多く含まれ，環状のポリグリセリンは極力除かれている。これらのポリグリセリンは水酸基価から判断すると

第9章 ポリグリセリン脂肪酸エステルの特性と高機能化

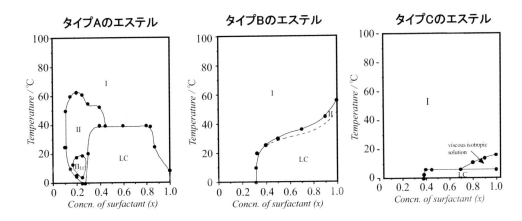

I：等方性溶液相　　II：2相領域　　LC：液晶相

図6　水/ラウリン酸ポリグリセリル系の相図

いずれもデカグリセリンに相当する。

　この組成の違いは，それらを原料としたポリグリセリン脂肪酸エステルの機能に影響を及ぼす。それぞれのポリグリセリンをラウリン酸モノエステルとしたものの相図を図6に示す。タイプAのエステルでは，0℃から60℃の範囲で，濃度によりさまざまな相が現出する。また広い2相領域が特徴である。タイプBのエステルでは，2相領域が減少し，単純な相図となっている。タイプCのエステルでは1相領域が拡大している。この結果から各エステルのいろいろな特性が読み取れる。例えば，A＜B＜Cの順でエステルの親水性が大きくなっており水溶性が増していること，液晶を利用した乳化・可溶化には，タイプAやBのエステルが適用範囲が広いこと，Cのエステルは可溶化（ミセル内への分子取り込み）に向いていることなどが推定される。これらはどれが優れているというものではなく，目的に応じて適するものを選択すればよい。

　以上ポリグリセリン脂肪酸エステルの高機能化の一例を述べてきたが，各メーカーでは反応，精製技術を組み合わせ，独自の製品開発を行っている。ポリグリセリン脂肪酸エステルを研究に，または産業目的に利用する場合は，それがどのようなタイプのものかをよく認識しておくことが肝要である。

2.3　ポリグリセリンアルキルエーテル[8]

　ポリグリセリン脂肪酸エステルは多方面に優れた機能を有しているが，エステルであることの弱点もあり，酸性またはアルカリ性の溶液の中で熱や長期保存といった要因により，ポリグリセリンと脂肪酸に加水分解して界面活性能を失ってしまう。これは食品や飲料など短期間で消費されるものにおいては問題なく，また洗浄目的で使用した場合自然環境への負荷が小さいという利点でもあるが，より長期間の保存安定性の求められる工業製品や化粧品では問題となる可能性が

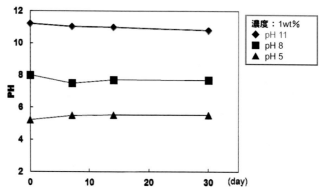

図7 ポリグリセリンアルキルエーテルの構造とpH耐性

ある。ここで，ポリグリセリン脂肪酸エステルと同等の機能を持ちながら，加水分解の懸念のないポリグリセリンアルキルエーテルが上市されている。例えば，ポリグリセリル-4 ラウリルエーテルには，以下の特性がある。

- 優れた起泡力，洗浄力を有する非イオン性の界面活性剤
- 幅広い温度，pH領域において安定（図7）
- 耐硬水性が高い
- 皮膚に対して刺激が少なく，刺激緩和効果がある

これらの機能は，特に化粧品用途において好適である。

3 おわりに

以上，本稿では，ポリグリセリン脂肪酸エステルが多種の化合物から成ることを説明し，その分子種をコントロールすることで新たな機能を付与する取組について述べてきた。純粋な界面化学的機能を求めればそれぞれに最適な分子種があると思われるが[9]，多成分の混合物であることは逆にメリットにも成り得る。ポリグリセリン脂肪酸エステルは，飲食品・化粧品用途において，乳化（O/W，W/O），分散（水系，油系），起泡，消泡，湿潤，可溶化，洗浄や素材（デンプン，タンパク質，油脂）の改質など多方面の目的に使用される。これらの機能特性のいくつかは，ポリグリセリン脂肪酸エステルの化合物種の多様性が有利に働いているものと推察される。

第 9 章　ポリグリセリン脂肪酸エステルの特性と高機能化

例えば通常の乳化においては界面活性剤を単独で使用するよりも複数の活性剤を組み合わせたほうがより安定性の高いエマルションが得られることが知られているが，ポリグリセリン脂肪酸エステルは1つの製品でその併用効果を果たしていると考えられる。そのほかにも化合物の多様性に起因する機能については多くの可能性があり，今後の研究と応用が待たれる。

文　　献

1) 戸田義郎ほか，食品用乳化剤 ― 基礎と応用 ―，pp35-51，㈱光琳（1997）
2) 阪本薬品工業㈱，ポリグリセリンエステル，pp27-29（1994）
3) 中村武嗣ほか，日本油化学会年会講演要旨集，**38**，p170（1999）
4) 第8版食品添加物公定書解説書，B-242，廣川書店（2007）
5) 津田滋，モノグリセリド ― 製造と応用 ―，pp122-129，槙書店（1958）
6) 岩永哲朗ほか，*FRAGRANCE JOURNAL*，(12)，p106，㈲フレグランスジャーナル社（2003）
7) 國枝博信ほか，界面活性剤・両親媒性高分子の最新機能，pp62-73，㈱シーエムシー出版（2005）
8) 福原寛央ほか，日本油化学会年会講演要旨集，**44**，p122（2005）
9) 加藤友治，日本食品工学会誌，**3**(1)，pp1-7（2002）

第10章　アシルアミノ酸エステル系両親媒性油剤

ビスワス・シュヴェンドゥ*

1　はじめに

　化粧品で使用される油剤は構造・極性の観点から主に非極性油と極性油の2種類に分けることができる。非極性油の代表的なものとしてワセリン、流動パラフィン、スクワランなどが挙げられる。一方で、極性油としては各種植物油からエステル系の合成油などが挙げられる[1]。このように構造・極性の違いによって油剤は異なる機能を示し、目的に応じて様々な化粧品に配合される。中でもアシルアミノ酸由来の油剤は構造内に極性の高いアミド結合部位や側鎖部位の極性を有するため、一般の極性油とは異なる物性や機能を示すことが最近の研究でわかってきた。本稿ではアシルアミノ酸エステル系両親媒性油剤の特徴的な機能について簡単に紹介する。

2　化粧品用油剤とは

　化粧品で使用される油剤の主な機能は、下記の3つに分類できる。
- 皮膚の保護や機能の促進：皮膚表面に被膜を形成し、水分の蒸発を抑制、薄片状の皮膚細胞に対して滑らかさを付与して外観の向上、皮膚のバリア機能の修復など[2]。
- 製品の使用性の向上：製品の展延性、滑沢性、付着性、乳化安定性の向上など。
- 溶媒機能：添加剤の溶解・分散性の向上、肌汚れの除去やクレンジングなど。

　つまり、上述のいずれかの機能を有する疎水性の物質で、常温で液体またはペースト状の基剤を化粧品分野では油剤として定義することができる。また、最近では水にも油にも溶ける油剤などが開発されており、油剤の定義を疎水的な物質に限定せず、両親媒性物質まで広げることもできる。

3　アシルアミノ酸エステル系油剤とは

　天然で得られる油剤の他にも、様々な機能を求め、様々な構造の油剤が合成・製造されている。これらの合成油剤は、主に脂肪酸のカルボン酸部位に低級から高級アルコールをエステル結合で付加することにより合成されている（図1(a)）。一方で、アシルアミノ酸エステル系油剤の

---

*　Shuvendu Biswas　味の素㈱　バイオ・ファイン研究所　素材・用途開発研究所
　　素材開発研究室　香粧品グループ　研究員

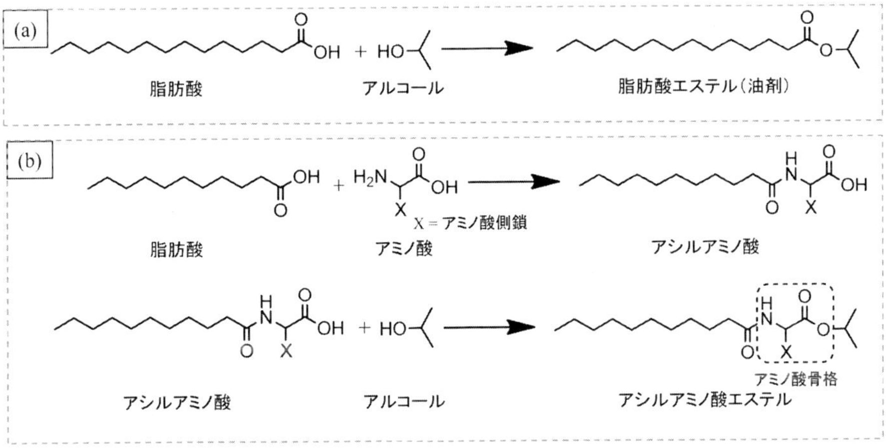

第10章　アシルアミノ酸エステル系両親媒性油剤

図1　(a)脂肪酸エステル及び(b)アシルアミノ酸エステルの構成

表1　現在実用化されているアシルアミノ酸エステル系油剤

略語	アシル基	アミノ酸	エステル	商品名
LG-2HD	ラウロイル	グルタミン酸	ヘキシルデシル	アミテル® LG-1600
LG-2IS	ラウロイル	グルタミン酸	イソステアリル	アミテル® LG-1800
LG-2OD	ラウロイル	グルタミン酸	オクチルドデシル	アミテル® LG-2000
LG-HD/OD	ラウロイル	グルタミン酸	ヘキシルデシル/オクチルドデシル	アミテル® LG-2016
LG-PH/OD	ラウロイル	グルタミン酸	フィトステリル/オクチルドデシル	エルデュウ® PS-203
LG-PH/OD/BH	ラウロイル	グルタミン酸	フィトステリル/オクチルドデシル/ベヘニル	エルデュウ® PS-304, PS-306
LS-IP	ラウロイル	サルコシン	イソプロピル	エルデュウ® SL-205
MbA-PH/DT	ミリストイル	N-メチル-β-アラニン	フィトステリル/デシルテトラデシル	エルデュウ® APS-307
MbA-HD	ミリストイル	N-メチル-β-アラニン	ヘキシルデシル	アミテル® MA-HD

アミテル® 日本エマルジョン㈱，エルデュウ® 味の素㈱

場合は，アミノ酸が油剤骨格の中心になっている。具体的に説明すると，アミノ酸のアミノ基に脂肪酸を導入し，アシルアミノ酸を得ることができる（図1(b)）。このように得られるアシルアミノ酸自体が機能性化粧品原料であり，例えばマイルド界面活性剤，肌馴染みの良い粉体やコンディショニング剤として高級化粧品を中心に配合されている。しかし，アシルアミノ酸にはアミノ酸由来のカルボン酸部位が残存している。そこで，アシルアミノ酸のカルボン酸部位に低級から高級アルコールを導入すると（図1(b)），化合物によっては常温において液体ないしペースト状の物質が得られる。これらの化合物は油剤の機能を十分に発揮することから，アシルアミ

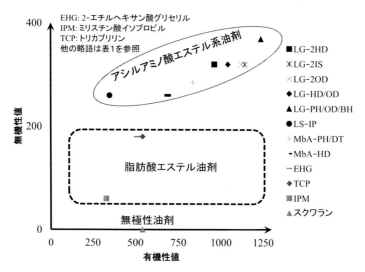

図2　有機性値・無機性値に基づき各種油剤の両親媒性の比較

ノ酸エステル系油剤と呼ばれる。表1にいくつかのアシルアミノ酸エステル系油剤の例を挙げる。

3.1　油剤骨格にアミノ酸があることの意義

　人のタンパク質の構成成分となるアミノ酸は，20種類が知られている。これらのアミノ酸は，肌にとって重要な役割を果たしている。例えば，有名な話として角層に存在する天然保湿因子のおおよそ半分がアミノ酸及びアミノ酸誘導体であるピログルタミン酸で構成されている。また，アミノ酸はコラーゲンの構成成分であり，特殊なアミノ酸組成の服用はコラーゲンの発現を向上するという研究結果もある[3]。これらの効果以外にも化粧品分野において，アミノ酸はマイルド，自然派の原料，環境への影響が少ないといった価値を持つ。また，アシルアミノ酸も様々な生体現象に関わっており，哺乳類の代謝系では人のタンパク質を構成する20種すべてのアミノ酸のアシル化物が確認されている。しかし，アシルアミノ酸が生体内でどのような機構に関わっているか，ほとんどが未知であり，現在最先端の研究分野にもなっている[4]。このようなアミノ酸，及びアシルアミノ酸を骨格に有するアシルアミノ酸エステル系油剤は，化粧品中で使用される際，骨格のアミノ酸・アシルアミノ酸由来の機能の発揮が期待される。

　また，アシルアミノ酸エステル系油剤の物理的な性質も一般の油剤と異なる。この違いは油剤の分子構造から計算できる有機性値及び無機性値を基に議論できる。物質の有機性値と無機性値の比（無機性値／有機性値）から求めた値，つまりIOB（Inorganic Organic Balance）値は，一般に用いられているHLB（Hydrophile-Lipophile Balance）値と相関があり，IOB値を分子構造から推測する手段は有機概念図[5]と称され，確立された理論である。そこで，各種油剤の有機性値及び無機性値を計算し，図2にプロットした[6]。一般的な高極性油として知られているトリグリセリド系の油剤は，脂肪酸エステル系油剤の中では，比較的に大きな無機性値を示すが，アシ

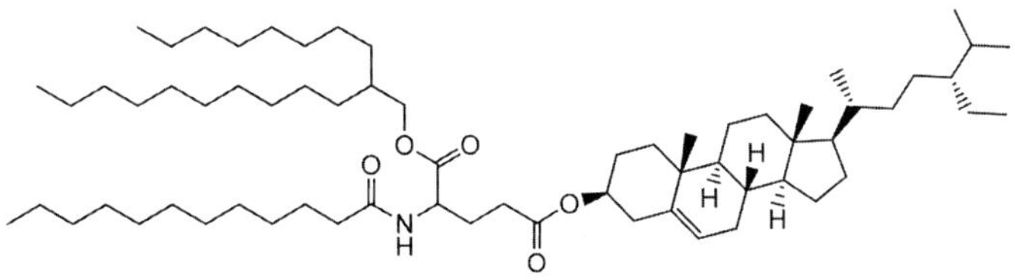

第10章　アシルアミノ酸エステル系両親媒性油剤

図3　LG-PH/ODの分子構造

ルアミノ酸エステル系油剤はこれらも上回る無機性値を有することがわかる。つまり，アシルアミノ酸エステル系油剤は，極性油の中でも特に極性が高い油剤である。

更に，合成・製造面においても，アミノ酸はアミノ基，カルボン酸基以外にも側鎖に多様な官能基を有するため，目的の機能に応じて柔軟かつ簡便に分子設計ができるといった利点がある。

4　油剤の両親媒性とは

両親媒性物質とは，極性溶媒にも非極性溶媒にも親和性を持つ物質であると定義されている。一方で，油剤とは基本的に水と相分離をする疎水的な物質のことを示すため，「両親媒性油剤」という単語を不思議に思われる方が多いであろう。この用語は，界面化学分野では，一般的に用いられていないが，押村らが次のように定義している。「両親媒性油剤とは，界面活性剤の存在下において，主たる界面活性剤の物性を大きく変化させる機能を持つ油剤のことを示す。処方中に配合される主界面活性剤の物性を調整する目的で添加される界面活性剤のことをコーサーファクタント（co-surfactant）と呼ぶため，両親媒性油剤とはコーサーファクタントとして機能しうる性質の油剤ともいえる[7]。」

前節で説明したように，アシルアミノ酸エステル系油剤は，高い無機性値を有するため，油剤でありながらも高い水親和性を持つ。その結果，アシルアミノ酸エステル系油剤は両親媒性油剤として振る舞うことが多い。また，後ほど紹介するが，アミノ酸の種類によって，アシルアミノ酸エステル系油剤はシリコーンに対しても高い親和性を持つ場合がある。つまり，アシルアミノ酸エステル系油剤は化粧品で汎用されているシリコーン系原料とも特徴的な相互作用を示す。

以降，いくつかの具体的なアシルアミノ酸エステル系油剤の例を用いてこれらの特徴的な機能について述べる。

5　アシルアミノ酸エステル系両親媒性油剤

5.1　アシルグルタミン酸誘導体

図3ではラウロイルグルタミン酸及びフィトステロールとオクチルドデカノールの混合物のエステルからなるLG-PH/ODの構造を示した。LG-PH/ODは構造内にアミド結合部位，ステロー

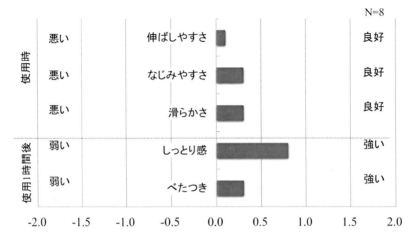

図4　乳液処方中の油剤（スクワラン）の一部をLG-PH/ODで代替した際の官能評価結果

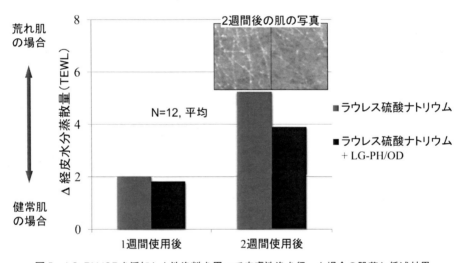

図5　LG-PH/ODを添加した洗浄料を用いて皮膚洗浄を行った場合の肌荒れ低減効果

ル由来部位及び長鎖アルキル鎖長を有しており，角層細胞間脂質の主成分であるセラミド，ステロール及び遊離脂肪酸などの構造に類似している。実際に，両親媒性ともいえるLG-PH/ODは肌馴染みがとてもよく，しっとり感が得られる油剤として知られている。図4では化粧品用乳液中の無極性油剤（スクワラン）の一部（3wt%）をLG-PH/ODで代替した前後の官能評価試験結果を示した。LG-PH/ODの添加前の乳液を基準（0.0点）に，LG-PH/ODの添加後の乳液を評価した場合，ほとんどの官能項目において改善が見られた。特に，しっとり感及び肌馴染みの改善が顕著であった。このように，処方中においても両親媒性油剤は感触の向上に寄与できる。

　両親媒性油剤は，界面活性剤が多く存在する洗浄料にも配合することが可能である。肌馴染みの良いLG-PH/ODを洗浄料に添加すると洗浄による肌荒れが軽減できることが研究で明らかに

第10章　アシルアミノ酸エステル系両親媒性油剤

	モデル組成 A	モデル組成 B　wt%
セラミド タイプ Ⅲ	18	-
LG-PH/OD	-	18
スクワラン	7	7
トリオレイン	25	25
コレステリル硫酸Na	2	2
コレステロール	14	14
ホスファチジルエタノールアミン	5	5
プリスタン	4	4
遊離脂肪酸混合物	25	25
水	30	30

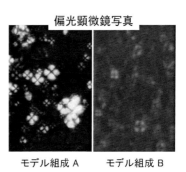

図6　細胞間脂質のモデル組成中のセラミドをLG-PH/ODで代替した際の偏光顕微鏡写真
セラミド代替物としてLG-PH/ODを使用しても細胞間脂質のラメラ構造が形成される（モデル組成B写真）。

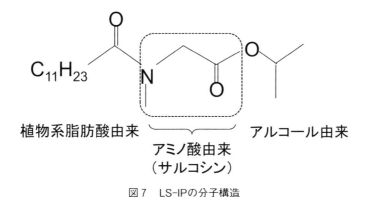

図7　LS-IPの分子構造

なった。図5では，界面活性剤であるラウレス硫酸ナトリウムの10 wt％水溶液のサンプル，及びこの水溶液に1 wt％のLG-PH/ODが添加されたサンプルを用いて肌洗浄を行った際の肌の経皮水分蒸散量（TEWL）を示した。図5からわかるように，LG-PH/ODが添加されることにより，肌のTEWL値の上昇が抑えられた。一般に，肌が荒れてバリア機能が低下するとTEWLが上昇することが知られている。つまり，LG-PH/ODが洗浄時に肌を保護することができるとわかった。また，試験後の皮膚の写真からも肌荒れ軽減効果が見てとれる。洗浄料に添加されたLG-PH/ODは洗浄，及びすすぎ後も肌の最表面に蓄積・浸透されることが分かっており，肌荒れの軽減はLG-PH/ODによる肌の保護に由来していると考えられる。

　アミド基を有するLG-PH/ODは角層の保護及びバリア機能に重要と言われているセラミドと類似の機能を示す。図6に細胞間脂質のモデル[8]として組成Aと組成Bを準備し，組成Bでは細胞間脂質の主成分であるセラミドの代わりにLG-PH/ODを使用した。セラミドの代替としてLG-PH/ODを使用した場合でもモデル組成Bにおいてラメラ構造が形成された[9]。角層においてセラミドを主成分とする細胞間脂質がラメラ構造を形成することにより水分を保持し，肌の健康

界面活性剤の最新研究・素材開発と活用技術

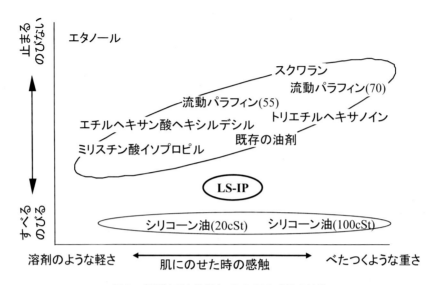

図8　各種油剤と比較してLS-IPの感触の特徴

を維持していることが知られている。つまり，LG-PH/ODもセラミド代替物としてセラミド類似の機能を発揮できると考えられる。一方で，セラミドは非常に溶解しにくい化合物で，化粧品に配合することが難しいとされている。溶解性・相溶性に優れているLG-PH/ODはセラミド代替物として化粧品に利用できると考えられる。

5.2　アシルサルコシン誘導体

図7にはラウロイルサルコシンとイソプロピルアルコールのエステルからなるLS-IPの構造を示した。構造内にサルコシンを有するLS-IPは分子量も小さく，非常に軽い感触の油剤である。感触の面において，LS-IPは他の油剤と比較して図8のように位置づけられる。

図2からわかるように，LS-IPの無機性値と有機性値の比（IOB値）はLG-PH/ODよりも高く，つまりLS-IPはより極性の油剤である。そのため，他の油剤には溶解しない化合物でもLS-IPに溶解することがある。特に，アスコルビン酸誘導体の美白剤をはじめとする効能素材の多くは，一般の油剤への溶解性が悪く，化粧品への配合が困難である。しかし，これらの素材はLS-IPに比較的簡単に溶解させることができる[10]。更に，機能成分としてサンケア化粧品に多く使用される紫外線吸収剤も溶解性が悪い化合物として知られている。中でも，UV-A領域の紫外線吸収剤は特に溶解性が悪く，高いPA［UVA波（波長320～380 nm）の防御指標］の実現に必要な量を配合することが容易ではない。図9で示したように，他の油剤に比べても，LS-IPは難溶性紫外線吸収剤を高い濃度で溶解させることができる。

紫外線防御剤として紫外線吸収剤の他にも紫外線散乱剤が使用される。これらの紫外線散乱剤のほとんどが酸化チタンや酸化亜鉛のような無機化合物の微粒子である。これらの無機粉体が効

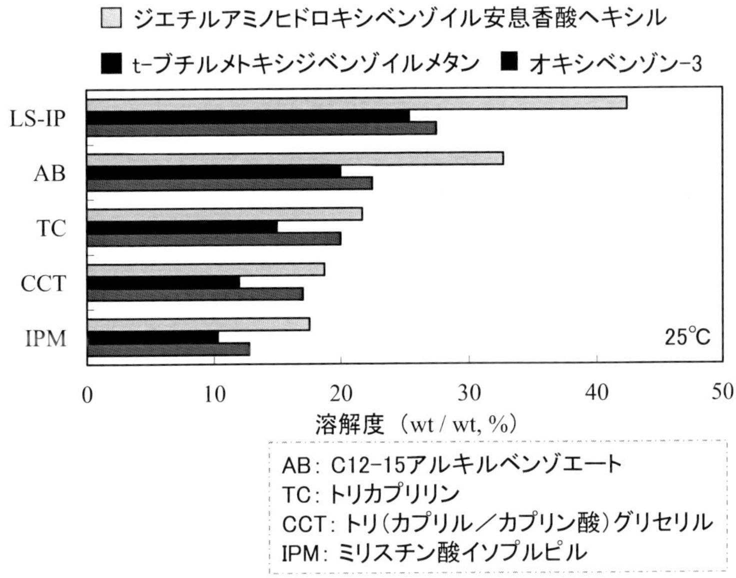

第10章 アシルアミノ酸エステル系両親媒性油剤

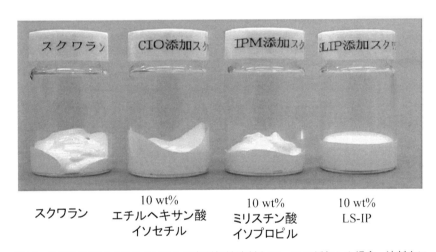

図9 各種油剤へ紫外線（UV-A）吸収剤の溶解性（25℃）

図10 無極性油剤であるスクワランに各種極性油剤を10 wt%で添加した場合，油剤中に酸化チタン粒子（TTO-55C，石原産業製）の分散性の違い

率的に光散乱を行うためには，粉体が油剤中に凝集せず，均一に分散された状態であることが必須条件である。一方で，これらの無機粉体のほとんどは表面が極性であるため，極性の高い媒体中には均一に分散されるが，極性の低い媒体では粉体同士の凝集が生じる。LS-IPのような極性の高い油剤は無機粉体の分散を向上させることができる。例えば，図10で示したように，スクワランに酸化チタン微粒子を分散させる際，他の油剤に比べてもLS-IPの添加は効果的に粉体の分散性を向上させた。また，無極性油である流動パラフィンの20 wt%をLS-IPに置き換えると，酸

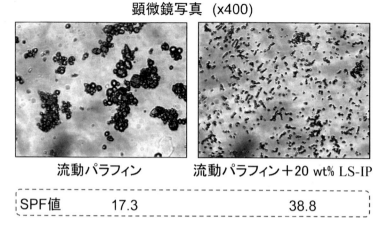

図11 LS-IPの添加により，無極性油剤である流動パラフィン中に酸化チタン粒子の分散性の向上

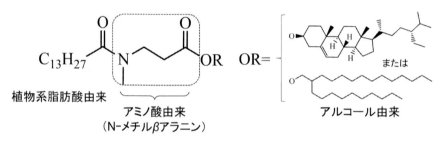

図12 MbA-PH/DTの分子構造

化チタンの分散が改善され（図11），UV-B防御効指標であるSPF値が向上することもわかる[10]。

5.3 アシル-N-メチルβアラニン誘導体

アシル-N-メチルβアラニン誘導体としては，N-ミリストイル-N-メチルβアラニンヘキシルデシル（MbA-HD）が挙げられる。この油剤はLS-IPと同様な機能を有しており，難溶性物質の溶解，紫外線吸収剤の溶解，及び無機顔料の分散に優れている。また，アシル-N-メチルβアラニン誘導体としてはN-ミリストイル-N-メチルβアラニン（フィトステリル/デシルテトラデシル）の例が挙げられる（図12, MbA-PH/DT）。MbA-HDは液状油であるに対し，MbA-PH/DTは常温でペースト状の油剤である。また，N-ミリストイル-N-メチルβアラニンに対してフィトステロールとデシルテトラデシルアルコールが最適なバランスでエステル化されたことによりMbA-PH/DTはペースト状でありながらも軽い感触の油剤になっている。

MbA-PH/DTはペースト状の油剤であるにも関わらず，水を加えた際，水が油剤中に準安定的に（結合水ではなく）取り込まれることがわかっている。このように，油剤への水の最大取り込み量を評価した抱水力の試験結果を図13にまとめた。図13からわかるように，抱水力が高いと

第10章　アシルアミノ酸エステル系両親媒性油剤

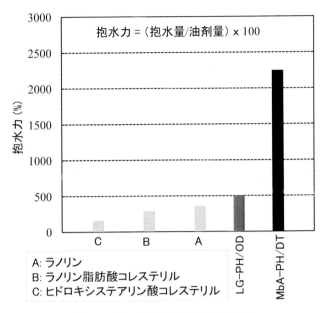

図13　室温における各種油剤の抱水力

されている油剤（図13のA，B，C）と比較しても，アシルアミノ酸系油剤は高い抱水力を示す。また，MbA-PH/DTは特に抱水力が高く，高抱水力の一般の油剤に比べても5～10倍ぐらい高い抱水力を示す。このような抱水力は，肌に塗布した際の保湿感の付与に寄与すると考えられる。

更に，MbA-PH/DTは，水とシリコーンの両方に親和性を持つ油剤であるため，シリコーンが多く使われる処方系で乳化補助剤として使用することができる。図14は水，及びシリコーン（シクロヘキサシロキサン）の混合物にMbA-PH/DTを添加した際の相図を示す。一般に水はシリコーンと相分離するが，MbA-PH/DTの存在下では広い範囲においてクリーム状の混合体（乳化物）が形成されることがわかる。また，添加の比率によりゲル状の形態も形成されることがわかった。このように，アシルアミノ酸エステル系両親媒性油剤の場合，アミノ酸またはアルキル鎖長の違いによって特徴的な機能の発揮が観察できる。

6　おわりに

本稿では，構造内にアミノ酸を有するアシルアミノ酸エステル系油剤の特徴的な機能を紹介した。しかし，今回紹介した油剤はグルタミン酸，サルコシン，及びN-メチルβアラニンの誘導体のみである。自然界にある動植物のタンパク質の構成に関わるアミノ酸は140種類以上も存在することが知られている[11]。そう考えると，この140種類のアミノ酸の誘導体からなり得るアシルアミノ酸エステル系油剤は無限な可能性を秘めている。今後はそのような油剤の合成方法の確

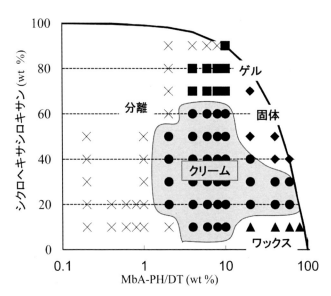

図14 シリコーン/(MbA-PH/DT)/水の各配合量における相図

立及び新しい機能の評価方法の確立が進んでいくと期待される。また，物性面・官能面の評価だけでなく，アシルアミノ酸エステル系油剤には肌への生理的な効果も期待されるため，最新の生物学的な評価方法を用いて評価することで，肌への効果についても更に興味深い発見があると期待する。

文　　献

1) 廣田博，化粧品用油脂の科学，pp.7，フレグランスジャーナル社（1997）
2) M. Mao-Qiang *et al.*, *Arch. Dermatol.*, **131**, 809（1995）
3) H. Murakami *et al.*, *Amino Acids*, **42**, 2481（2012）
4) E. K. Farrell *et al.*, *Drug Discov. Today*, **13**, 558（2008）
5) 甲田善生ほか，有機概念図 基礎と応用，pp.20，三共出版（2008）
6) R. Yumioka *et al.*, ポスター発表，21st IFSCC Congress Berlin（2000）
7) 國枝博信ほか，界面活性剤と両親媒性高分子の機能と応用，pp.74-89，シーエムシー出版（2010）
8) P. M. Elias, *J. Lipid Res.*, **24**, 120（1983）
9) 石井博治ほか，*J. Soc. Cosmet. Chem. Japan*, **30**, 195（1996）
10) 石井博治，オレオサイエンス，**4**, 11（2004）
11) A. Ambrogelly *et al.*, *Nat. Chem. Biol.*, **3**, 29（2007）

第11章　長鎖PEGを有する非イオン性活性剤

脇田和晃*

1　はじめに

　泡は液体に気体が分散したコロイド分散系の一種である。多くの産業分野において、泡はトラブルの原因となるやっかい者としてしばしば扱われるが、化粧品分野、特に身体洗浄剤において泡は重要な役割を果たし、濃密で弾力のある泡が一般的に良い泡とされる。濃密泡から得られるベネフィットとして、泡のクッションによる「摩擦低減効果[1]」、表面積が増加することによる「洗浄補助効果[2]」、そしてフリーの活性剤が少なくなることによる「刺激緩和効果[3]」などが挙げられる。

　近年国内では、ボトルから直接泡で出てくるポンプフォーマータイプの洗浄剤市場が、年率5％で伸長している[4]。これは、手軽に十分な量の泡を得たいというニーズを反映していると思われる。ところが、ポンプフォーマータイプの洗浄剤では、濃密な泡をつくりにくいという課題があった。従来から、カチオンポリマーや脂肪酸を配合する技術はあるものの、いずれもメッシュの目詰まりが起きる懸念があった。

　当社ではこれまで、泡質を大幅に改善でき目詰まりを起こさない非イオン活性剤として、ラウリン酸PEG-80ソルビタン（PSL）を市場展開してきた。PSLは80 molもの長鎖PEGを有する超親水性非イオン性活性剤であり、泡質改善を実感できることと、実質的に無刺激であることから国内外で高い評価を得ている。

　本稿では、まずPSLの泡質改善効果について述べ、次に構造制御された長鎖PEG非イオン活性剤であるポリオキシエチレンアルキルエーテル（PAE）を用いて泡物性を評価し、より詳細な泡質改善メカニズムについて検討したので報告する。

2　ラウリン酸PEG-80ソルビタン（PSL）の泡質改善効果[5]

　PSLは、いわゆるTween型の非イオン性活性剤であり、80 molもの長いPEG鎖を持つことが特徴である。HLBは19であり、これは分子全体に占める親水基の割合が約95％であることを意味する。つまり非イオン活性剤というよりは、保湿剤に近いといえるかもしれない。実際、各種安全性試験を行っても、ほぼ刺激性がないことを確認している。

　PSLを泡質改善剤として検討したきっかけとして、目にしみないペットシャンプーの開発が挙

* Kazuaki Wakita　日油㈱　油化事業部　油化学研究所　主任研究員

表1 検討処方

(単位：wt%)

原料名（化粧品表示名称）	処方A	処方B	処方C
ラウリン酸PEG-80ソルビタン（PSL）	―	4.0	8.0
ココイルメチルタウリンNa	1.2*	1.2*	1.2*
ココアンホ酢酸Na	1.2*	1.2*	1.2*
グリセリン	10.0	10.0	10.0
クエン酸	pH＝6.0に調整		
水	残部		

*活性剤有効分として表示

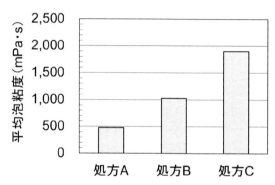

図1　各処方の泡粘度（PSL添加量：処方A：0％，処方B：4.0％，処方C：8.0％）

げられる。ペット商品メーカーの開発者によると，シャンプーが目にしみるとペットが風呂嫌いになり，風呂に入れることが難しくなるようである。著者は安全性の観点からPSLを選択し，ポンプフォーマー処方に配合したところ，驚くほど濃密で弾力のある泡が吐出されることを偶然発見した。

表1に示すようにPSLの添加量を0％，4％，8％と変化させて洗浄剤を調製し，ポンプフォーマーから出した泡の粘度をレオメーターで測定した結果を図1に示す。濃度依存的に粘度が大幅に上昇していることがわかる。PSLはカチオンポリマーや脂肪酸のようにメッシュの目詰まりを引き起こす心配がなく，安全性も高いため手軽に泡質を改善できる素材として有用であると思われる。

図2では動的フォームアナライザを用いて，泡に分散している気泡の大きさを測定した結果を示す。PSLを8％配合したサンプルでは，無添加と比べて吐出後10分後も細かい気泡が維持されていることがわかる。このことから，PSLは泡の安定性も高めることがわかった。

3　ポリオキシエチレンアルキルエーテル（PAE）を用いた泡物性評価[6]

PSLの泡質改善のメカニズムとしては，泡膜中での長鎖PEGの絡み合いにより，泡の内部構造

第11章　長鎖PEGを有する非イオン性活性剤

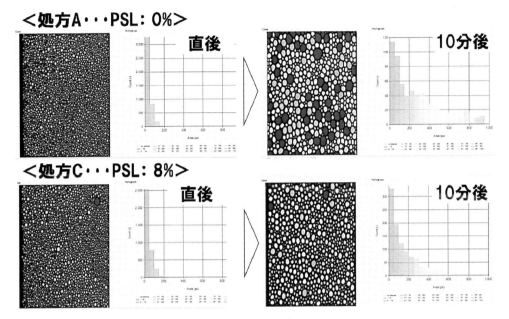

図2　動的フォームアナライザによる泡の経時変化測定

表2　ポリオキシエチレンアルキルエーテル（PAE）の構造と物性値

サンプル	PLE-25	PLE-50	PLE-75	PLE-100	PSE-100	PBE-100	PEG-100
EO付加モル数	25	50	75	100	100	100	100
疎水基の炭素数	12	12	12	12	18	22	-
cmc（mol/L×10^{-5}）	6.14	9.43	11.8	13.1	3.74	2.31	-
γ_{cmc}（mN/m）	43.9	48.0	50.3	51.7	52.0	53.7	-
分子占有面積（Å^2）	213	295	340	349	350	340	-

が強化されたと推測される。しかしながら，PSLは構造的な分布が大きいため，より詳細なメカニズム解析を行うことは困難であった。そこで，より構造的な分布の小さいポリオキシエチレンアルキルエーテル（PAE）を採用し，泡質改善におけるPEG鎖やアルキル基の役割についてより詳細に検討した。

3.1　使用したPAEとそれらの物性

表2に今回検討に用いたPAEの構造と各種物性値を示す。アルキル基の炭素数を12に固定して，PEG鎖の付加モル数を25，50，75，100 molと変化させた。また，PEG鎖の付加モル数を100に固定して，アルキル基の炭素数を0（PEG），12，18，22と変化させた。PEG-100を除き，いずれのPAEにおいても明確な臨界ミセル濃度（CMC）を示し，親水性が非常に高いにもかかわらず界面活性を有していることが確認された。

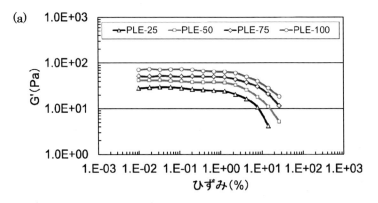
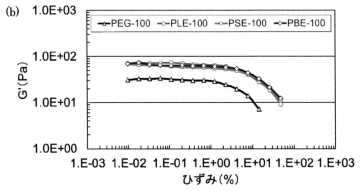

図3　PAEを含む泡の貯蔵弾性率（(a)EO鎖長の影響，(b)アルキル鎖長の影響）
＜処方＞各種PAE：6 wt%，ココイルメチルタウリンNa：1.2 wt%（固形分），
グリセリン：10 wt%，クエン酸：適量（pH＝6に調製），水：残部

3.2　泡弾性のひずみ依存性測定

続いて，各種PAEを含む泡弾性のひずみ依存性をレオメーターMCR-300（Paar Physica製）を用いて測定した。測定治具はコーンプレート（コーン半径25 mm，コーン角2°）を使用し，温度25℃，角周波数100s^{-1}で測定した。大和製罐製ポンプフォーマーF2から測定部に泡を適量吐出し，サンプルとした。

図3に結果を示す。PAEにおけるPEG鎖の付加モル数の増加に伴って，弾性の指標である貯蔵弾性率G'が増加した（図3(a)）。一方で，アルキル鎖長を変えたサンプル（PLE-100，PSE-100，PBE-100）のG'はアルキル基を持たないPEG-100よりは大きかったものの，G'のアルキル鎖長の依存性は確認されなかった（図3(b)）。このことから，泡の弾力は界面でのアルキル基のパッキング性より，PEG鎖の相互作用に依存することが示唆された。

3.3　泡の粘弾性測定

界面におけるPEG鎖の相互作用をより詳細に検討するために，泡の粘弾性測定を行った。ひず

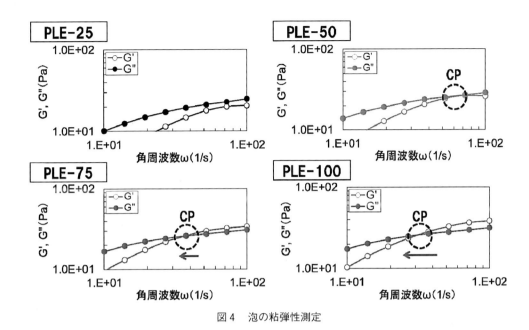

図4　泡の粘弾性測定

みを1％に固定し，G'と粘性の指標である損失弾性率G"の周波数依存性を測定した。その他の条件は，ひずみ依存性と同様である。

図4に結果を示す。G'とG"が交差する点（クロスポイント；CP）がPLE-50において確認され，PEG鎖の伸張に伴ってCPが低周波数側にシフトした。O/Wエマルションの系において，G'がG"に比べて大きいことは油滴間での反発力が強くなり，内部構造が強化することが報告されている[7]。本実験系においても，PEG鎖の伸張に伴いG'が優位な領域が大きくなっている（CPが低周波数側にシフトする）ことから，気泡間でPEG鎖による立体反発効果が生じていると推測された。

3.4　IRによる泡膜測定

レオロジー測定では，コロイド分散体としての巨視的な泡の特性把握を行ったが，PAEの界面での挙動を明らかにするためには，微視的な観察が必要である。そこで，赤外分光法（IR）で泡膜一枚の厚みを測定することとした。既製品のプラスチックフレームを用いて泡膜を作成し，IR（FT/IR-4100R，日本分光製）でインターバル測定（インターバル時間：3秒，積算回数：1回）を行い，泡膜の経時的な吸収強度を測定した。得られた吸収強度からLambert Beerの式を用いて，泡膜厚を算出した。サンプルは上記粘弾性測定で用いたものと同じものを使用した。

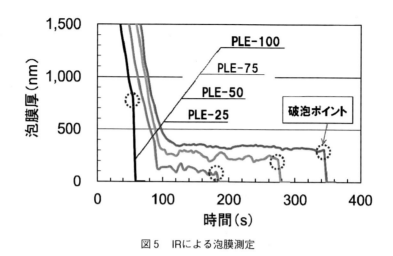

図5　IRによる泡膜測定

<Lambert Beerの式>
　　I = A/εC
　　I：泡膜厚（nm），A：吸収強度，ε：モル吸光係数，C：水のモル濃度（mol/L）
　　※3450cm^{-1}における水のモル吸光係数 = 1.449×10^{-5} L/mol·nm

　図5に結果を示す。PEG鎖の伸張に伴い，泡膜厚が厚くなり，また破泡までの時間が長くなった。この現象については，高分子吸着層によるエントロピー斥力理論[8]に基づき，以下のように考察した。泡膜中の水が重力による排液に伴い，泡膜厚が薄くなる。PAEが存在しない場合はそのまま破泡するが，存在する場合はPEG鎖の絡み合いが生じ，PEG鎖の密度が上昇する。同時に，気泡間のエントロピーが局所的に増大し，それを緩和するために水が浸入して泡膜厚が再び厚くなる。PEG鎖の分子量が大きくなるに伴って，このエントロピー斥力効果が高まるので，高い泡の安定化効果が得られると考えられる。

4　泡質改善メカニズム関する考察

　上記の実験結果から，以下のような泡質改善メカニズムが考察される（図6）。まず，PAEはいずれもEO付加モル数においても界面活性を有するので，疎水基をアンカーとして界面に吸着する。気泡の周りに吸着した長いPEG鎖の相互作用によって，気泡間の高い立体反発効果が発生し，結果として弾力性に優れた泡が得られたと考えられる。同時に，PEG鎖の絡み合いはエントロピー斥力効果を生み出し，泡の安定化向上に寄与している。

第11章　長鎖PEGを有する非イオン性活性剤

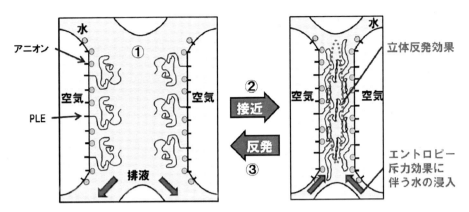

① 気-液界面形成後，活性剤が界面に吸着する
② 排液が進み，気-液界面が接近する
③ PEG鎖の絡み合いによって生じる「立体反発効果」と「エントロピー斥力効果」に伴い，泡の安定性と弾力性が向上する

図6　予想される泡質改善・安定化メカニズム

5　おわりに

　本稿では，ポンプフォーマー処方で濃密泡を簡単につくれる新しいアプローチとしてPSLとPAEを紹介した。PSLとPLE-100はそれぞれ，製品名：ノニオンLT-280，同ノニオンLT-280（60%水溶液）および製品名：ノニオンK-2100W（ラウレス-100の50%水溶液）として日油㈱から販売されている。これらの長鎖PEGを有する非イオン活性剤の特徴としては，泡質改善効果の他にも，高分子量なので身体に対してマイルド，医薬部外品にも使用可能などが挙げられる。当製品および技術が読者の製品開発の一助となれば幸いである。

文　　献

1) 泡のエンジニアリング，テクノシステム，796-799（2005）
2) J. Sonoda et al., *J. Surfact Deterg.*, **17**, 59（2014）
3) J. Sonoda et al., *J. Phys. Chem. B.*, **118**, 9438（2014）
4) 化粧品マーケティング要覧 No.1，富士経済，p.20（2014）
5) 脇田和晃ほか，第52回日本油化学会年会予稿集，p.128（2013）
6) 河内順一ほか，第53回日本油化学会年会予稿集，p.172（2014）
7) Ban, S., *Fragrance Journal*, **40**, 39（2012）
8) Machor, E.L., *J. Colloid Interface Science*, **29** 492（1951）

第12章　化学架橋を工夫した
アクリル酸アルキルコポリマー

村上亮輔*

1　はじめに

　高分子界面活性剤は低分子界面活性剤と比べ，表面張力が小さくミセルを作らない場合が多い，浸透力が弱い，気泡力が弱いなどの点で性能が劣っているが，一方で乳化力があり安定なエマルジョンを形成するものが多い，分散力や凝集力が優れている，毒性が少ないものが多いといった点で良好な性質を持っている。このような性質を活かし，増粘剤，ゲル化剤，粘着剤，乳化剤，分散剤，凝集剤などの用途で，様々な分野で利用されている[1]。
　アクリル酸アルキルコポリマーは，図1のような，アクリル酸とアルキルメタクリレートの架橋型コポリマーである。構造中に疎水基が導入されており疎水表面に吸着し易く，また架橋による高分子主鎖同士の橋掛け構造によって増粘機能の増強が見られることから，乳化剤，乳化安定剤，分散剤といった用途で用いられている。その特徴としては，①水溶液はチクソトロピー性のある高粘度の触感のよいものが得られる，②耐塩性のある高粘性水溶液が得られる，③アルキル鎖の吸着，溶解によって乳化作用の増強が見られるというものがある[2]。
　今回，アクリル酸アルキルコポリマーの架橋を工夫することにより，物性に違いが見られ，更に低分子界面活性剤との間で興味深い増粘挙動を示したことから，これらを紹介する。

2　一般的なアクリル酸アルキルコポリマーの増粘，乳化のメカニズム

2.1　水溶液の増粘機構

　始めに，一般的なアクリル酸アルキルコポリマーに関する，基本的な増粘，乳化の機構を紹介する。
　アクリル酸アルキルコポリマーを水に分散させると，pH 2.5～3.0の白濁した分散液が得られる。このとき，ポリマーの分子鎖は絡まった状態で存在し，分散液は殆ど増粘しない。この分散液をアルカリなどで中和（pH 5.0<）すると，カルボキシル基同士の静電反発により，分子鎖が広がる。分子鎖が広がることで，架橋点を中心とした三次元網目構造が水分子の動きを制限することにより，水溶液は急激に増粘する（図2）。製品によっては，中和後に水のように透明なゲルを得ることができる[3]。

---

*　Ryosuke Murakami　住友精化㈱　機能化学品研究所

第12章　化学架橋を工夫したアクリル酸アルキルコポリマー

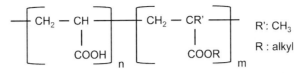

図1　アクリル酸アルキルコポリマーの化学構造

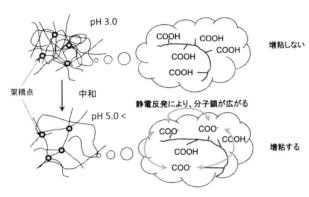

図2　水溶液の増粘機構イメージ図

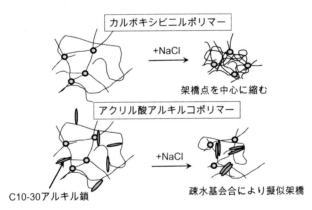

図3　耐塩性機構イメージ図

2.2　耐塩性

　一般的に架橋型カルボキシビニルポリマーやアクリル酸アルキルコポリマーの水溶液は電解質によって増粘液の粘度が低下するが，両者の間には差が見られる[4]。図3にカルボキシビニルポリマーとアクリル酸アルキルコポリマーの増粘液に，電解質を加えた際のイメージ図を示す。2.1項で得られたアクリル酸アルキルコポリマーの増粘液に電解質を加えると，カルボキシ基同士の静電反発が弱まり，分子鎖が縮むことで減粘する。しかし，アクリル酸アルキルコポリマーは，構造中のアルキル鎖同士が疎水性相互作用によって物理架橋を形成し，三次元網目構造

を構築するため，アルキル基を持たない架橋型カルボキシビニルポリマーと比べ減粘しにくい。また，電解質による粘度の低下率は架橋度が高いものほど大きくなる。これは，電解質による粘度低下以外にも，例えば，溶媒としてポリマーが溶けにくい溶媒を使用したときにも同様で，分子鎖が広がりにくい環境では，架橋度が高い物ほど粘度低下は大きくなる。したがって，架橋度が高いアクリル酸アルキルコポリマーは，水溶液で高粘度が得られたからといって，電解質や貧溶媒を多く含むような系の増粘剤として使用する際には注意が必要である。

2.3 乳化のメカニズム

アクリル酸アルキルコポリマーを使用した乳化は，図4のように油滴を水溶性高分子ゲルが取り囲み，アルキル鎖がアンカーとして油滴に突き刺さっているような形で，安定化しているといった機構が考えられている[2]。

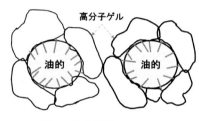

図4　乳化機構イメージ図

3　化学架橋を工夫したアクリル酸アルキルコポリマー「アクペックSER」

3.1　アクペックSERとは

前節で述べたように，アクリル酸アルキルコポリマーは，増粘，耐塩，乳化安定化剤として幅広く利用されているが，耐塩，乳化性能に特化したアクリル酸アルキルコポリマーとして，住友精化㈱よりアクペックSERが開発された。化学的な構造は図1に示すような通常のアクリル酸アルキルコポリマーと同様であるが，化学架橋に工夫が施されている。ここでは，アクペックSERの基本的な性質について説明する。

3.2　アクペックSER水溶液の増粘挙動

一般的な架橋度の高いカルボマーやアクリル酸アルキルコポリマー水溶液は2.1項で示したとおり，静電相互作用によって増粘されるため，pHによって粘度挙動が変化する。図5にアクペックSERと架橋度の高いアクリル酸アルキルコポリマー水溶液のpHと粘度の関係を示す。

架橋度の高いアクリル酸アルキルコポリマー水溶液は，pHを上げていくとpH4付近から急激に粘度が上昇し，pH5以降では非常に高い粘度を保つ。

アクペックSERも同様に，pH4からpH5にかけて急激に増粘する。しかし，pH5付近をピークに急激に減粘し，pH6付近では殆ど増粘効果が見られない。このアクペックSERの特徴的な挙動は，化学架橋に工夫が施されていることに起因する。2.2項で示したとおり，アクリル酸アルキルコポリマーの水溶液は化学架橋による増粘の他に，C10-30アルキル基の疎水基会合の物理架橋によって，三次元網目構造を形成し増粘することができる。アクペックSER水溶液の増粘は疎水基会合による物理架橋に強く依存しており，増粘は疎水基同士が会合をいかに形成でき

第12章　化学架橋を工夫したアクリル酸アルキルコポリマー

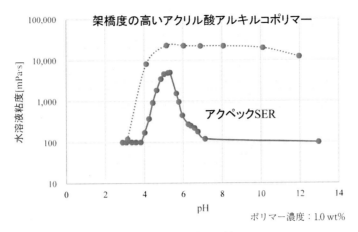

図5　pHと粘度の関係

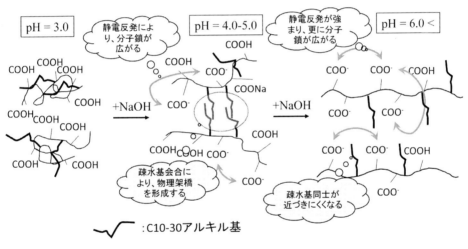

図6　アクペックSER増粘機構イメージ図

るかにかかっている。図6にアクペックSERの増粘機構のイメージ図を示す。

　アクペックSERを水に分散させると，pH 3.0付近の酸性の分散液となる。この時，一般的な架橋度の高いアクリル酸アルキルコポリマーと同様に，静電反発が起こらず分子鎖は縮んだ状態であり，殆ど増粘しない（図6左）。pHを上げていくと，徐々にカルボキシル基が電荷を帯び始め，分子鎖が広がり始める。ある程度分子鎖が広がると，分子内のC10-30アルキル鎖同士が疎水基会合を形成し，物理架橋による三次元網目構造を形成することで水溶液が増粘する（図6中央）。更にpHを上げると，カルボキシル基のイオン化が進み，分子鎖が伸びきった状態になってしまう。こうなると，C10-30アルキル鎖同士が疎水基会合できず，物理架橋がなくなるため，増粘効果が失われる。

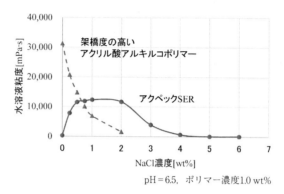

図7　電解質濃度と水溶液粘度の関係

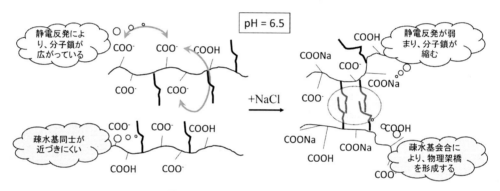

図8　SERの耐塩性機構イメージ図

3.3　アクペックSERの耐塩性

　耐塩性も架橋度の強いアクリル酸アルキルコポリマーとは異なる挙動を示す。図7に電解質濃度と水溶液粘度の関係を示す。架橋度の強いアクリル酸アルキルコポリマーは電解質の増加と共に水溶液粘度が低下している一方で，アクペックSERは電解質の存在しない領域では殆ど粘度は発現せず，電解質濃度が約2％を頂点として増粘する。そして，電解質濃度が2％を超えると減粘し，4％程度で殆ど増粘効果が失われる。

　このアクペックSERの特徴的な耐塩挙動も，化学架橋を工夫したことによるものである。3．2項で示したとおり，アクペックSERの増粘は，疎水基同士が会合をいかに形成できるかにかかっている。電解質を加える前，アクペックSERは図8の左側のような，分子鎖が広がり疎水基会合ができない状態である。ここに電解質を加えることでカルボキシル基のアニオン性が減少し，図8の右側のような疎水基会合できる程度まで分子鎖が縮み，水溶液が増粘する。更に電解質を加えると，カルボキシル基のアニオン性が更に弱まり，ポリマー鎖が凝集してしまい，減粘する。

第12章 化学架橋を工夫したアクリル酸アルキルコポリマー

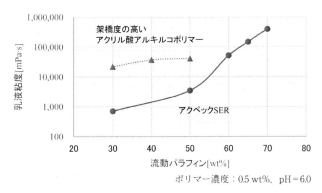

図9 流動パラフィンの量とエマルジョン粘度の関係

3.4 乳化能力

アクペックSERは高分子乳化剤として，多量のオイルの乳化を行う事ができる。図9は水，流動パラフィン，ポリマー，中和剤から成るエマルションを，流動パラフィンの割合を変化させ作成し，それぞれの粘度を測定した結果である。架橋度の高いアクリル酸アルキルコポリマーでは，流動パラフィンが30〜50%の濃度で非常に高い粘度を発現するが，50%以上ではポリマーが凝集してしまいエマルジョンを形成することができない。一方，アクペックSERは流動パラフィンが30〜50%の濃度では，比較的低粘度のエマルジョンを形成し，60〜70%では非常に高粘度のエマルジョンを形成することができる。こちらも化学架橋の工夫に起因していると考えられる。

水の多い領域では，化学架橋による増粘がエマルションの粘度に大きな影響を与える。したがって，架橋度の高いアクリル酸アルキルコポリマーは粘度の高いエマルションを作り，pH6での水溶液粘度の低いアクペックSERは粘度の低いエマルションを作る。一方，流動パラフィンの多い領域では，架橋度の高いアクリル酸アルキルコポリマーは水が少ないので分子鎖を十分に広げることができずポリマーが凝集し，エマルションを形成できない。アクペックSERは化学架橋に工夫を施しているため，オイルが多く水分が少ない媒体中でも分子鎖が凝集する事はなく，流動パラフィンと強く会合し増粘することができる。

3.5 顔料の分散

一般的に架橋度の高いアクリル酸アルキルコポリマーは，酸化チタンのような顔料と混ぜると，分子中のカルボキシル基が酸化チタンと結合を作り，分子鎖が凝集してしまう[5]。ここまで述べてきたように，このポリマーの凝集は架橋度の高い物ほど顕著に現れる。このため，顔料を含んだフォーミュレーションの安定化剤として使用することは非常に難しい。一方，アクペックSERは化学架橋に工夫が施されているため，顔料と結合を形成しても分子鎖は縮みにくく，凝集を起こしにくい。逆に，顔料と結合を作ることで，均一な分散を実現できる。

図10は，架橋度の高いアクリル酸アルキルコポリマーとアクペックSERを安定化剤として作成

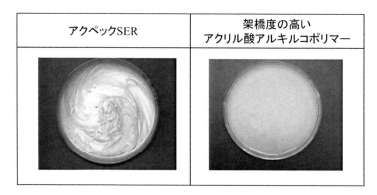

図10　パール顔料の分散比較

したシャンプーの様子を示している。架橋度の高いアクリル酸アルキルコポリマーと比べ，アクペックSERで作成したシャンプーの方が，顔料が均一に分散し，非常に光沢が良いことが分かる。

4　アクペックSERと界面活性剤の相乗効果

ここまで，水溶液や塩，顔料が含まれる系において，アクペックSERが一般的なカルボマーやアクリル酸アルキルコポリマーとは異なる挙動を示してきたが，ここではアクペックSERと低分子界面活性剤との相互作用について説明する。

カチオン性の界面活性剤に関しては，アクペックSERとの相性が悪く，少量の添加でもポリマーの凝集を起こしてしまうため共存が難しい。そこで，アニオン性，両性，ノニオン性の界面活性剤とアクペックSERとの相互作用について説明する。

4.1　高分子界面活性剤と低分子界面活性剤の相互作用

アクペックSERについて述べる前に，一般的な高分子界面活性剤と低分子界面活性剤の相互作用について説明する。高分子界面活性剤は，低分子界面活性剤と図11のように相互作用し，増粘することが知られている[6]。高分子界面活性剤が分散している系に低分子界面活性剤を添加すると，低分子界面活性剤の疎水基は高分子界面活性剤の疎水基に近づく（図11②）。更に加えると，低分子界面活性剤は，高分子界面活性剤の疎水基を覆うような形でミセルを形成する（図11③）。この時，ミセルが高分子界面活性剤の分子鎖同士を繋ぐ形で系内が安定し，ミセルが言わば架橋剤のような働きをするため，液が増粘する。ここから更に界面活性剤を加えると，低分子界面活性剤のミセルが増え，高分子界面活性剤の疎水基それぞれがミセルで覆われ安定化するため，高分子界面活性剤の分子鎖同士の繋がりが減り，減粘する（図11④）。

第12章 化学架橋を工夫したアクリル酸アルキルコポリマー

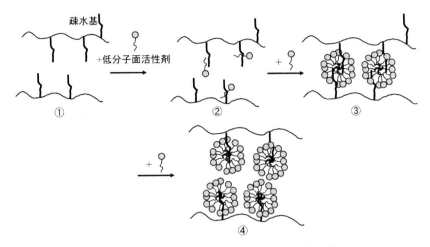

図11 高分子界面活性剤と低分子界面活性剤の相互作用

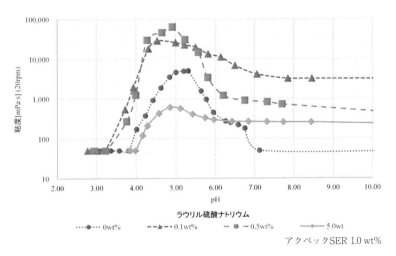

図12 アニオン系界面活性剤との相互作用

4.2 アクペックSERとアニオン系界面活性剤の相互作用

アクペックSERも一般的な高分子界面活性剤として，4.1項のような低分子界面活性剤との相互作用を示す。しかし，3.2項で示した通り，pHによって分子鎖の広がりや疎水基同士の会合が変化するため，低分子界面活性剤との相互作用もpHによって状態が変化する。

図12にアクペックSERとラウリル硫酸ナトリウムを添加した溶液の粘度のpH変化を示している。ラウリル硫酸ナトリウムを0.1 wt%，0.5 wt%添加した系では，添加しなかったものと比べ，全体的に粘度が増加している。これは，図11③のような形でミセルが分子鎖同士を繋げることによる効果と考えられる。一方，ラウリル硫酸ナトリウムが5.0 wt%では，pHが6以下領域ではア

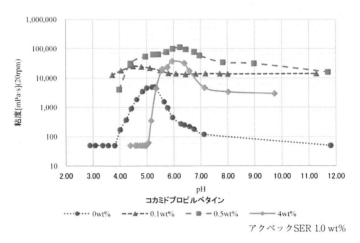

図13　両性界面活性剤との相互作用

クペックSER単体よりも粘度が低い。これは図11④のようにミセルがアルキル基のそれぞれを覆ってしまうことで，疎水基会合を作りにくくなり，アクペックSERの分子鎖同士が繋がりにくくなってしまうことが原因と考えられる。また，若干粘度が高くなっている。ここから，図6の右側のような，分子鎖が開ききった状態では，図11④のようなミセルによる効果的な分子鎖同士の強い結合は起こらないものの，若干の結合は生じているものと考えられる。

また，ラウリル硫酸ナトリウムを加えたものではpH 4.9で，加えないものではpH 5.3で粘度のピークトップが現れている。このことから，ミセルを形成することによってアクペックSERは，低pH側（分子鎖の広がりが小さい領域）で最も効果的に疎水基会合を形成することが分かる。

4.3　アクペックSERと両性界面活性剤の相互作用

両性界面活性剤は水溶液のpHによって界面活性剤本体がアニオン性，カチオン性，アニオン性とカチオン性の共存といった状態の変化が生じる。4節の冒頭で述べたとおり，アクペックSERとカチオン性界面活性剤は凝集を起こしてしまう。一方，両性界面活性剤はpHが低い両性界面活性剤のカチオン性が強い領域では，アクペックSERが凝集してしまうが，ある程度pHが高い両性界面活性剤のカチオン性が弱くなる領域では，アクペックSERと共存することができる。これまで述べてきたとおり，アクペックSERは，電解質（カチオン），低分子界面活性剤の形成するミセルによって，粘度に影響を受ける。したがってpHによってカチオン性の強さが変化する両性界面活性剤とアクペックSERの増粘挙動の機構は複雑になるが，非常に興味深い挙動を示す。

図13にアクペックSERとコカミドプロピルベタインを添加した溶液の粘度のpH変化を示している。アクペックSER単独と比べコカミドプロピルベタインを加えると全体的に粘度が上昇しており，低分子界面活性剤の形成するミセルの効果によって増粘が強化され，コカミドプロピルベ

第12章　化学架橋を工夫したアクリル酸アルキルコポリマー

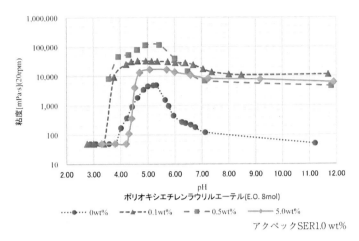

図14　ノニオン系界面活性剤との相互作用

タインの添加量が多すぎると増粘効果が薄れていることが分かる。しかし，コカミドプロピルベタインを0.1 wt%，0.5 wt%加えた系では，アニオン性界面活性剤とは違い，pH 4付近の粘度が非常に高くなっている。これは，ミセルによる増粘に加え，pH 4付近ではコカミドプロピルベタインのカチオン性が高く，3.3項で説明したような，電解質による増粘効果も相乗的に働いているためと考えられる。コカミドプロピルベタインを4 wt%加えた系では，電解質による影響が強すぎるため，pH 4～5ではポリマー鎖が広がることができず増粘しないが，pHが上昇し，コカミドプロピルベタインのカチオン性が下がるにしたがってポリマー鎖が広がるようになり増粘する。更にpHが上昇すると，コカミドプロピルベタインのカチオンとしての効果が更に薄れ，電解質として殆ど作用せず，低分子界面活性剤がミセルを形成することによる増粘効果が支配的になる。そうなると，図11④のような状態となり，増粘効果も殆ど失われる。

　以上より，両性界面活性剤によるアクペックSERの増粘効果は，pH 4～6の領域ではコカミドプロピルベタインの電解質としての働きとミセルを形成することによる相乗的な増粘効果が働き，pH 7以上の領域ではコカミドプロピルベタインの電解質としての働きによる増粘効果が薄れ，低分子界面活性剤がミセルを形成することによる増粘効果が支配的になると考えられる。

4.4　アクペックSERとノニオン系界面活性剤の相互作用

　ノニオン性界面活性剤はカチオンが存在しないため，アクペックSERとの相互作用は4.2項のアニオン性界面活性剤と同じく，低分子界面活性剤がミセルを形成することによる増粘効果が期待されるが，アニオン性界面活性剤とは異なる挙動を示す。

　図14に，アクペックSER 1.0 wt%とノニオン系界面活性剤として，ポリオキシエチレンラウリルエーテル（E.O. 8 mol）を0.1，0.5，5.0 wt%をそれぞれ含んだ水溶液のpHと粘度の関係を示している。アニオン性界面活性剤と同様にポリオキシエチレンラウリルエーテルが0.5 wt%＞

0.1 wt%＞5.0 wt%の順で効果的な増粘が見られており，増粘効果も図11のような機構であると考えられるが，特にpH 4〜5とpH 7以上の領域でアニオン性界面活性剤と比べ強い増粘効果を示している。これは，アクペックSERとノニオン性界面活性剤の水素結合による効果であると考えられる。ポリオキシエチレンラウリルエーテルのポリオキシエチレン部位と，アクペックSERのカルボン酸部分が水素結合を形成することによって増粘が促進されているものと考えられる。

したがって，ノニオン性界面活性剤は図11のようなミセルを形成することによる増粘効果に加え，水素結合による増粘効果も期待できる。

5 おわりに

今回，アクリル酸アルキルコポリマーの架橋を工夫することにより，一般的な高架橋型のアクリル酸アルキルコポリマーと異なる物性を示し，特に低分子界面活性剤との間で相乗的な増粘効果が現れることを紹介した。今後，様々な分野での開発の参考になることを願う。

文　　献

1) 谷崎義治，油化学，**34**(11)，973-978（1985）
2) 田端勇仁ほか，界面活性剤の機能と利用技術，pp33-44，シーエムシー出版（2000）
3) 森光裕一郎ほか，ゲル化剤・増粘剤の特性と利用技術【便覧】，pp94-102，技術情報協会（2011）
4) 武田幸恵ほか，皮膚外用組成物，WO 2014065303 A1（2014）
5) 山地幸一，シリカ被覆微粒子酸化チタンまたはシリカ被覆微粒子酸化亜鉛，その製造方法，その水分散体およびそれらを配合した化粧品，特開2007-16111（2007）
6) 吉田裕治ほか，ゲル化剤・増粘剤の特性と利用技術【便覧】，pp116-125，技術情報協会（2011）

第13章　低泡性かつ界面活性能に優れた界面活性剤

斉藤大輔＊

1　低泡性かつ界面活性能に優れた界面活性剤が要求される背景

　界面活性剤は，繊維，医薬品，香粧品，食品，土木，機械・金属，生活関連産業など多くの分野で使用されている。生産の効率化や高速化など技術の進歩に伴い，界面活性剤の高機能化がより一層求められている。

　界面活性剤は一般的に，気液界面に配向し安定な膜を形成することで泡立ちやすくなる。しかし，従来から工場における製造ラインの処理速度向上や製造トラブル改善のため，界面活性剤の泡立ちを抑制したいという声があった。例えば，泡立ちの高い界面活性剤水溶液で循環洗浄を行う場合，循環に伴い泡立ちは次第に激しくなり，洗浄槽から泡立った洗浄液が溢れ出す事態が発生する。また，塗料においても泡立ちは，塗装時の取扱いや仕上がりに影響するため，低泡性かつ表面張力低下能の高い界面活性剤が濡れ剤として好まれる傾向にある。

　起泡力の小さい低泡性界面活性剤は市場に多く存在するが，表面張力低下能，浸透力，洗浄力などの界面活性能が小さい傾向にある。そのため，従来の低泡性界面活性剤をこれまでの一般的な界面活性剤を使用していた分野に適用しても，十分な機能を付与することはできない。これらのことから，低泡性に加えて界面活性能に優れた界面活性剤の需要は非常に大きいと言える。

2　泡立ちのメカニズム

　界面活性剤を使用する現場では，泡立ちによる問題がしばしば生じる。図1に，泡の状態と作用する因子を示す[1]。

　まず，泡は気泡と泡沫に大別される。気泡は液体や固体中に存在する気体粒子のことを指し，泡沫は液体表面上部に気泡が上昇し集積したものを指す。泡沫の発生メカニズムは次の2段階でまとめられる。

① 気泡の気液界面に界面活性剤が吸着し，気泡を安定化する。
② 気泡が表面に接近するに従って，既に形成されている液表面の吸着膜との間の液が次第に排出され，液表面の吸着膜を外側へ押し上げ泡膜が形成される。

　前述の通り，まず何らかのきっかけにより液相系内に気泡が生じ，その気泡を界面活性剤が安定化し，液表面の吸着膜を気相側へ押し上げることで泡膜が形成される。

＊　Daisuke Saito　第一工業製薬㈱　機能化学品事業部　機能化学品開発研究部

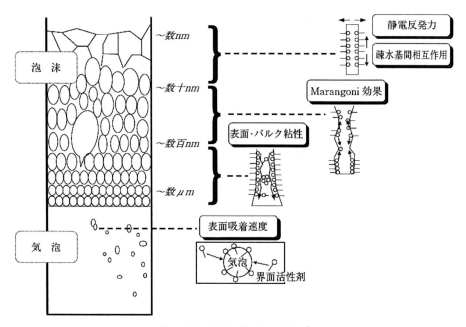

図1　泡の状態と作用する因子[1]

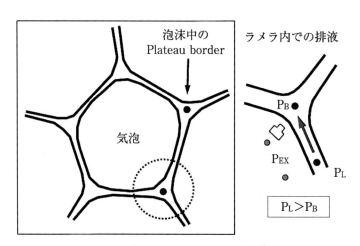

図2　プラトー境界への液体の流れ[2]

　泡沫の安定性は，泡沫内の気泡を取り囲むラメラと呼ばれる薄膜の膜厚，および粘弾性に大きく影響する。ラメラの膜厚が十分に厚く，粘弾性を有していれば泡沫に多少の変形が生じた場合にも泡が破壊されることなく，安定に存在することとなる。

　泡沫が生成した直後は，泡沫間のラメラには充分な液体が蓄えられているが，時間と共にラメラ内の液体は排液され薄膜化が進行する。泡膜において，2つの気泡の接触は面となるが，3つの気泡の接触は線となる。この3つの気泡の接触部はプラトー（Plateau）境界と呼ばれる（図

第13章　低泡性かつ界面活性能に優れた界面活性剤

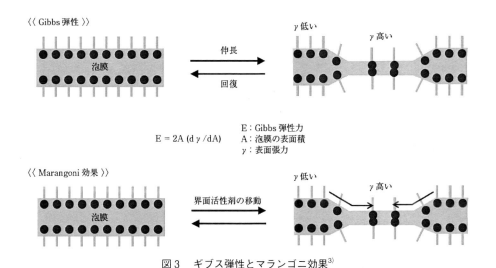

図3　ギブス弾性とマランゴニ効果[3]

2）。泡膜には厚みが存在することから，プラトー境界は丸みを帯びることになる。すると，隣り合う気泡と面で接触している部分と線で接触している部分（プラトー境界）の間で液圧に差が生じ，低圧となるプラトー境界部へ液の流れ込みが生じる。この圧力差による液移動に加え，重力による液体の落下も生じることから，ラメラの薄膜化は進行する。液体の粘度が高い場合には，この液移動が阻害されるために泡沫の安定化に繋がる。

また，泡沫の安定性に影響するもう一つの大きな因子がギブス（Gibbs）弾性とマランゴニ（Marangoni）効果である（図3）。前述した通り，泡沫を形成するラメラに弾性があれば，外力による多少の膜変形があった場合にも泡沫は安定に存在することになる。

界面活性剤により安定化された泡膜では，気液界面に界面活性剤が吸着している。外力により泡膜が引き伸ばされると泡膜の一部で界面活性剤吸着量の減少が生じ，界面活性剤の吸着量が減少した部分では表面張力が高まる。すると，引き伸ばされた部分と引き伸ばされていない部分の間で表面張力の差が生じ，弾性をもって泡沫の表面張力を均一にしようとする力が働く。これがギブス弾性である。表面張力低下能の高い界面活性剤ほどこの表面張力差が大きくなることから，ギブス弾性も強く作用することになる。また，先ほどと同様に泡膜が引き伸ばされその一部で界面活性剤吸着量の減少が生じた場合，ラメラ内部の液，および充分量の界面活性剤が吸着している界面から，吸着量が減少した部分へと界面活性剤が流れ込む動きが生じる。これがマランゴニ効果である。動的物性に優れる界面活性剤ほどこの流れ込む動きを迅速に行うことから，マランゴニ効果を強く発揮する。これら効果により膜の変形が生じた場合にも，泡膜の表面張力が低く保たれることで泡膜の安定化効果が働く。

3 泡立ちと界面活性剤構造の相関

生産現場でしばしば生じる「泡」問題には，外部刺激による「泡の生じやすさ（起泡力）」と，「生じた泡の安定性」の2つが存在する。泡立ちが問題となる生産現場では，基本的には泡が生じにくく，生じた泡の安定性も低い（生じた泡が短時間で消失する）界面活性剤が要求される。しかし，泡立ちと界面活性剤構造の関係を論じるにはこの「泡の生じやすさ（起泡力）」と「生じた泡の安定性」を区別して考察する必要がある。

界面活性剤はそのイオン種から4つの型（アニオン型，カチオン型，両性イオン型，非イオン型）に分類され，その中で泡立ちに特徴を持つアニオン型，非イオン型について解説する。

アニオン界面活性剤は4つの型の界面活性剤の中で最も起泡力，および泡の安定性が高く，泡立ちの求められる台所洗剤やシャンプーなどの用途に大量に使用されている。アニオン界面活性剤を使用した場合，泡の気液界面に吸着した界面活性剤は電気二重層を形成する。泡の液体部が排液現象により薄くなると，電気二重層のイオン同士が接近して静電気的反発が生じる（図4）。

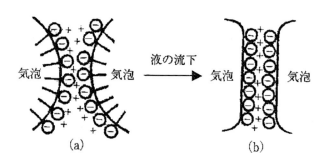

図4　アニオン界面活性剤の液膜安定化機構[4]

この反発により，一定の厚み以下に両側の気泡の接近はできなくなり泡の液膜は長期安定性を保つこととなる。一方，非イオン界面活性剤は前述のような電気二重層による泡沫の安定化機構が働かないことから，アニオン界面活性剤と比較して生じた泡の安定性は低くなる。このことから，低泡性の界面活性剤が求められる用途では，非イオン界面活性剤を選択することが有利となる場合が多い。

また，界面活性剤を構成する疎水基構造によっても泡の生じやすさ，生じた泡の安定性は大きく異なる。泡の生じやすさに関しては，気体が液体中に取り込まれた際の気液界面にいかに素早く界面活性剤が吸着し安定化するかが重要なファクターとなる。そのことから，疎水基としてコンパクトな分岐構造や短鎖アルキル基を有した動的表面張力低下能に優れる界面活性剤の起泡力は高くなる。

泡沫形成後の泡の安定性については，膜間や膜内での分子間の相互作用である膜間の静電反発力や疎水性相互作用が支配力となる。そのため，イオン性基を有する界面活性剤や，疎水基に直

第13章 低泡性かつ界面活性能に優れた界面活性剤

表1 各種疎水基を有する界面活性剤の起泡力測定結果

界面活性剤の構造	HLB	起泡力（mm，25℃，0.1%）[※1]		表面張力（mN/m）[※2] 25℃，0.1%溶液
		直後	5分後	
ポリオキシエチレンイソデシルエーテル	13.2	102	42	26.2
ポリオキシエチレンラウリルエーテル	13.4	115	97	29.0
ポリオキシエチレントリデシルエーテル	13.3	116	91	27.5
ポリオキシエチレンスチレン化フェニルエーテル	13.0	40	15	41.2
プルロニック型界面活性剤[※3]	−	5	0	44.0

※1 起泡力：ロス・マイルス法
※2 表面張力：ウィルヘルミー法
※3 プルロニック型界面活性剤：疎水基分子量約1,200，エチレンオキサイド含率20%

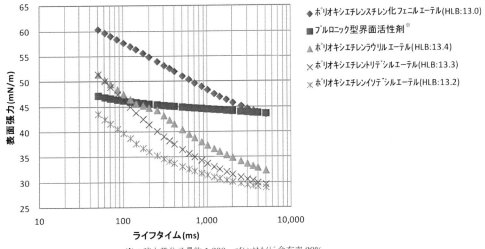

※：疎水基分子量約1,200、エチレンオキサイド含有率20%

図5 各種疎水基を有する界面活性剤の動的表面張力測定結果
バブルプレッシャー法，0.1%水溶液，25℃

鎖構造、長鎖アルキル基を有する界面活性剤が泡の安定性は高くなる。

各種疎水基を有する界面活性剤の起泡力試験結果を表1に示す。なお、今回は起泡力試験方法としてJIS K 3362-2008に基づきロス・マイルス（Ross Miles）法を採用した。試験液滴下直後の初期泡高さを「泡の生じやすさ（起泡力）」、試験液滴下後5分間静置した際の泡高さを「泡の安定性」として評価を行った。また、図5には各種疎水基を有する界面活性剤の動的表面張力測定結果を示す。

ポリオキシエチレンラウリルエーテル，ポリオキシエチレントリデシルエーテルは適度な動的表面張力低下能，アルキル基の疎水性相互作用のバランスを有しており，起泡力，および生じた泡の安定性が高い。疎水基がイソデシルエーテルとなった場合，疎水基の炭素数が短くなり，かつ分岐構造となることから動的表面張力低下能に特化し，起泡力は高いものの生じた泡の安定性が低下する。

さらに疎水基をスチレン化フェニルエーテルとした場合には，起泡力，および生じた泡の安定性が大きく低下する。スチレン化フェニルエーテル型界面活性剤は，分散剤として使用した場合には疎水部位が分散対象物に強力に吸着することで安定な分散に寄与するが，気液界面への配列という点においては，疎水基の嵩高さにより界面活性剤の密な配列を阻害するために，安定な泡膜を形成することができず低泡性を示すものと推測される。プルロニック型界面活性剤についても，スチレン化フェニルエーテルの場合と同様に，起泡力，および生じた泡の安定性の両項目において低い値を示した。プルロニック型界面活性剤は一般的に低泡性を示すことは広く知られており，しばしば抑泡剤として他の界面活性剤と併用される。これは，ポリプロピレングリコール鎖が疎水性を発現するために一定の分子量が必要であることから，プルロニック型界面活性剤は他の一般的な界面活性剤と比較して分子量が大きく，そのため気液界面に安定な配向層を形成しにくいことが原因であると推測される。

4　低泡性かつ界面活性能に優れたノイゲン®LF-Xシリーズ

一般的には低泡性と界面活性剤本来の性能である表面張力低下能はトレードオフの関係にあり，その両性能を両立することは困難である。そのため，工業的に泡立ちを抑制する必要がある場合には，表面張力低下能に優れる界面活性剤と，抑泡に優れる界面活性剤や消泡剤を組み合わせて使用するケースが多く存在するが，製造工程における少力化やコストダウンのためには，一成分にて低泡性と界面活性能を両立する界面活性剤が求められていた。

第一工業製薬㈱の製品であるノイゲンLF-Xシリーズ（ポリオキシアルキレン-分岐デシルエーテル）は，分子構造を最適化しこの低泡性と界面活性能を両立させた非イオン界面活性剤である。ノイゲンLF-Xシリーズと他の汎用界面活性剤の物性データ比較を表2に示す。

ノイゲンLF-Xシリーズを使用することで，汎用的な界面活性剤であるポリオキシエチレンラウリルエーテルと比較して起泡力，および生じた泡の安定性を大きく抑制することが可能である。また，ノイゲンLF-Xシリーズは低泡性に加え表面張力低下能，浸透力についても，ラウリルエーテル型界面活性剤に近い高い水準を保持している。

ノイゲンLF-Xシリーズ構造の特徴を後述する。
- 疎水基にコンパクトな分岐デシルアルコールを用いることで動的物性に優れる。
- アルキレンオキシドの付加モル数，付加形態，親-疎水バランスを最適化することで，低泡性に優れ，かつ表面張力低下能，浸透力といった各種界面活性能にも優れる。

第13章 低泡性かつ界面活性能に優れた界面活性剤

表2 物性データ比較

製品名	HLB	曇点[※1] (℃)	表面張力[※2] (mN/m)	浸透力[※3] (sec)	起泡力[※4] (mm) 直後	起泡力[※4] (mm) 5分後	低温流動性[※5]
ノイゲンLF-40X	12.4	20	31.3	21	3	1	○
ノイゲンLF-41X	12.8	28	29.9	20	9	2	○
ノイゲンLF-42X	13.0	34	28.9	14	18	3	○
ノイゲンLF-60X	13.3	43	28.0	14	20	4	○
ノイゲンLF-80X	13.9	57	28.7	20	37	5	○
ノイゲンLF-100X	14.5	73	31.8	80	68	8	△
ポリオキシエチレンラウリルエーテル	11.5	43	25.5	25	109	96	△

※1 曇点測定：1％水溶液
※2 表面張力測定：ウィルヘルミー測定（25℃/0.1％水溶液）
※3 浸透力測定：キャンバスディスク法（25℃/0.1％水溶液）
※4 起泡力測定：ロス・マイルス法（25℃/0.1％水溶液）
※5 低温流動性測定：○＝－5℃で流動性有り，△＝20℃で流動性有り

また，ノイゲンLF-Xシリーズは低泡性と同時に低温流動性に優れ，ゲル化領域が狭いことも大きな特徴である。近年，非イオン界面活性剤の濃縮型製剤が広く普及しており，低温流動性が良く，ゲル化領域が狭いという特性は濃縮型製剤調製において重要なファクターとなる。

5 おわりに

本稿では起泡のメカニズム，泡立ちと界面活性剤構造の関係の解説，および低泡性かつ界面活性能に優れた当社の界面活性剤製品について述べた。泡立ちに関与する要素は現在においても全てが解明されているわけではなく，泡立ちと界面活性剤構造に関する論説は実験則に基づいた推察の部分も大きい。

今回紹介したノイゲンLF-Xシリーズは，当社の界面活性剤に関する知見を生かし構造最適化を行った，低泡性と優れた界面活性能を両立したユニークな製品である。低温流動性良好，ゲル化領域が狭いといった特徴も生かし，食器洗用，フロアメンテナンス用，機械金属産業用の各種洗浄剤，紙・パルプや繊維・色材産業における濡れ性改良剤，加工油・潤滑油用の乳化剤・可溶化剤など非常に多岐にわたる用途への応用が可能である。

文　　献

1) 田村隆光, 表面, 38, 482 (2000)
2) 堀内照夫, 鈴木敏幸, 最新・界面活性剤の機能創製・素材開発・応用技術, P189, 技術教育出版社 (2005)
3) 青木健二, 塗料の研究, No.156, 関西ペイント (2014)
4) 北原文雄, コロイドの話, 8章消える泡と消えない泡, 培風館 (1984)

第14章　高純度モノアルキルリン酸塩の会合挙動

田中佳祐[*]

1　はじめに

　アルキルリン酸エステルは古くからマイルドな界面活性剤として広く知られているが，従来はモノエステル，ジエステル，トリエステルの混合物であり，水溶液中での構造に一貫性が無く界面活性剤特有の自己組織性が弱まっていた。また，一般的にイオン性界面活性剤は，クラフト温度以下では水中に高濃度溶解しないため，水溶液中で液晶やゲルなどの高次構造を取りにくい。そのため，通常の鎖長の長い飽和直鎖型のイオン性界面活性剤では実用温度範囲（室温付近）において，液晶などの自己組織体の利用が困難である。しかしながら，イオン性基を持つリン脂質は水中でラメラ液晶のような高次自己組織体を，容易に形成することがよく知られている[1]。また化粧品開発の中でラメラなどの液晶構造は，保湿性に優れることから多くの研究がなされている[2〜4]。液晶は熱力学的に安定な系であることも化粧品に応用しやすい一因である。液晶以外の高次構造体ではαゲルがヘアケア製剤で用いられているが，これらはイオン性界面活性剤と脂質との混合体[5,6]であり，かつ熱力学的に非平衡系であるため安定性に乏しく経時変化でより安定な水和結晶に転移する傾向にある。αゲルはその不安定な性質のため，積極的に研究されておらず，界面活性剤単独で安定なαゲルが広い温度，濃度範囲で得られるという報告はまだない。
　そこで我々が構造を再検討し，直鎖構造を持つセチルアルコールを疎水基としてリン酸に導入した高純度直鎖型モノセチルリン酸（NIKKOLピュアフォスα），β分岐型アルコールであるヘキサデシルアルコールを疎水基としてリン酸に導入し，更にL-アルギニンで中和した高純度β分岐型モノヘキサデシルリン酸アルギニン（NIKKOLピュアフォスLC）の2品についてゲル形成や液晶形成を検討した。

2　直鎖型モノセチルリン酸（NIKKOLピュアフォスα）

2.1　αゲルとは

　αゲルとは両親媒性物質の形成する自己組織体の一つで図1に示すように，固体の水和結晶（コアゲル）と液晶の中間に位置する相であると理解されている。つまり，結晶状態を保ちながらもその親水基間に多量の水を保持した状態である。更に詳しく述べると，コアゲルのようなほ

---

　[*]　Keisuke Tanaka　ニッコールグループ　㈱コスモステクニカルセンター　応用開発部
　　　副主任研究員

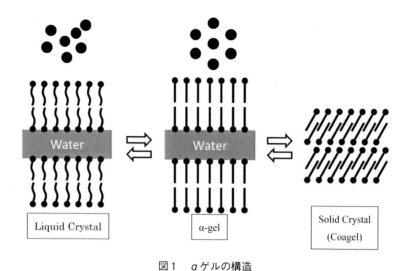

図1　αゲルの構造

とんど水を保持できない結晶は，γ-結晶とも呼ばれ図1に示すように分子自体が傾いてより密に充填した状態である。一方，ラメラ液晶は二分子膜の構造が流動性に富み，液体状態であるため多くの水を保持できる。この構造の運動性の違いを示唆走査熱量分析（DSC）などで観測すると，ゲル-液晶相転移として熱の移動が観測できる。

　αゲルの構造的な特徴は六方晶に規則正しく充填した界面活性剤が，ラメラ液晶のように層状に並んでいることである。よりわかりやすく説明すると，ラメラ液晶との違いは図1から分かるように，界面活性剤の疎水基の運動性が乏しいこと，層状構造を上からのぞいたときの分子の運動性がラメラ液晶は自由に移動できるのに対し，αゲルは六方晶に充填していることである。この構造の違いはX線回析により観測することができ（図2），小角側ではラメラ液晶，αゲル共に層状構造を示す繰り返しピークが得られるが，αゲルだけに広角側では界面活性剤の六方晶充填を示す一本の鋭いピークが得られる[7]。

　疎水基の運動性が乏しく，分子の運動が制御されていると層間の水を放出してしまうが，αゲルの場合，疎水基の流動性は乏しいが回転運動は保持されていると考えられており[8,9]，層間に水を保持できる。

　しかし，αゲルはラメラ液晶とコアゲルの中間相であるため，通常は不安定であり，初めは多量の水をその層間内に保持できても，時間経過によって層間の水を外部へ放出しγ-結晶に転移してしまっていた。この通常は熱力学的に不安定であるαゲルを様々な手法により安定化する研究，技術開発が行われている。

2.2　直鎖型モノセチルリン酸（NIKKOLピュアフォスα）の自己組織化挙動

　直鎖型モノセチルリン酸（NIKKOLピュアフォスα，日光ケミカルズ㈱製，以下ピュアフォ

第14章 高純度モノアルキルリン酸塩の会合挙動

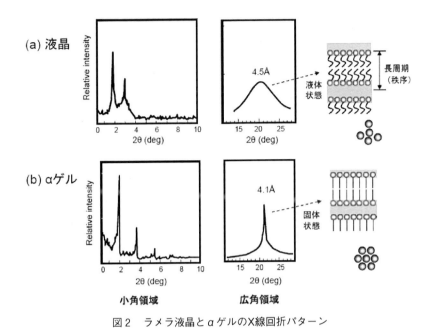

図2 ラメラ液晶とαゲルのX線回折パターン

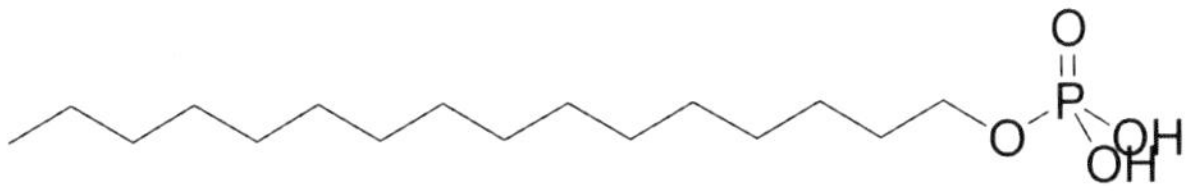

図3 NIKKOLピュアフォスαの構造

スα)は従来のアルキルリン酸エステルと異なり,リン酸基に対するモノアルキル基導入率を90%以上に高めた高純度モノアルキルリン酸である(図3)。

まず初めに,中和剤として水酸化カリウム(国産化学㈱製,純度85.0%,以下,KOH),L-アルギニン(純正化学㈱製,医薬部外品規格品,以下,Arg)を用いて,水への溶解挙動を観察した(図4)。その結果,KOHで中和したサンプル(以下,ピュアフォスα-K)は通常のイオン性界面活性剤と同様に結晶を析出し,水と相分離を生じた。しかしながら,Argで中和したサンプル(以下,ピュアフォスα-Arg)は結晶を析出せずに水溶液全体がクラフト温度(約53℃)から0℃に至るまで均一なゲルを形成していることが分かった。この結果から,ピュアフォスα-Argはピュアフォスα-Kよりも水中での構造安定性に優れていることが分かる。更に,この挙動は通常のイオン性界面活性剤には見られない非常に特異な現象である。

そこで,このピュアフォスα-Argを3wt.%溶解した試料を小角X線散乱及び広角X線散乱(SWAXS)により確認した。その結果,図5に示すように,小角側に,そのq値の比が1:2:3の繰り返しピーク,更に広角側ではq=15付近に1本のピークが得られた。小角側の繰り返しピークはラメラ構造のような層状構造を示している。一方,広角側q=15付近の1本のピークは,

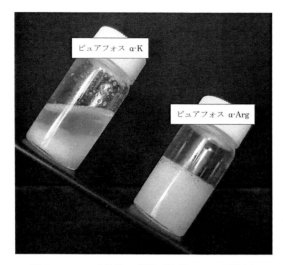

図4　5wt.%水溶液の外観（室温，3か月保存）

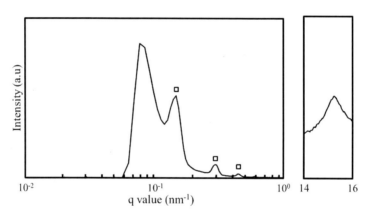

図5　ピュアフォスα-Arg，3wt.%水溶液のSWAXS測定結果

親水基同士の距離がいずれも同じ距離に保たれていることを示している。つまり，ピュアフォスα-Argが水溶液中で低濃度領域から"αゲル"構造を構築していることを示唆している[7]。αゲルとは図1に示すような構造で，ラメラ構造のような層状構造を持ちながらも，疎水基であるアルキル基の運動性が乏しく，各分子が互いに同距離を保っている。さらに，その構造内に多量の水を含むことができ，水中でβ結晶やγ結晶のように析出しない。通常のイオン性界面活性剤では，上述のようにクラフト温度以下では，水中に溶解しにくいが，ピュアフォスα-Argは陰イオン性界面活性剤でありながらもクラフト温度以下でも水和膨潤して安定なαゲルを構築し，結晶構造の中に多量の水分を安定に保持できるということが分かった。これまでにαゲルが単一の界面活性剤でこのような広い温度，濃度範囲で安定に構築された例はなく，非常に特徴的な挙動であると言える。また，ピュアフォスα-Argの形成するαゲルはセチルアルコールやキミルア

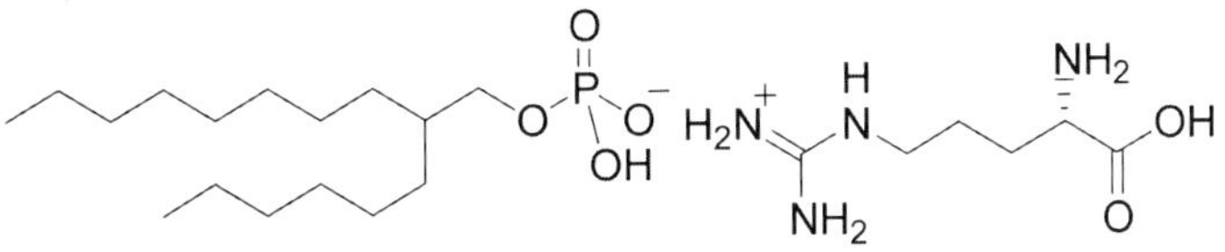

第14章 高純度モノアルキルリン酸塩の会合挙動

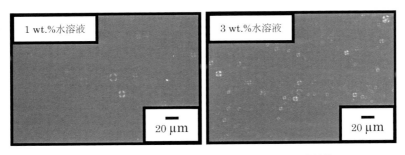

図6 NIKKOLピュアフォスLCの構造

図7 NIKKOLピュアフォスLC低濃度分散液の顕微鏡像

ルコールなどの結晶性が高い極性脂質が共存してもαゲルを形成し，結晶化を抑制することが可能であることも分かった。

3 β分岐型モノヘキサデシルリン酸アルギニン（NIKKOLピュアフォスLC）の自己組織化挙動

β分岐型モノヘキサデシルリン酸アルギニン（NIKKOLピュアフォスLC，日光ケミカルズ㈱製，以下ピュアフォスLC）は，上述の直鎖型モノセチルリン酸と同様にリン酸基に対するモノアルキル基導入率を90％以上に高め，更にL-アルギニンで中和塩としたものである（図6）。このピュアフォスLCは二鎖型の界面活性剤と構造が類似であり，更には疎水基が液状であるため，水中での自己組織体がピュアフォスαに比べてやわらかい構造を形成することが期待でき，リン脂質などのようにベシクル形成能や液晶形成能に優れることが期待される。

まず，このピュアフォスLCを低濃度で水に溶解し，偏光顕微鏡を用いて水溶液を観察した。その結果，1 wt.%という非常に低濃度から偏光顕微鏡観察においてマルターゼクロスが観察され，ラメラ液晶を形成していることが分かった（図7）。またこのピュアフォスLCの温度-濃度相図を作成したところ，図8に示すように，あらゆる温度，濃度においても界面活性剤の結晶を析出することなく，ほぼすべての濃度領域でラメラ液晶構造を保持することも分かった。イオン性界面活性剤は上述の通り，クラフト温度が存在するため室温付近で高濃度溶解できないことが多い。今回のピュアフォスLCは高濃度を水に溶解できるだけでなく，すべての領域においてラメラ液晶を形成するという非常に特異的な自己組織化挙動を示した。

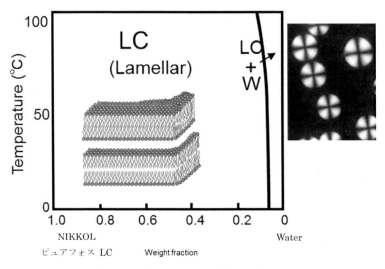

図8　NIKKOLピュアフォスLCの温度-濃度相図

4　おわりに

モノアルキル純度を大幅に改良した高純度直鎖型モノセチルリン酸（NIKKOLピュアフォスα）および高純度β分岐型モノヘキサデシルリン酸アルギニン（NIKKOLピュアフォスLC）について，その水溶液中での自己組織体形成能を検討した。

ピュアフォスαはアルギニン中和塩であるピュアフォスα-Argが従来のイオン性界面活性剤には見られない特徴的な挙動，つまり水中で低濃度から安定なαゲル構造を構築しうることが明らかになった。αゲルは結晶構造の一つであり，その構造内に多量の水含有できることから，化粧品へ応用した際に伸びがよく，固体由来の感触を持ったさっぱりとした製剤への応用が期待される。

一方，ピュアフォスLCはピュアフォスαと同様に低濃度から水中でラメラ液晶構造を構築することが明らかとなった。液晶は界面活性剤高濃度水溶液や，高級アルコールと界面活性剤の組み合わせといった系で確認されることが多く，化粧品製剤に応用する場合に様々な障害があった。一方，ピュアフォスLCは水系で容易に液晶を形成できる特徴を持つことから，乳化製剤ではない化粧水や美容液などの水系剤型においても液晶構造を構築した保湿化粧品の開発が容易になると期待される。

第14章　高純度モノアルキルリン酸塩の会合挙動

文　　献

1) D. Chapman, R.M. Williams, B.D. Ladbrooke, *Chem. Phys. Lipids*, **1**, 445-475（1967）
2) S. Fukushima, M. Yamaguchi, F. Harusawa, *J. Colloid Interface Sci.*, **59**, 159-165（1977）
3) H.I. Leidreiter, B. Gruning, D. Kaseborn, *Int. J. Cosmet. Sci.*, **19**, 239-253（1997）
4) H.M. Ribeiro, J.A. Morais, G.M. Eccleston, *Int. J. Cosmet. Sci.*, **26**, 47-59（2004）
5) T. Suzuki, H. Takei, *J. Chem. Soc. of Jpn.*, **5**, 633-640（1986）
6) M. Yamaguchi, A. Noda, *J. Chem. Soc. of Jpn.*, **5**, 1632-1638（1987）
7) 五十嵐崇訓, 鈴木敏幸, 正木仁編, 化粧品開発のための美容理論, 処方/製剤, 機能評価の実際, 技術教育出版, p1-25（2014）
8) K. Larsson, *Zeit Phys., Chem. Neue Folge*, **56**, 173-198（1967）
9) K. Larsson, S.E. Friberg Ed., "Food Emulsion", Marcel Dekker, p.39-66（1976）

第15章　熱分解型フッ素系界面活性剤の開発

高野　啓*

1　はじめに

　フッ素系界面活性剤は，含フッ素基の持つ特性から表面張力を下げる力が強いため，炭化水素系やシリコーン系といった他の界面活性剤と比較してレベリング性（塗膜を平滑化する性能）に優れる性質を持つ。このため，極めて精密な平滑表面が求められるエレクトロニクス分野向けのレジストやコーティング材の添加剤として多岐に亘り使用されている。

　界面活性剤としての基本性能であるレベリング性に加え，塗膜表面に偏析した含フッ素基の効果により，塗膜が撥水・撥油などの表面改質効果を発現することから，表面改質剤として各種機能性コーティング材にも使用されている[1~3]。さらに最近では，含フッ素基の構造をデザインすることで，すべり性・耐摩耗性などの性能を強化し，スマートフォンやタブレットなどのタッチパネルのガラス表面処理剤としても身近に用いられている。

　一方で，フッ素の表面偏析する性質は，場合によっては弊害をもたらす。例えば，フッ素系界面活性剤を含むコーティング層の上に，さらに重ね塗りをしようとする場合，表面に偏析したフッ素の撥水・撥油性から，上塗りの濡れ広がりが悪くはじきが発生するなどの塗工欠陥を生じるケース（リコート性不良）がある。半導体やディスプレイ材料分野では，レジスト材料をコーティングしフォトリソグラフィーによりパターニングする工程を繰り返し行うことから，リコート性の改善要望が顕在化していた。

　従来技術の範疇において，レベリング性とリコート性の関係は完全なトレードオフの関係にある。よって，どちらかの性能をある程度犠牲にするか，あるいは，プラズマ処理など含フッ素基を除去する工程を加えることで対応しているのが現状である。具体的には，前者はフッ素系界面活性剤の量を減らしたり，フッ素以外の界面活性剤を併用したりしているが，当然のことながら両方の性能を十分に満足させることはできない。後者は，本質的な問題解決の手段であるが，工程を増加させ，設備投資が必要になるなど好ましい方法とはいえない。

2　熱分解型フッ素系界面活性剤

　当社では，優れたレベリング性とリコート性を併せ持ったフッ素系界面活性剤を開発し，メガファックDS-21（英語名：MEGAFACE DS-21）として製品化した。その開発と，性能評価，応

　　＊　Akira Takano　DIC㈱　ポリマ第二技術本部　ポリマ技術10グループ　主任研究員

第15章 熱分解型フッ素系界面活性剤の開発

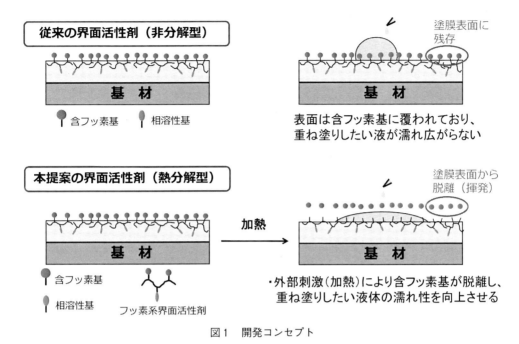

図1　開発コンセプト

用事例，について紹介する。

2.1　レベリング性とリコート性の両立のための設計コンセプト

　開発コンセプトを図1に示す。塗膜の表面に配向した含フッ素によるリコート性不良という問題に対し，何らかの外部刺激（+Δ）をトリガーとして含フッ素を脱離させることを考えた。すなわち，レベリング剤として役目を果たしたフッ素系界面活性剤から，含フッ素基がなくなることでリコート性の課題を本質的になくしてしまうという考え方である。トリガーの具体例として，熱・光・酸・塩基などを候補としたが，本開発における当初のメインターゲットであったディスプレイ材料向けレジスト材料において，一般的にポストベーク処理という加熱工程が存在することから熱を選んだ。加熱条件としては，前記用途におけるポストベーク条件が200～250℃，20～40分であったため，目標は200℃とした。

2.2　当社のフッ素系活性剤"メガファック"シリーズにおけるDS-21の位置づけ

　当社のフッ素系界面活性剤"メガファック"シリーズの品番体系図を図2にす。横軸にフッ素含有量，縦軸にフッ素以外の構成成分の親水-親油性をとることで，製品のマッピングをしている。品番が多岐に亘っている理由は，当社が用途に応じた幅広い製品設計をしていることに加え，多様な顧客ニーズにマッチしてカスタム設計に対応してきたことを示している。含フッ素基脱離のコンセプトは当社製品ラインナップのほとんどの製品に適用可能な技術であるが，まずは

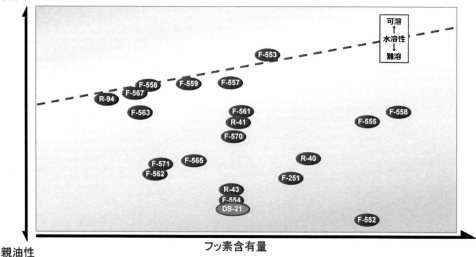

図2　メガファック　品番特性図

表1　開発品の性状

	メガファックDS-21	メガファックF-554
有効成分（％）	20	100
含有溶剤	PGMEA	無溶剤
イオン性	ノニオン	ノニオン
特長	熱分解型	一般品

PGMEA：プロピレングリコールメチルエーテルアセテート

ディスプレイ材料向けレジストでの適用を考え，この用途において標準品番となっているメガファックF-554を選定し，その熱分解バージョンを開発した。すなわち両品番は，含フッ素基の脱離性が異なる以外は，基本的に同一構造をもつ設計である。

2.3　メガファックDS-21の性状および基本物性

　DS-21の性状を表1に示す。F-554が有効成分100％であるのに対し，DS-21はPGMEA（プロピレングリコールメチルエーテルアセテート）に溶解した有効成分20％品である。以降の応用評価においては，有効成分量を同一量として比較検討を行った。
　界面活性剤の基本性能である表面張力の測定結果を図3に示す。有機溶剤の一種であるPGMEAに添加した場合の表面張力の添加量依存性のグラフである。DS-21はF-554と同等の表面張力低下能を示すことが分かる。

第15章 熱分解型フッ素系界面活性剤の開発

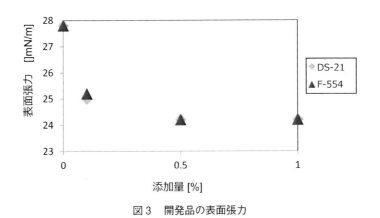

図3 開発品の表面張力

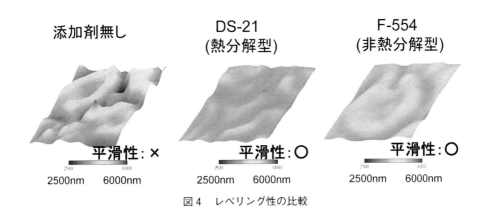

図4 レベリング性の比較

2.4 メガファックDS-21のレベリング性能

レベリング性評価の比較を図4に示す。10 cm角のクロムメッキ処理したガラス基板にスリットコート代替評価として低速のスピンコート（500 rpm）でアクリル樹脂を製膜した場合の膜厚分布を測定し，3Dマッピングしたものである。DS-21はF-554と同等のレベリング性能を示した。

2.5 メガファックDS-21の熱分解挙動

熱分解挙動について，TG-DTAを用いた測定結果を図5に示す。窒素雰囲気下10℃／分で昇温したところ，DS-21ではF-554では観察されない200℃付近での重量減少が認められた。このことからDS-21では，200℃付近で含フッ素基の脱離が起きていることが分かる。

温度を230℃一定にして加熱した場合の熱分解挙動についても検討した。DS-21は230℃では直ちに脱離を開始し，わずか数分の間に含フッ素基の脱離が起きていることが分かる。すなわち，ディスプレイ材料用レジスト材料における，一般的なポストベーク条件である200～250℃，20～40分といった条件において，含フッ素基の脱離性が十分であることを示している。

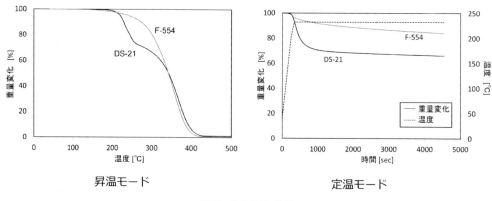

図5　TG-DTA曲線

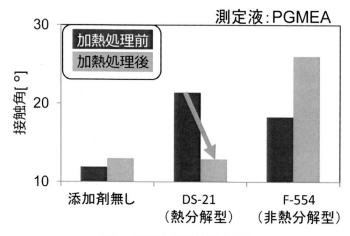

図6　塗膜のPGMEA接触角測定

2.6　塗膜表面の評価

含フッ素基脱離コンセプトを検証するために，230℃×20分加熱前後（すなわちフッ素脱離前後）での接触角測定を行った結果を図6に示す。アクリル樹脂を用いて塗膜を作成，加熱前後でのPGMEA接触角を比較した。添加剤無しの塗膜と比べ，DS-21，F-554いずれも添加によりPGMEA接触角の上昇が起こった。ところがDS-21の場合，加熱処理後は大幅にPGMEA接触角が減少し，添加剤なしの場合と同等の値となった。一方，F-554の場合，接触角が低下しないばかりか，含フッ素基の配列の最適化と考えられる効果により接触角の上昇が起こった。

さらに，XPSによる表面元素分析によりフッ素原子の定量を行った結果を図7に示す。DS-21を用いた場合，塗膜表面近傍のフッ素原子含有率は加熱前で23.9％だが，加熱処理により0％と完全に脱離したことが分析的にも確認できた。一方，F-554の場合にはフッ素原子含有率の変化はほとんどなかった。

第15章 熱分解型フッ素系界面活性剤の開発

0.5%添加塗膜、検出角度15°の際のF含有量（表面約3nmの分析結果）

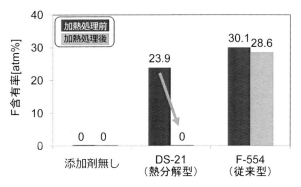

図7 塗膜表面のフッ素含有量測定（XPS法）

2.7 まとめ

以上の結果から，新たに開発したDS-21はあらゆる面でF-554と同等性能を持ちつつ，含フッ素基の脱離により優れたリコート性を発揮することが確認できた。すでにF-554を使用いただいているお客様において，DS-21へのスムーズな切り替えが可能である。

3 熱分解型フッ素系界面活性剤の応用事例

次に熱分解型フッ素系界面活性剤の応用用途事例を具体的にいくつか述べる。

3.1 ディスプレイ材料用各種レジストへの応用

カラー液晶表示装置や，有機EL表示装置に用いられるカラーフィルターは，一般に赤（R），緑（G），青（B）の各カラー画素と，その間に表示コントラスト向上などの目的でブラックマトリックス（BM）が形成された基本構成を有する。これら画素はそれぞれの色に着色されたカラーレジスト材料を用い，フォトリソグラフィープロセスにより，必要部分のみの画素が形成される。さらにはその上に保護膜としてのオーバーコート層を設けることもある。

また，液晶の駆動をつかさどるTFT素子の形成においても，フォトレジストの塗布とフォトリソグラフィーの操作が何度も繰り返される。

こうしたディスプレイ材料用途のレジスト材料においては，極めて高いレベルの平滑性が要求されるためにフッ素系界面活性剤が好んで用いられるが，何度も重ね塗りをする際のリコート性の課題があった。解決手段として現在主流のプロセスは，プラズマ処理，あるいはUVオゾン処理により，フッ素系界面活性剤を含む表面の有機層を処理する方法である。

これらのレジストに熱分解型フッ素系界面活性剤を用いることで，優れたレベリング性とリコート性の両立を実現できるばかりか，プラズマ処理時間の短縮，ひいてはプラズマ除去工程を

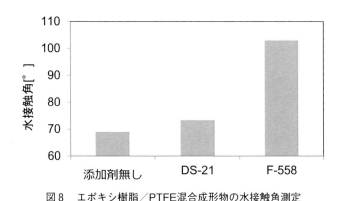

図8　エポキシ樹脂／PTFE混合成形物の水接触角測定

削減できる可能性があると考えている。

3.2　低誘電材料として用いるPTFEの分散剤

スマートフォンやタブレットに代表されるモバイル機器の高機能化，小型化，薄型化，高集積化に伴い，パッケージ基板やマザーボードに使用されるCCL（銅張積層板）において，材料の低誘電率化のニーズが高まっている。その一つの手段として，フッ素樹脂粒子を混合する方法が検討されている。フッ素樹脂として一般的に用いられるPTFE（ポリテトラフルオロエチレン）の粒子を有機溶剤や水などの粘度の低い液中で安定に分散させることは，フッ素樹脂粒子の表面エネルギーの低さと比重の大きさから，非常に困難であり，フッ素系界面活性剤が分散剤として用いられてきた。ところがこの硬化物は，その表面にフッ素系界面活性剤が偏析しやすく，そのため銅箔を接着しようとした場合に，十分な接着強度を得られない問題が生じやすい。

エポキシ樹脂とPTFE粒子の配合物（固形分として，エポキシ樹脂（硬化剤含む）／PTFE粒子＝100/10）を200℃×90分で硬化させ，出来た成形物表面の水接触角を測定した結果を図8に示す。ここでは比較対象のフッ素系界面活性剤としてPTFE分散用に開発されたメガファックF-558を用いた。F-558を用いた場合の水接触角104°に対し，熱分解型のDS-21を用いた場合には68°と低い値を示した。DS-21では，エポキシ樹脂の加熱硬化工程で，含フッ素基が脱離したものと考えられる。以上の結果は，銅箔との密着性の課題を解決できる可能性を示唆している。

3.3　機能性表面の創生

1分子中に，「含フッ素基」と「機能性官能基X」を有する分子を作り，含フッ素基の表面偏析性を利用して機能Xを表面に特異的に偏析させる。表面偏析の手段として役目を終えたフッ素は後処理により除去するという，「バルーン式」表面改質が提案されている[4,5]。今回開発した熱による含フッ素基の脱離手法は，アイデア具現化の有用な手段である。含フッ素が本来持つ撥水・撥油・防汚といった機能以外に，官能基Xを塗膜表面に極めて効率的に配向させる方法とし

第15章 熱分解型フッ素系界面活性剤の開発

て，例えば，抗菌，帯電防止，親水化などが考えられるが，それ以外にも今後様々な応用展開が期待される。

4 今後の展望

　熱をトリガーとしてフッ素を脱離させるという新しいコンセプトで開発したメガファックDS-21について紹介した。ユニークな開発コンセプトで，実際にリコート性が著しく改善されることからお客様からも大変好評をいただいている。一方で，分解温度が200℃以上必要である点が，応用用途展開にあたり大きなネックになっているのも事実である。当社では，フィルム基材用など，耐熱温度，プロセス温度の低い条件での用途展開を視野に入れ，熱分解温度の低減検討を行っている。

文　　献

1) 高野聖史，フッ素系材料の応用技術，p.284-300，シーエムシー出版（2006）
2) 深津隆，占野尚之，機能性界面活性剤〜基本特性と効果的な利用技術〜，p.96，シーエムシー出版（2000）
3) 高野啓，*MATERIAL STAGE*，**15**(4)，52-55，技術情報協会（2015）
4) （独）日本学術振興会・フッ素化学第155委員会，フッ素化学入門2010基礎と応用の最前線，pp.370-371，三共出版（2010）
5) ダイキン工業，建築と社会，2月号，68-69（2000）

〔第3編 界面活性剤の応用分野〕

第16章　医薬品分野における界面活性剤利用技術

川上亘作*

1　医薬品用途に利用される界面活性剤

　医薬品には再現性に優れた効果と安全性の両方が求められるが，それを薬物のみで達成するのは困難であり，添加剤を用いた製剤化が行われる。界面活性剤は重要な製剤添加剤のひとつであり，製剤の服用後の濡れ性向上や乳化などを目的として処方される。製剤添加剤自体には薬物以上に高い安全性が求められ，さらに商品化にあたってはその証拠資料の提出が必要となるため，通常は過去に使用実績のある添加剤が，実績のある投与経路で，実績使用量範囲内で用いられる。すなわち新規添加剤は，よほどの有用性が見出されない限り採用されないため，医薬品に使用される界面活性剤の種類は比較的限定されている。ポリオキシエチレンソルビタン脂肪酸エステル（Tween，ポリソルベート），ポリオキシエチレン硬化ヒマシ油（HCO，クレモフォール），ドデシル（ラウリル）硫酸ナトリウム（SDS, SLS），ポリオキシエチレンポリオキシプロピレングリコール（プルロニック，ポロクサマー），ソルビタン脂肪酸エステル（Span），ショ糖脂肪酸エステル，グリセリン脂肪酸エステルなどを代表的な界面活性剤として挙げることができる。

2　経口剤への利用

　経口投与は最も簡便な薬物投与法であり，基本的に医薬品開発は経口投与を想定して行われる。口から摂取した医薬品が薬効を発現するためには，胃や腸の中でいちど溶解してから，消化管膜を透過して血中に吸収されなければならないが，薬物の中には溶解性が不十分なものが少なからず存在し，そのような薬物には製剤技術による対処が必要となる。

　難水溶性化合物に対する単純な対処法として，まず粉砕による微細化がある。粉砕によって粒子径が小さくなると，表面積はそれに反比例して大きくなる。従って，表面積に比例する溶解速度も大きくなる。また粉砕は，同時に高エネルギー表面も露出させることから（それも溶解性の向上に寄与するが），凝集力も高くなるため，逆に溶出性の低下を引き起こすこともある。凝集を防ぐ添加剤として，界面活性剤は効果的である。

　医薬品開発において汎用されてきたジェットミルなどの乾式粉砕装置は，一般にマイクロオー

---

*　Kohsaku Kawakami　（国研）物質・材料研究機構
　　　　　　　　　　　国際ナノアーキテクトニクス研究拠点　グループリーダー

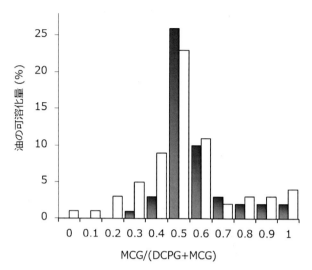

図1 10wt%界面活性剤水溶液に対する油性成分の可溶化量
■：Tween 80, □：BL9EX

ダーまでの粉砕が限界である。しかし近年は，メディアミルや高圧ホモジナイザーなどを用いて数百ナノメートル程度までの微細化も行われる[1,2]。粒子径がナノスケールになると，溶解度自身も向上し，それは以下のOstwald-Freundlich式で説明することができる。

$$C(r) = C(\infty)\exp\left(\frac{2\gamma M}{r\rho RT}\right) \tag{1}$$

ここで$C(r)$と$C(\infty)$は粒径rおよび無限大サイズ粒子の溶解度であり，γ，M，ρは粒子表面における界面張力，分子量，粒子密度，RとTは気体定数および温度である。もっとも溶解度の上昇は，表面曲率変化による界面エネルギーの上昇が要因であるが，微細化結晶は球形を有しているわけではないため，あまりその効果は期待できない。さらに本式を用いて実際に計算してみると，大きく溶解度を上昇させるためには10nm以下への微細化が必要であり，これは技術的に不可能である。ナノ結晶製剤は，その物理的な保存安定性や，固形製剤化した場合の再分散性が問題となることが多い。そのため，通常は粉砕前に，高分子化合物や界面活性剤が安定化剤として添加される[3]。

溶液状態での投与も，溶解性が問題となる薬物に対して有用である[1,2]。植物油などの基剤に薬物を溶解してカプセルに充填した製剤は，液体充填カプセルと呼ばれる。さらに，これに界面活性剤を添加すれば，消化管内における油水界面積の広がりを助け，より高い吸収改善効果を期待できる。そのような製剤は自己乳化型製剤と呼ばれ，サイクロスポリン製剤が代表的な例である。サイクロスポリンは臓器移植などに用いられる免疫抑制剤であり，その効果には高い再現性が求められる。消化管内で自発的に乳化するように設計された本製剤は，従来製剤と比較して，血中薬物濃度の高い再現性と投与量の低下を同時に達成した[4]。

第16章 医薬品分野における界面活性剤利用技術

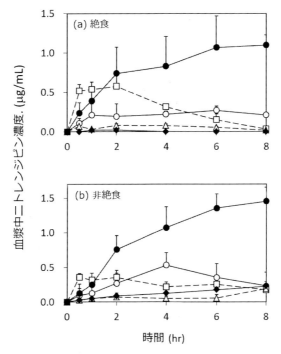

図2 (a)絶食および(b)非絶食条件下のラットにおけるニトレンジピンの経口吸収性（12mg/kg）
◆：メチルセルロース懸濁液, ○：油溶液（MCG/DCPG＝1/1）, □：Tween80自己乳化型製剤,
△：BL9EX自己乳化型製剤, ●：HCO-60自己乳化型製剤

　自己乳化型製剤は製剤体積が大きくなりがちで，それは利便性を損ねる原因となる。従ってうまく界面活性剤と油性基剤を組み合わせて，界面活性剤量を少なくすることが望ましい。図1は，油を2種類混合したときの，界面活性剤水溶液への可溶化量の変化である[5]。10wt%のTween 80溶液に，モノカプリル酸グリセリンエステル（MCG）は2％しか可溶化されず，ジカプリル酸プロピレングリコールエステル（DCPG）は全く可溶化されないが，それらを1：1で混合すれば可溶化量は26％に増加する。つまりMCGを単独で使う場合と比較して，1：1の混合基剤を用いることにより，単純計算では界面活性剤量を1/13に減量することができる。界面活性剤にポリオキシエチレン(9)モノラウリルエーテル（BL9EX）を用いても，全く同じ傾向が得られた。

　難水溶性薬物のニトレンジピンを自己乳化型製剤としてラットに経口投与したときの，血漿中薬物濃度推移を図2に示す[6]。結晶状態のニトレンジピンの吸収性は非常に低く，また非絶食時／絶食時の吸収量の比は21倍以上と極めて大きい。油溶液として投与すると吸収性は大きく改善され，非絶食時／絶食時の吸収量比も1.5倍となった。さらに3種類の自己乳化型製剤を検討したところ，それぞれが特徴的な吸収挙動を示し，うち2種類において，油溶液よりもさらなる吸収性改善が達成された。特にポリオキシエチレン硬化ヒマシ油60（HCO-60）の自己乳化型製

剤は，高い血漿中濃度を長時間持続させることができた。本製剤は水の取り込みによって非常に高粘性となるため，腸管内における滞留性が向上したものと推測された。Tween 80の自己乳化型製剤は，吸収量は油溶液とあまり変わらないが，初期の吸収の立ち上がりが速い。一方で，BL9EXの自己乳化型製剤からの吸収性は，油溶液よりもむしろ低いことが分かった。BL9EXが形成するマイクロエマルションは，胆汁酸存在下においても安定であるため[1]，薬物の放出が進まないものと推測された。これら自己乳化型製剤における非絶食時／絶食時の吸収量の比は0.84～1.25であり，いずれも食餌の影響を軽減した。

一般に界面活性剤は薬物の溶解過程を助ける添加剤であるが，小腸粘膜と直接相互作用して吸収促進剤として機能する場合もある[7]。本手法はあまり低分子薬物には用いられてこなかったが，膜透過性が極端に低いペプチド医薬品の膜透過性改善手段として期待されている[8]。また界面活性剤の多くは，P-gp（P-糖タンパク質）のようなトランスポータを阻害することが知られている[9]。P-gpはいちど消化管膜を通過した薬物を，再び腸管側に排出するトランスポータであるため，この働きを阻害すれば吸収率は向上する。さらにCYP3A4に代表される腸管内の代謝酵素も，多くの界面活性剤が阻害するため，その基質となる薬物の吸収性を高めることができる。

3　注射剤への利用

静脈内注射のように直接血管内に薬物を送り込む場合には，原則として薬物は完全に溶解していなければならず，投与後の析出にも注意しなければならない。従って難水溶性薬物を注射剤化する場合には，界面活性剤や有機溶媒などで可溶化や析出制御を行うことがある。ただし界面活性剤は，溶血やアナフィラキシーショックなどの重篤な副作用の原因になりやすいため，その処方は慎重に行わなければならない。また薬物の受容体と相互作用し，薬効に影響を与える可能性も示唆されている。

界面活性剤より形成されるミセルは，内部の疎水性領域に難水溶性薬物を取り込むことができる。界面活性剤濃度C_sと薬物の溶解度Sの間には，次式が成立する[10]。

$$S = \xi (C_S - C_{cmc}) + S_w \tag{2}$$

ここでC_{cmc}は臨界ミセル濃度，S_wは界面活性剤が存在しないときの溶解度である。ξは界面活性剤の可溶化容量であり，この値が大きいほど可溶化効果は高い。ただし界面活性剤濃度変化に伴うミセル形状変化や，界面活性剤添加による薬物のバルク相溶解度変化は考慮されていない。この式は薬物の溶解度がミセルの数と線形関係にあることを示している。

ただし界面活性剤を多量に処方することは副作用の問題から望まれないため，可溶化効果が不十分な場合には他の手段が併用される。もっとも界面活性剤は，様々な成分と強い相互作用を持つことに留意しなければならない。例えば，同じく薬物の可溶化に繁用されるシクロデキストリンと併用すると，薬物と界面活性剤がシクロデキストリンとの複合体形成において競合すること

第16章 医薬品分野における界面活性剤利用技術

表1 SDSミセルに対するエチレングリコール添加の影響

エチレングリコール量（％）	cmc比	会合数	ミセル半径（Å）	I_1/I_3
0	1.00	62	17.3	1.24
10	1.01	51	16.2	1.24
20	1.07	46	15.7	1.25
30	1.32	40	15.0	1.26
40	1.54	35	14.3	1.26
50	2.31	30	13.6	1.31

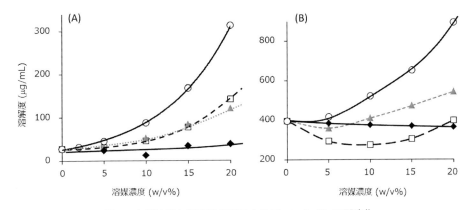

図3 有機溶媒と界面活性剤によるフェニトインの可溶化
(A)有機溶媒添加によるフェニトインの水への溶解度変化。○：ジメチルアセトアミド，□：エタノール，▲：ポリエチレングリコール400，◆：グリセリン。
(B) 2％SDS存在下におけるフェニトイン溶解度。有機溶媒種は(A)と同じ。

がある。有機溶媒との併用は実用化されている製剤にも幾つか例があるが[11]，有機溶媒はミセル物性に影響を与える。表1に示す通り，例えばエチレングリコールをSDS水溶液に添加すると[12]，20％の添加で臨界ミセル濃度（cmc）は1.07倍となる。つまりSDS分子の単量体としての溶解度が上昇する。このとき会合数も62から46まで低下し，半径は17.3Åから15.7Åに変化する。ミセル内部の極性（I_1/I_3）も上昇し，これはエチレングリコールが内部まで侵入しているか，もしくは水が侵入しやすい構造になっているものと解釈できる。このようなミセルの性状変化は，薬物可溶化能の低下を引き起こす。図3は2％SDS水溶液に有機溶媒を添加したときの，フェニトインの溶解度変化である[10]。比較として，SDSが存在しないときの，有機溶媒がフェニトイン溶解度に与える影響も示す。いずれの有機溶媒も，フェニトインの溶解度を上昇させることは明らかである。しかしSDSミセルに有機溶媒を共存させても，あまり可溶化効果を示さない。特にエタノールが共存するとSDSによる可溶化能が顕著に低下しており，グリセリン添加時も，その濃度上昇に応じて可溶化能が低下する。界面活性剤と有機溶媒を比較した場合，添加量あたりの

難水溶性薬物可溶化能は，界面活性剤の方がはるかに高い。しかしながら，その可溶化能が有機溶媒によって低下するため，溶液全体としての溶解度が低下する。

近年は低分子医薬品に代わりバイオ医薬品が急激に売り上げを伸ばしているが，ペプチドや抗体などの高分子注射剤は，長期保存によって凝集などの安定性問題を引き起こすことがある。その安定化剤として，微量の界面活性剤が添加されることが多い。

4　その他の投与経路への利用

外用剤の中で最も一般的なものは軟膏剤であるが，その基剤には，ワセリン軟膏に代表される油脂性基剤，基剤が乳化されている乳剤性基剤，およびポリエチレングリコールを基剤とする水溶性基剤がある。それぞれの長所・短所に応じて使い分けられるが，基剤の乳化や薬物の可溶化などで界面活性剤が利用される。また界面活性剤は薬物の吸収促進を目的として処方されることもある。点眼剤には，無菌性を確保するため，塩化ベンザルコニウムなどの界面活性剤が防腐剤として含有されていることが多い。

5　リン脂質の利用

ホスファチジルコリンに代表されるリン脂質は両親媒性構造を有しているものの，一般に界面活性能は低く，本稿では解説の対象としていない。しかしながら極めて有用性の高い添加剤であるため，以下簡単に触れておく。

生体膜の構成主成分であるリン脂質は，その生体安全性から医薬品添加剤として広く利用されている[13]。水性媒体中では二分子膜を形成して安定化されるが，二分子膜による閉鎖小胞体であるリポソームは，代表的DDS（Drug Delivery System）担体と言える。中でも注射剤担体としての実用化が進んでおり[14]，腫瘍組織へ自発的に集積する性質が特に利用される[15]。さらには，非ウィルス性担体として遺伝子治療への利用に対する期待も大きい。

大豆油をレシチンで可溶化したエマルションは，古くから点滴用栄養補給剤として利用されてきた。本製剤の油相には難水溶性薬物の保持が可能であり，炎症組織への集積効果を利用したターゲティングや，血中滞留性の向上，副作用の軽減などに用いられる。

リポソームの医薬品分野における初めての利用は外用剤であったが，現在の後継品にリポソームは含有されていない。他にも様々な投与経路への適用が検討されたものの，結局のところ薬物担体として成功を収めたのは注射剤に限定されている。我々は固形製剤分野におけるリン脂質担体の利用を進めるべく，脂質二分子膜からなる固形粒子である，多孔性レシチン粒子（図4）を創製した[16]。本粒子は難水溶性薬物の経口吸収性を促進することができ，加えて他の投与形態（粉末吸入剤など）でも利用が見込まれ，検討を進めている。

第16章　医薬品分野における界面活性剤利用技術

図4　多孔性レシチン粒子の例（電子顕微鏡写真）
粒子径は10〜15μm程度。

6　おわりに

界面活性剤には界面エネルギーを下げる効果があり，また生体膜に作用することから，薬物の溶解性や低膜透過性などの問題を解決する材料として，医薬品分野における利用価値が極めて高い。近年は医療技術が多様化しているが，薬物投与は簡便な治療法として今後も利用され続け，人類の健康に貢献すると期待される。

文　　献

1) K. Kawakami, *Adv. Drug Delivery Rev.*, **64** 480 (2012)
2) K. Kawakami, *Ther. Deliv.*, **6**, 339 (2015)
3) N. Rasenack et al., *Int. J. Pharm.*, **254**, 137 (2003)
4) P. Erkko et al., *Brit. J. Dermatol.*, **136**, 82 (1997)
5) K. Kawakami et al., *J. Control. Release.*, **81**, 65 (2002)
6) K. Kawakami et al., *J. Control. Release.*, **81**, 75 (2002)
7) S. Muranishi, *Crit. Rev. Ther. Drug Carrier Syst.*, **7**, 1 (1990)
8) S. Maher et al., *Drug Discovery Today: Technologies*, **9**, e113 (2012)
9) P. P. Constantinides et al., *J. Pharm. Sci.*, **96**, 235 (2007)
10) K. Kawakami et al., *Eur. J. Pharm. Sci.*, **28**, 7 (2006)
11) R. G. Strickley, *Pharm. Res.*, **21**, 201 (2004)
12) K. Gracie et al., *Can. J. Chem.*, **74**, 1616 (1996)
13) G. Fricker et al., *Pharm. Res.*, **27**, 1469 (2010)

14) T. M. Allen *et al.*, *Adv. Drug Delivery Rev.*, **65**, 36 (2013)
15) Y. Matsumura *et al.*, *Cancer Res.*, **46**, 6387 (1986)
16) S. Zhang *et al.*, *J. Phys. Chem. C*, **119**, 7255 (2015)

第17章　食品用界面活性剤

小川晃弘*

1　はじめに

多くの加工食品において食品用界面活性剤（以下，「乳化剤」と記載する）が使用されている。乳化剤は加工食品の安定製造に寄与する，安定な状態に保つ，見た目をよくする，日持ちを向上させるなど「食品の安全・安心」に貢献する物質の1つとなっている。その名の通り，乳化剤は本来，水と油のような混ざり合わないもの同士をうまく乳化させるために用いられてきたが，現在では乳化の目的以外に，分散，可溶化，起泡，消泡，抗菌，油脂結晶調整などその機能は多岐に亘っている。これらの機能は食品中に存在する多くの界面を乳化剤が制御することによって発現される。しかし，安全上，法律上の制約から，実際に食品に使用できる乳化剤には制限がある。そこで本章では，乳化剤の基本的性質について説明し，食品における乳化剤の役割について述べる。

2　乳化剤について[1~10]

欧米，アジア，オセアニアなど世界各国では，工業的に製造された乳化剤や天然物から抽出，精製された様々な乳化剤が使用されている。使用基準や規格はそれぞれの国の法律により定められており，各国間で異なる。また，乳化剤を使用することができる食品についても，各国の食文化により違いが生じる。

日本では乳化剤は食品衛生法により食品添加物として定義されており，4つのカテゴリーのうち，指定添加物[1]と既存添加物[2]に該当する。指定添加物のうち，食品への乳化剤表示が可能な物質として，グリセリン脂肪酸エステルやショ糖脂肪酸エステルなど11種類の乳化剤がある。一方，既存添加物で乳化剤表示が可能な物質はレシチンやサポニンなどである（表1，図1）。乳化剤は大半がエステル型非イオン性であり，親水基と親油基はエステル結合でつながっている。一部の有機酸モノグリセリドやレシチンなどアニオン性，両性の乳化剤も存在する。

＊　Akihiro Ogawa　三菱化学フーズ㈱　第一事業部　技術グループ　部長

表1 日本で認可されている食品用乳化剤

指定添加物	既存添加物
オクテニルコハク酸デンプンナトリウム	植物レシチン
グリセリン脂肪酸エステル	卵黄レシチン
モノグリセリド	分別レシチン
有機酸モノグリセリド	酵素分解レシチン
ポリグリセリン脂肪酸エステル	酵素処理レシチン
ショ糖脂肪酸エステル	ダイズサポニン
ステアロイル乳酸カルシウム*	キラヤ抽出物（キラヤサポニン）
ステアロイル乳酸ナトリウム*	ユッカフォーム抽出物
ソルビタン脂肪酸エステル	動物性ステロール（コレステロール）
プロピレングリコール脂肪酸エステル	植物性ステロール（フィトステロール）
ポリソルベート20*	胆汁末（コール酸）
ポリソルベート60*	スフィンゴ脂質
ポリソルベート65*	
ポリソルベート80*	

*使用基準あり

3　乳化剤の種類と性質

3.1　グリセリン脂肪酸エステル

　モノグリセリドはグリセリンに脂肪酸が1分子結合した単純な化学構造であるが，市販されているモノグリセリドはモノ・ジグリセリドが主成分の反応モノグリセリドとこれを蒸留してモノグリセリドの純度を高めた蒸留モノグリセリドが主であり，各々について脂肪酸の種類により幾つかの銘柄が存在する。しかし，これらは水への分散性に乏しいため，アルカリ触媒を脂肪酸塩として残し，水への分散性を改良した自己乳化型モノグリセリドもある。グリセリンに脂肪酸3分子が結合したものはトリグリセリド（油脂）であるため，モノグリセリドも油脂に類似した物性を有する。その1つが結晶多形であり，β，β'，α，Sub-αの多形が存在し，β型が最も融点が高く安定である[11]。また，油に対してはモノグリセリドの融点以上に加熱することにより容易に分散する。

　水分散性に劣るなどの短所を改良するために，モノグリセリドを基本骨格とした誘導体が有機酸モノグリセリド，ポリグリセリン脂肪酸エステルなどである。モノグリセリドに有機酸が結合すると有機酸モノグリセリドとなり，特に有機酸がコハク酸，ジアセチル酒石酸，クエン酸の場合はアニオン性の乳化剤としての性質を有する。有機酸モノグリセリドにもモノグリセリドと同様に結晶多形が存在する[12]。

　一方，ポリグリセリン脂肪酸エステルは基本的にはグリセリンが縮合重合したポリグリセリンを親水基とし，その水酸基に脂肪酸が結合したものである。結合する脂肪酸の数を制御することにより，親油性から親水性まで幅広い性質を持たせることができる。また，ポリグリセリンの重

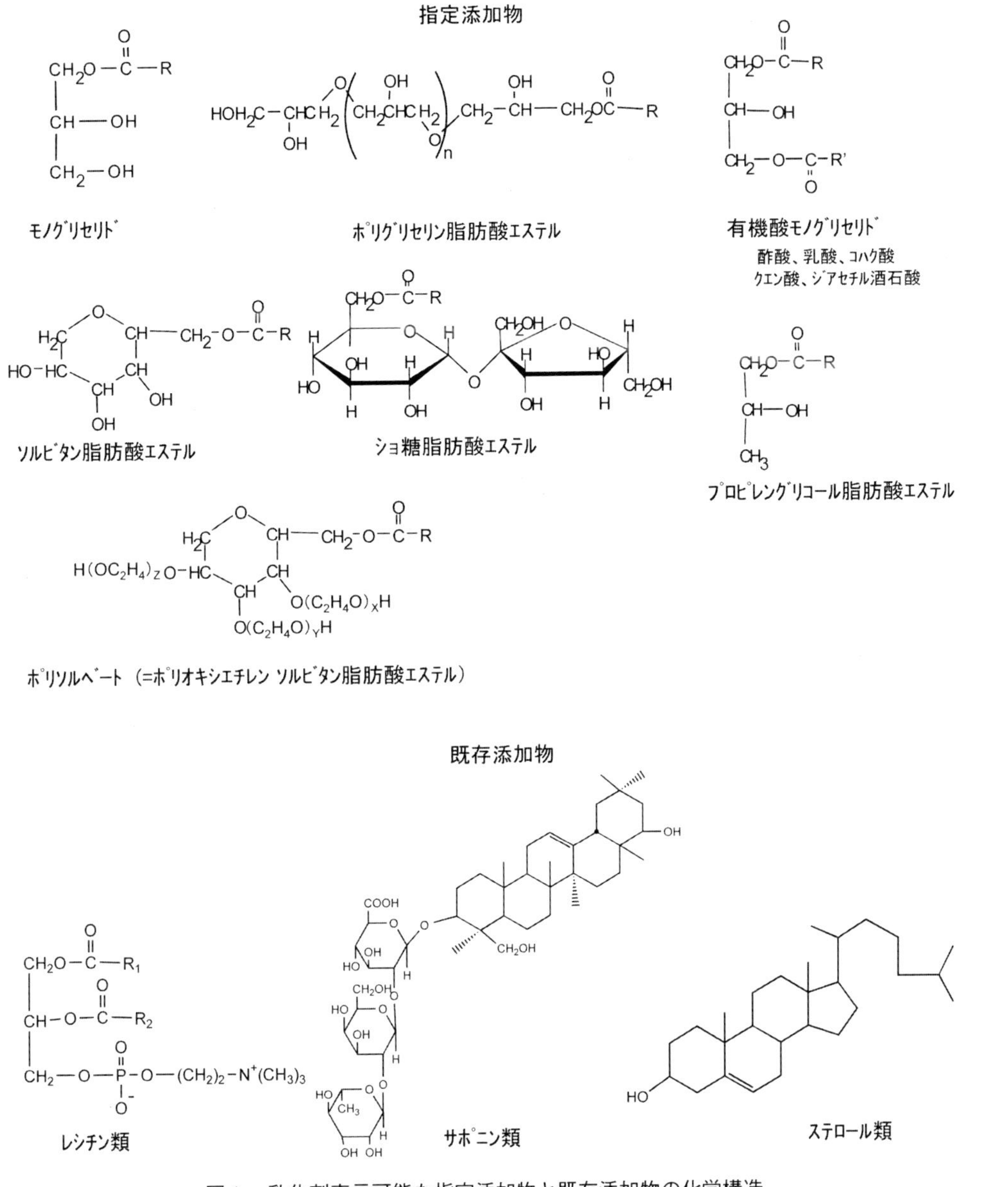

第17章　食品用界面活性剤

指定添加物

モノグリセリド　　ポリグリセリン脂肪酸エステル　　有機酸モノグリセリド
酢酸、乳酸、コハク酸
クエン酸、ジアセチル酒石酸

ソルビタン脂肪酸エステル　　ショ糖脂肪酸エステル　　プロピレングリコール脂肪酸エステル

ポリソルベート（=ポリオキシエチレン ソルビタン脂肪酸エステル）

既存添加物

レシチン類　　サポニン類　　ステロール類

図1　乳化剤表示可能な指定添加物と既存添加物の化学構造

合度分布，鎖状・環状物の量を制御することによっても様々な機能を発現させることができる[13]。なお，ポリグリセリン分子内にはエーテル基を有するため，ポリオキシエチレン型乳化剤としての性質も兼ね備えている。ポリグリセリン脂肪酸エステルの物性を表す指標として，エステル組成やポリグリセリンの構造が反映される「曇点」を用いることは有効である[14]。曇点が高いほど親水性は高くなる。ポリソルベートと比較すると分子内に水酸基を有しているために曇点は高い。また，耐酸，耐塩性に優れることから，ドレッシングやたれなど塩濃度が高い場合や酸

性飲料など低いpHでも安定した乳化や可溶化が可能である[15, 16]。

　このように，グリセリン脂肪酸エステルはグリセリン骨格に脂肪酸が結合したものという共通の性質を有するが，物理化学的な特性は異なり，食品中で様々な機能を発現する。

3.2　レシチン[17]

　レシチンは植物，卵など天然物からの抽出により得られるものであり，トリグリセリドの脂肪酸1つがリン酸化合物に置換されているものである。市販品としては粗製大豆レシチンが最も多く使用されている。その性状はペースト状であり，通常30～40%の大豆油を含むためレシチンの量は60～70%である。また，単一の分子ではなく，リン酸化合物の種類が異なる各種リン脂質分子の混合物から構成されており，不飽和の脂肪酸を多く含む。卵黄レシチンは卵黄中に含まれるリン脂質を分離したものであり，リン酸化合物としてホスファチジルコリンが70～80%と多く，飽和脂肪酸が主体であるのが特徴的であるが，大豆レシチンと比較すると高価である。この他，アルコールなどにより特定成分を分画した分別レシチンもある。レシチンは親油性の乳化剤であることから，水への分散性を高めるために，ホスホリパーゼなどの酵素を作用させて得られる酵素分解レシチンや酵素処理レシチンが製造されている。レシチンは分子内にリン酸化合物を有しているため，例えばホスファチジルコリンではリン酸のマイナス電荷とコリンのプラス電荷が存在し，両性型の乳化剤を含むことになる。また，粗製大豆レシチンでは特有の臭いを有するため，風味を重視する食品に対しては，高純度レシチン，改質レシチンなどが用いられることがある。

　粗製大豆レシチンは油脂を含むことから，水に分散させた場合はエマルションとなって分散する。乳化においてはレシチンを油に溶解して使用した方がエマルションの安定性が高い傾向にある。酵素処理により脂肪酸が1つになり，親水性が向上したリゾレシチンを用いると乳化安定性はさらに良くなる。

3.3　ショ糖脂肪酸エステル

　ショ糖脂肪酸エステルはショ糖に脂肪酸分子が結合したものであり，ショ糖の8個の水酸基に結合する脂肪酸の数を制御することで，ポリグリセリン脂肪酸エステルと同様に，親油性から親水性まで幅広い性質を有するものが得られる。親水基がショ糖であるためリジッドであり，親水基がフレキシブルなポリグリセリン脂肪酸エステルとは異なる性質を示す。

　1つ目の特徴として結晶性が良好である点が挙げられる。市販品において飽和脂肪酸の場合は大部分が粉末状であり加工特性に優れる。また，水への分散性も良好であるが，高HLBタイプのものは最初から熱水に投入すると粉末の表面が先に溶融し内部は粉末のままである「ママコ」になるため，常温で分散しながら次第に温度を上昇させることが溶解におけるポイントである。次の特徴としては高温での親水性である。ショ糖の水酸基は強く水和しており，高温でも脱水和しないため，水溶液において温度上昇ともにcmc（臨界ミセル濃度）も大きくなる[18]。この事実

はショ糖脂肪酸エステルが高温になるほど高親水性になることを意味しており、高温での乳化安定に優れることを示す。更なる特徴としてショ糖の存在による疎油性が挙げられる[19]。油脂中に存在するよりも油水界面に配向する方がエネルギー的に安定であるため、より低濃度で界面張力を低下させることができる。さらに、非イオン性の乳化剤ではあるが、ややイオン性乳化剤的な性質も有する。これはショ糖の水酸基部分が分極しているためであり、これを疑似イオン性と呼んでいる。

3.4 その他の乳化剤

ソルビタン脂肪酸エステルはソルビトールの脱水物であるソルビタンに脂肪酸が結合したものであるが、脱水の際にソルビドもできるため、市販品はソルビタン脂肪酸エステル、ソルビトール脂肪酸エステル、ソルビド脂肪酸エステルの混合物になっている。混合比率は製造条件によって異なる。主に乳化目的に使用されることが多く、モノグリセリドやショ糖脂肪酸エステルなどの乳化剤と併用することにより用いられる。

PGエステル（プロピレングリコール脂肪酸エステル）はプロピレングリコールに脂肪酸が結合したものである。PGエステル自体には界面活性能はほとんどないため、単独で乳化目的に用いられることは少ないが、モノグリセリドと併用することで安定なαゲルを形成する性質があるため、起泡剤、流動ショートニングなどに用いられている。

ポリソルベート（ポリオキシエチレンソルビタン脂肪酸エステル）は、ソルビタン脂肪酸エステルにポリオキシエチレン鎖が結合したものであり、水または油脂への分散性は良好である。ポリソルベート60は米国でベーカリー製品、ホイップクリーム、流動ショートニングなどで実績がある。0.1%以上の濃度では、苦みやえぐ味が強くなる。

SSL（ステアロイル乳酸ナトリウム）は乳酸に脂肪酸が結合したものであり、CSL（ステアロイル乳酸カルシウム）より水に対する分散性が良好である。欧米では主にベーカリー製品のドウコンディショナー、ソフナーとして使用され、米国では欧州の4〜5倍の市場が形成されている。

4 乳化剤の機能と食品への応用

4.1 界面活性能に基づく機能

乳化剤が界面に作用して界面張力や表面張力を低下させる界面活性能の性質に基づく機能として、乳化、可溶化、起泡、消泡、分散、湿潤などがある。

食品における乳化にはホモジナイザーなどの機械力が利用され、高いせん断力によって新たに生じた界面に乳化剤が吸着し安定化する。この場合、乳化剤による強固な界面膜の形成が必要である。一般的に、W/Oエマルションではモノグリセリド、レシチンなどの低HLBの乳化剤が用いられ、O/Wエマルションでは油側にモノグリセリド、レシチンなど、水側に高HLBのショ糖

脂肪酸エステル，ポリグリセリン脂肪酸エステルなどが用いられる。このように，乳化を安定化するためには複数の乳化剤を組み合わせて用いることが多い。これは，乳化剤を併用することにより界面膜のパッキングが強固になり界面張力がより大きく低下することによるものである。このことに加えてO/Wエマルションでは油滴間に形成される水の薄膜において薄化速度が遅く膜が強固であることが重要である[20〜24]。

しかし，食品乳化物には油脂，水，乳化剤以外の成分が含まれる場合が多い。食品中にタンパク質が含まれる場合は，タンパク質が実質的な界面膜を形成し乳化安定化に寄与することから，乳化剤はタンパク質の隙間に吸着したり，タンパク質と複合体を形成したり，タンパク質が脱着して剥き出しになった界面に素早く吸着して界面膜を修復することによって，乳化安定化に寄与する。

乳化が熱力学的に不安定な系に対して，可溶化（マイクロエマルション）は熱力学的に安定な系である。乳化剤が形成するミセルの内部に油溶性の香料などを取り込む。可溶化に適した乳化剤としては，高HLBのショ糖脂肪酸モノエステルやポリグリセリン脂肪酸モノエステルが挙げられ，脂肪酸鎖長が短い方が好ましい[16]。

水に難溶性の物質を水中または油中に分散させる場合にも乳化剤が使用される。この場合は難溶性物質（固体が多い）と水または油の界面に乳化剤が吸着して物質表面が親水性または親油性となり安定な分散状態となる。最適な乳化剤の選択は難溶性物質の種類により異なるが，例えば炭酸カルシウムのような水不溶性の無機物に対してはHLB16のショ糖脂肪酸モノエステルが有効であり，これに有機酸モノグリセリドを併用することにより水中でさらに安定な分散が得られる[25]。

ケーキ生地などにおいては，生地内への気泡の取り込みが必要である。この場合，気液界面に乳化剤が吸着することで界面張力が低下し起泡する。続いて，泡沫が形成される時に，乳化安定化で述べた場合と同じように，気泡間に形成される水の薄膜の薄化速度を遅くすることにより，泡沫安定性が向上する。

4.2 油脂との相互作用

親油性の乳化剤は油脂（トリグリセリド）と相互作用し，粘性挙動や結晶化挙動に影響を及ぼす。降伏値や塑性粘度を制御する乳化剤として，レシチンや低HLBのショ糖脂肪酸エステル，PGPRなどがある。この中で低HLBのショ糖脂肪酸エステルは適度な降伏値を有し，塑性粘度が低い[26]。一方，結晶化の遅延や促進，結晶成長抑制に対しては，油脂の脂肪酸組成に類似した親油性の乳化剤が有効である。固体脂含有エマルションの乳化破壊には油脂結晶成長による部分合一が原因となるが，油脂としてパーム油中融点画分（PMF）を用いて調製したO/Wエマルションにおいて，HLB16とHLB1のショ糖パルミチン酸エステルを併用することで，油脂結晶化の制御が可能である。HLB1のショ糖パルミチン酸エステルが油水界面でテンプレートとなり油脂結晶化を促進し小さな結晶を多数析出させ，HLB16のショ糖パルミチン酸エステルが強固な界面

第17章　食品用界面活性剤

表2　複合菓子における油脂マイグレーション評価

配合	硬化魚油 100%	硬化魚油 80% パーム油 20%	硬化魚油 50% パーム油 50%	硬化魚油 50% パーム油 20% 豚　　脂 30%
固体脂含量（％）at25℃	20	22	22	24
融点（℃）	34	36	39	36
POS-135*	>30	>30	>30	>30
S-170*	15	16	16	18
O-170*	15	16	16	18
P-170*	15	16	16	18
グリセリンモノステアレート	15	16	16	18
無添加	10	11	11	12

乳化剤を1％添加したショートニングを調製，薄力粉100部，ショートニング30部，上白糖40部，全卵10部，塩0.5部，水18部の配合でビスケットを製造し，カカオ脂35％（乳化剤配合）のチョコレートを載せた複合菓子を製造した。
*ショ糖脂肪酸エステル（リョートーシュガーエステル）の銘柄名，HLBは全て1
※28℃，20℃を各12時間づつのサイクルテストで，マイグレーションの発生したサイクル数

膜を形成することで油滴外への結晶成長を抑制した結果と推察される[27]。また，チョコレートを上掛けした複合菓子においてチョコレートとビスケット生地の両方にカカオ脂の脂肪酸組成に類似した乳化剤を添加することで油脂移行を抑制することができ，その結果，ビスケットの白化や斑点の発生を防止，チョコレートの軟化やブルームを防止することができる（表2）。一方，W/Oエマルションであるマーガリンの結晶粗大化抑制による乳化安定化，ザラツキ抑制にも親油性乳化剤は効果を発揮する。また，結晶多形をコントロールできるため，テンパリング操作とともに乳化剤による多形制御がなされている。

4.3　澱粉との相互作用

澱粉は水溶液中で加熱することにより水和し膨潤する（糊化）。膨潤が進んで澱粉粒子が崩壊すると内部からアミロースやアミロペクチンが溶出する。この状態で温度が下がると脱水和とアミロースの再結晶化によって老化へと至る。乳化剤は澱粉と複合体を形成して澱粉粒子の崩壊を抑制することによって水和を維持し，アミロースの溶出も抑制することで老化を防止するといわれている[28]。澱粉との複合体形成は老化抑制のみならず，べたつきを抑え機械耐性，作業性を向上させる。また，乳化剤の存在により糊化温度が上昇する。糊化を遅延し，低粘度であることは，例えばケーキ生地焼成時の気泡膨張を促進させ，釜伸びが向上することによってケーキのボリュームが増大することに繋がる。

4.4　タンパク質との相互作用

パン生地（グルテン）の改質や乳タンパク質，魚肉タンパク質の変性抑制，さらにはエマル

ションの安定化などに対して，乳化剤はタンパク質と大いに関係がある。小麦粉中のグルテンに対しては，乳化剤がグリアジンとグルテニンを架橋し，グルテンネットワークをより強固にするといわれており，生地の伸展性向上，縮み抑制など機械耐性が向上するとともに，焼成後のボリュームアップ，食感風味の改良が達成できる。また，乳タンパク質と相互作用することで加熱変性が抑制され沈殿が防止できる。魚肉タンパク質に対しては冷凍変性抑制によって，離水防止，食感改良が達成できる。

エマルションにおいてタンパク質と乳化剤は競合関係にある。この場合，非イオン性乳化剤とイオン性乳化剤とでタンパク質への作用が異なる。非イオン性乳化剤はタンパク質が形成するネットワークの隙間に吸着し，これが核となってドメインが成長する。続いて，圧縮により表面圧が増加し，ネットワークが壊れ始め，その結果タンパク質が脱離する[29, 30]。一方，イオン性乳化剤の場合は乳化剤がタンパク質に結合し，複合体を形成する。乳化剤濃度がさらに増すと，タンパク質／乳化剤の結合が飽和して遊離のイオン性乳化剤が界面から複合体を置換し始める[31]。

エマルションにおいて，乳化剤とタンパク質の直接的な相互作用（複合体形成）は乳化安定性を向上させる。一例として，マヨネーズでのレシチンと卵タンパク質の複合体であるリポタンパクや乳製品での有機酸モノグリセリドやレシチンと乳タンパク質の複合体による乳化安定化がある[32]。

5 食品における乳化剤の使い方

乳化剤の種類や性質，食品成分との相互作用を考慮した乳化剤の食品への応用についてこれまで説明した。加工食品中での乳化剤の機能発現における基本的な考え方をまとめると次のようになる。

- 乳化剤は集合体として機能する。
- 乳化剤は組み合わせで使われることが多い。
- 乳化剤は食品成分と相互作用して機能する。
- 乳化剤は安定剤など他の添加剤と組み合わせて機能させることが多い。

モノグリセリドなどは濃度，温度によって様々な集合形態をとる。結晶状態（β結晶）ではHLBが3から4であるため水に分散しないが，ある温度，濃度以上の領域では水中でαゲルやラメラ構造のような液晶を形成し，HLBが10から15程度に上昇するため水に分散可能となる[33]。ケーキ生地などでは，この液晶が気泡と水の界面に吸着して気泡－水間の界面張力を低下させ起泡する。しかし，液晶は不安定であるため食品成分との反応性が高く，系内に気泡，澱粉，タンパク質などが存在すると素早く相互作用する。また，時間の経過と共に起泡力が低いβ結晶と水の状態に変化することから，起泡力を維持するためには液晶の状態を長期間安定に保つ必要がある。この目的のためにショ糖脂肪酸エステルやPGエステルが用いられている。特にショ糖脂肪酸エステルの配合は安定な起泡力のみならず，取り込まれた気泡の安定性（泡沫安定性）も向上

第17章　食品用界面活性剤

図2　ケーキ生地の泡沫安定性に対するショ糖脂肪酸エステルの効果

させる（図2）。泡沫安定性が向上することでケーキ体積は増加し，釜落ちや生焼けも防止できるため製品の歩留まりが向上し，安定生産が可能となる。また，ソフト感，しっとり感の向上，口溶けの良さといったケーキの食感改良効果も期待できる。

このように，乳化剤が形成する分子集合体を食品に利用することは以前から行われていたが，分子集合体の形成や安定性を制御し，食品中でその機能を使いこなした事例はまだ少ない。モノグリセリドを別の乳化剤に変えることで，違った機能を発現させることも可能である[34~38]。また，これらの乳化剤集合体に増粘多糖類やゲル化剤などを併用することでさらなる機能向上が期待できる[39]。

6　おわりに

乳化剤による界面制御技術を中心に説明したが，乳化剤をうまく使いこなすためには，乳化剤の性質はもちろん，食品成分の性質や乳化剤との相互作用についても良く理解することが必要である。乳化剤の組合せや添加濃度については最適化が必要であり，まだ改良の余地が残されている。製造の効率化や高品質の製品開発のために，乳化剤単剤だけではなく，乳化剤の集合体を含む乳化剤製剤も上手に応用していくことで，トータル製造コストの低減や，従来にない食感風味を生み出す可能性もある。また，これまでやりたくてもできなかった機能の創造も秘めている。乳化剤を利用し界面制御を意識した食品開発が今後盛んに行われることを期待したい。

文　献

1) 厚生省生活衛生局長通知，衛化第29号，平成8年3月22日
2) 厚生省告示第120号，平成8年4月16日
3) 第8版食品添加物公定書，2007年3月30日
4) 世界の食品添加物概説 改訂版，日本食品添加物協会（2008）
5) 食品添加物表示ポケットブック平成22年版，日本食品添加物協会（2011）
6) 新 食品添加物マニュアル第3版，日本食品添加物協会（2010）
7) 食品添加物便覧－指定品目2005年版，食品と科学社（2005）
8) 天然物便覧－既存添加物と天然香料，食品素材，食品と科学社（2006）
9) 日本輸入食品安全推進協会編，食品添加物インデックス，中央法規出版（2009）
10) 吉岡桂六，新訂板 食品添加物の使用基準便覧第40版，日本食品衛生協会（2009）
11) 津田滋，モノグリセリド，p.35，槇書店（1958）
12) N. J. Krog, "Food Emulsions", Marcel Dekker. Inc., p.134, (1990)
13) M. Ishitobi, H. Kunieda, *Colloid Polym. Sci.*, **278**, 899 (2000)
14) 葛城俊哉，石飛雅彦，*FFI Journal of Japan*, **180**, 35 (1999)
15) 三菱化学，特開2005-36206
16) 角田光雄監修，マイクロエマルションの生成・構造・物性と応用，p.150，シーエムシー出版（2010）
17) 菰田衛，レシチン－その基礎と応用，幸書房（1991）
18) 高木和行ほか，油化学，**44**(3), 207 (1995)
19) 福田守伸，篠田耕三，日本油化学会誌，**48**(6), 587 (1999)
20) D. T. Wasan, K. Koczo, A. D. Nikolov, "Characterization of Food: Emerging Methods", ed. By A. G. Gaonkar, Elsevier Science B.V., 1 (1995)
21) A. D. Nikolov, D. T. Wasan, S. E. Friberg, *Colloids. Surf. A*, **118**, 221 (1996)
22) Y. Kong, A. Nikolov, D. Wasan, A. Ogawa, *J. Disp. Sci. Tech.*, **27**, 579 (2006)
23) K. Koczo, A. D. Nikolov, D. T. Wasan, R. P. Borwankar, A. Gonsalves, *J. Colloid. Int. Sci.*, **178**, 694 (1996)
24) Y. Kong, A. Nikolov, D. Wasan, A. Ogawa, *Ind. Eng. Chem. Res.*, **47**(23), 9108 (2008)
25) 三菱化学，特開平10-70966
26) 町田肇，*Mitsubishi Kasei R&D Review*, **2**(2), 130 (1988)
27) S. Arima, T. Ueji, S. Ueno, A. Ogawa, K. Sato, *Colloids Surfaces B*, **55**, 98 (2007)
28) N. Krog, *J. Am. Oil Chem. Soc.*, **54**, 124 (1977)
29) A. R. Mackie, A. P. Gunning, P. J. Wilde, V. J. Morris, *J. Colloid. Int. Sci.*, **210**, 157 (1999)
30) E. Dickinson, S. R. Euston, C. M. Woskett, *Prog. Colloid Polym. Sci.*, **82**, 65 (1990)
31) E. Dickinson, *ACS Symp. Ser.*, **448**, 114 (1991)
32) 小久保定夫，松田孝二，葛城俊哉，日本油化学会誌，**45**, 1157 (1996)
33) N. J. Krog, "Food Emulsions", Marcel Dekker. Inc., p.154 (1990)
34) 小川晃弘，ジャパンフードサイエンス，**48**(11), 21 (2009)
35) 小林義明，大友直也，月刊フードケミカル，**25**(12), 31 (2009)

第17章　食品用界面活性剤

36) 大友直也, 小川晃弘, 月刊フードケミカル, **26**(3), 1 (2010)
37) 三菱化学, 特開2009-72177
38) 大友直也, 日本食品工学会誌, **4**(1), 1 (2003)
39) 三菱化学, 特開2009-297024

第18章　化粧品用の界面活性剤

山口俊介*

1　はじめに

　毎朝，ほとんどの人は顔を洗い，歯を磨く。さらに鏡に映った自分を見ると，若々しくハリのある肌に満足する人もいるだろうし，くすんだハリのない肌に日頃の不摂生を反省したり，時には衰えを意識してため息をついたりする人もいるだろう。我々は日頃，皮膚というものを特別意識することはあまりないが，ほとんどの人（特に女性）が日常生活において，その状態を観察している。こうした皮膚を清浄に保ち，外部の環境から保護し皮膚の働きを補うためにスキンケア化粧料が用いられる。目的とする機能を最大限に発揮させ，適用部位に長く留めるとともに適用時の効果実感や心地よさを引き出す重要な因子として処方設計技術がある。

2　化粧品における界面化学

　化粧品は適当な水分と油分を皮膚，毛髪に補うことが必要な機能の一つであるため，多くの化粧品がエマルションの形態をとっている。
① 化粧品の種類とエマルション
基礎化粧品：皮膚を若々しく維持するためのもので，皮膚を保護する油，保湿剤などの水溶性成分，活性成分などからなるエマルションである。クリーム，乳液，ハンドクリームなどがある。
仕上げ化粧品：皮膚を美しく整えるもので，顔料，油，被膜形成剤などからなる。クリームファンデーション，適度な潤いを与えることを特徴としたW/Oエマルションの口紅などがある。
頭髪用化粧品：整髪，毛髪の保護，つやを与えることを目的とした化粧品で，ヘアクリームが古くから使用されている。また，それらに効果を示すシリコーン油の簡易配合を目的にシリコーンの微細なエマルションが使われるようになった。
② 化粧品エマルションの特徴
　化粧品のエマルションに求められるものは，機能はもちろん安全性，外観，使用感である。乳化剤の他に高級感のある外観，感触とするために，パラフィンワックス，ミツロウなどのワックス，およびセタノール，ステアリン酸などの固形の両親媒性物質が配合される。このためエマルションには，液晶・ゲルが油相を囲むように存在していたり，また場合によっては油相も半固体

　＊　Shunsuke Yamaguchi　ニッコールグループ　㈱コスモステクニカルセンター
　　　　　　　　　　　　　応用開発部　技術営業戦略室　室長

第18章　化粧品用の界面活性剤

で存在していたり，結晶として分散しているような複雑な系である。このため処方は理論的背景に基づいて作られたというより経験上で作られたものが多い。

③　化粧品エマルションの傾向

高機能なエマルションを目指して，多相エマルション，液晶・ゲルネットワーク構造を有するエマルション，超微細エマルション，乳化剤を使用しないサーファクタントフリーエマルションなど次々と新しいエマルションが登場している。

3　化粧品に使用される非イオン界面活性剤

前述したスキンケア化粧料に配合される界面活性剤の多くには，皮膚に長時間留まることから，ヒトに対して高い安全性を有する非イオン性界面活性剤が用いられている。非イオン性界面活性剤とは，非解離型の親水基をもつ界面活性剤である。イオンに解離しない非イオン性の親水基としては，ポリオキシエチレン鎖，グリセリンやソルビタン中の水酸基などがある。ポリオキシエチレン鎖をもつ非イオン界面活性剤は，油に溶解しやすいという性質から，乳化剤，洗浄剤として優れた性質をもっている。また水酸基をもつ界面活性剤は，固体表面に吸着しやすく，安全性が高いという特徴から，食品用乳化剤，防錆剤，分散剤として使用される。また親水基を自由に変えられること，種々のイオン性界面活性剤と混合も自由であるという特徴をもっている。下記に汎用的にスキンケア化粧料に配合される非イオン界面活性剤について述べる。

3.1　ポリオキシエチレン脂肪酸

製法：作り方につぎの2種類ある。

①　ポリエチレングリコールと脂肪酸を塩基性触媒下で，高温でエステル化して得られる。それぞれの反応モル比を変えて，モノエステル，ジエステルが作られる。またこの反応でモノエステルを作ると，ポリエチレングリコール，モノエステル，ジエステルの混合物となる。

②　脂肪酸に酸化エチレンを付加する方法で，モノエステルが多くできる。

性質・用途：モノエステルは優れた乳化力をもち，乳化剤として使用される。ジエステルは難溶性物質の溶剤，ワックス，増粘剤として使用される。安全性が高いが，加水分解しやすい。

3.2 ポリオキシエチレンソルビタン脂肪酸エステル

安全性の高い界面活性剤である。FDAでは食品添加物として許可されている。ソルビタンモノ脂肪酸エステルおよびトリ脂肪酸エステルの酸化エチレン付加体（polyoxyethylene sorbitan fatty acid ester）が市販されている。
製法：ソルビタン脂肪酸エステルに酸化エチレンを付加して得られる。
性質・用途：安全性が高く、乳化力に優れている。

3.3 ポリオキシエチレン硬化ヒマシ油

ポリオキシエチレン硬化ヒマシ油（polyoxyethylene hydrogenated castoroil）は安全性の高いオリゴマー型界面活性剤で、注射薬の可溶化剤として使用されている。
製法：ヒマシ油または硬化ヒマシ油に酸化エチレンを付加して得られる。ヒマシ油や硬化ヒマシ油の構成脂肪酸はヒドロキシ酸であるため、反応過程でポリエステルが生成して、平均分子量は10,000を超える。
性質・用途：安全性が高く、優れた可溶化力をもつ。用途別の最適酸化エチレン付加モル数はつぎのとおりである。

　可溶化剤：30〜60（アルコールを含む系には酸化エチレン付加モル数の少ない方が適している）
　植物油の乳化剤：10〜20
　W/O乳化剤：3〜10
　ベシクル形成剤：10〜20
　アニオン界面活性剤のクラフト点降下剤：30〜120

3.4 ポリオキシエチレンソルビトールテトラ脂肪酸エステル

X：COR or H

　ポリオキシエチレンソルビトールテトラ脂肪酸エステル（polyoxyethylene sorbitol tetra fatty acid ester）は乳化力に優れたオリゴマー型界面活性剤である。乳化剤としては酸化エチレン付加モル数が30，40および60，またアルキル鎖がイソステアリン酸，ステアリン酸，オレイン酸であるエステルが市販されている。

製法：ソルビトールに酸化エチレンを付加し，さらに脂肪酸とエステル化して得られる。

性質・用途：分子量が大きく，低刺激性である。少量で優れた乳化力を発揮するテトラオレイン酸ポリオキシエチレンソルビトールの用途はつぎのとおりである。

　テトラオレイン酸ポリオキシエチレン（30）ソルビトール：パラフィン系の油の乳化剤に有効である。

　テトラオレイン酸ポリオキシエチレン（40）ソルビトール：極性油の乳化剤に有効である。

　テトラオレイン酸ポリオキシエチレン（60）ソルビトール：極性油，動植物油の乳化剤に有効である。

3.5 グリセリン脂肪酸エステル

　グリセリンと脂肪酸とのエステルで，食品・化粧品原料として多く使用されている。動植物油由来の脂肪酸とのエステル化物は食品添加物として許可されている。ステアリン酸エステル，パルミチン酸エステルが多く使われている。主に食品用途では蒸留品が，化粧品ではモノ，ジ，トリエステル混合物が使用される。化粧品用乳化剤としては，ある種の親水性界面活性剤を混合しグリセリ

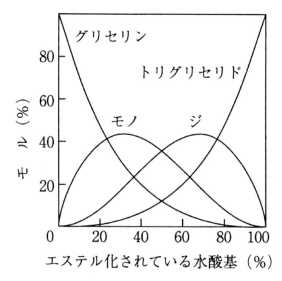

図1　無差別分布によるトリグリセリドの組成

ン脂肪酸エステル（glycerin fatty acid ester）を水に分散するようにした自己乳化型がある。
製法：つぎのような数種の反応により作られている。
① エステル交換法

　　トリグリセリドとグリセリンとを高温で，塩基性触媒下で混合し，エステル交換反応によりモノグリセリド，ジグリセリド，トリグリセリドの混合物として得る。このようにして得られた反応組成は図1に示すように無差別分布であるため，最高でもモノグリセリドの含有量は40～50%である。

$$\begin{array}{c} CH_2OCOR \\ CHOCOR \\ CH_2OCOR \end{array} + 2 \begin{array}{c} CH_2OH \\ CHOH \\ CH_2OH \end{array} \rightleftarrows 3 \begin{array}{c} CH_2OCOR \\ CHOH \\ CH_2OH \end{array}$$

② 直接エステル化法

　　脂肪酸とグリセリンを塩基性触媒下，200℃以上の高温で混合し，エステル化して得られる。
③ 蒸留法

　　エステル交換法でモノグリセリドを作り，これを蒸留して得られる。高純度のモノグリセリドが得られる。

性質：
① モノステアリン酸グリセリルは水中で，温度と濃度により変わる数種の溶存形態をとる。ラメラ相が最大の水和をしたとき，1分子に3モルの水分子が水和している。ゲル相は1モルの

水分子が水和し，その水の規則性は液晶相よりも小さい[1]。
② 界面活性が強く，少量で油の界面張力を下げ，抱水力を著しく増大させる。
③ モノステアリン酸グリセリルは乳化力に優れ，O/Wエマルションの粘性を上げる働きをするが，結晶性が強く，粘性の経時変化を起こしやすい。ジグリセリドは経時的に安定な粘性のエマルションを得やすい。
④ モノステアリン酸グリセリルとモノステアリン酸プロピレングリコールを混合すると，共融混合物を作り，結晶化しにくくなる。

3.6 ソルビタン脂肪酸エステル

ソルビタン脂肪酸エステル（sorbitan fatty acid ester）は，安全性の高い親油性界面活性剤で，天然由来の脂肪酸とのエステルは食品添加物として使用されている。ソルビタンと脂肪酸とのモル比により，モノ，セスキ，トリ体が市販されている。反応法を工夫してソルビトール脂肪酸エステルを多く含むものも市販されている。

製法：ソルビトールもしくはソルビタンを200℃前後の高温で脂肪酸とエステル化して得られる。ソルビトール，ソルビタンは反応過程で分子内縮合，分子間縮合を起こすために，この反応生成物は多くの成分の混合物である。ソルビトールの分子内縮合による組成の変化を以下に示す。

性質：安全性が高く，優れた乳化力，防錆力，油中での分散力をもっている。

用途：

親油性乳化剤：モノステアリン酸ソルビタン，モノパルミチン酸ソルビタン，モノミリスチン酸ソルビタン

W/O乳化剤：モノオレイン酸ソルビタン，モノイソステアリン酸ソルビタン

3.7 ポリグリセリン脂肪酸エステル

$$\text{RO}-\text{CH}_2-\text{CH(OR)}-\text{O}-[\text{CH}_2-\text{CH(OR)}-\text{CH}_2-\text{O}]_n-\text{CH}_2-\text{CH(OR)}-\text{CH}_2-\text{OR}$$

R：H or COR

安全性の高い界面活性剤で，動植物由来の脂肪酸とのエステル化物は食品添加物として使用されている。

製法：グリセリンを塩基性触媒下で脱水縮合させてポリグリセリンを作る。これを精製した後，脂肪酸を加え，塩基性触媒下でエステル化して得られる。このようにして作られたポリグリセリン脂肪酸エステル（polyglycerin fatty acid ester）はポリグリセリン鎖にも，エステル化度にも分布がある。このため，ポリグリセリンに含有する未反応グリセリンやジグリセリンおよびトリグリセリンなどの低縮合物を取り除いた後，エステル化して得られたポリグリセリン脂肪酸エステルが開発された。

グリセリンの低縮合物の除去により，非常に親水性が高くなり，乳化力，可溶化力に優れ，味が大きく改善されている[2]。また，グリシドールを付加重合させて合成させたポリグリセリン脂肪酸エステルは，親水基のポリグリセリンに環状体が少なく，非常に親水性が強いという特徴をもつ[3]。

種類：市販ポリグリセリン脂肪酸エステルは，ポリグリセリン鎖が平均2～10モル，モノエステルからフルエステルまである。ポリグリセリン鎖が大きく，エステル化度の小さいものほど親水性が大きく水溶性となる。エステル化度を上げるとHLBの低い界面活性剤になり，優れたW/O乳化能を示す。さらにエステル化すると粉体の分散しやすい，保湿性に優れた油になる。モノエステルで脂肪酸の炭素数8～12のエステルは，洗浄剤として，14以上の脂肪酸のエステルは乳化剤として使用されている。

性質：ショ糖脂肪酸エステルと比較して融点が低く，油に対する溶解度が高く，優れた乳化力，分散力，浸透力をもち，耐酸性，耐塩性，耐加水分解安定性も良好である。

用途：ショ糖脂肪酸エステルが酸性下で凝集するため，ポリグリセリン脂肪酸エステルは酸性下で使用できる唯一の親水性食品用乳化剤である。このため，乳化型ドレッシング，果肉入りクリームなどの安定化剤に使用される。そのほか，食品では，チョコレート，ホイップクリーム，マーガリン，ショートニングなどに乳化剤として使われている。また，パンの老化防止剤としてモノオレイン酸デカグリセリル，モノステアリン酸デカグリセリルが使用されている。

W/O乳化剤：モノオレイン酸ジグリセリル，ポリリシノール酸ヘキサグリセリル，モノイソステアリン酸ジグリセリル，ペンタヒドロキシステアリン酸デカグリセリル

O/W乳化剤：モノミリスチン酸デカグリセリル，モノステアリン酸デカグリセリル，モノオ

第18章　化粧品用の界面活性剤

レイン酸デカグリセリル
W/O/W乳化剤：ポリリシノール酸ヘキサグリセリル，モノオレイン酸デカグリセリル
O/W/O乳化剤：ペンタヒドロキシステアリン酸デカグリセリル
油系分散剤：ポリリシノール酸ヘキサグリセリル
洗浄剤：モノラウリン酸デカグリセリル，モノミリスチン酸デカグリセリル，モノステアリン酸デカグリセリル，モノカプリン酸ヘキサグリセリル
食器洗浄用のリンス剤：モノカプリン酸ヘキサグリセリル
エモリエント剤：デカオレイン酸デカグリセリル

3.8　ショ糖脂肪酸エステル[4)]

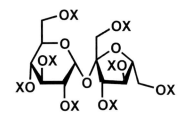

X : COR or H

ショ糖脂肪酸エステル（sucrose fatty acid ester）は，安全性が高く，天然由来の脂肪酸とのエステルは食品添加物として使用されている。脂肪酸は主としてステアリン酸，オレイン酸，ラウリン酸で，エステル化度はモノエステルから高度にエステル化されたものまである。高度にエステル化されたものをさらにアセチル化したものもある。

製法：つぎの2方法が工業化されている。

① 溶媒法

　　ショ糖と長鎖脂肪酸のメチルエステルを，炭酸カリウムを触媒として，ジメチルホルムアミド中で減圧下にて反応させる。そして反応後トルエンを加え，未反応ショ糖を除去する。

② マイクロエマルション法

　　ショ糖，脂肪酸メチル，脂肪酸セッケンと水を混合，加熱してマイクロエマルションを形成させる。つぎにこのマイクロエマルション状態を維持させながら脱水させる。さらに少量の触媒を加えてエステル交換反応を進行させる。得られた粗ショ糖エステルから，セッケン，ショ糖および触媒を除去，精製して製品とする。

性質：

① 優れた乳化力，分散力を示す。
② ショ糖脂肪酸エステル水溶液は，低pH領域で酸による凝集が起きる。
③ アルカリ水溶液では加水分解が起きる。
④ 消化性：モノエステルは98％消化する。またエステル化度が大きくなるほど，脂肪酸鎖長が

長くなるほど消化性は悪くなる。
⑤ 生分解性に優れている。
⑥ 安全性がきわめて高い。
⑦ 抗菌性をもつものがある。カビ，酵母に対してはモノカプリン酸エステル，モノラウリン酸エステルが，グラム陽性菌に対してはジカプリン酸エステル，モノカプリン酸エステル，モノラウリン酸エステルが，中温芽胞菌，好酸性芽胞菌，耐熱カビに対しては高純度モノパルミチン酸エステルが，一般的な抗菌剤と比較しても遜色のないことが報告されている。

用途：モノエステルはおもに食品，化粧品用乳化剤として使用されている。食品工業では乳タンパクの変性防止，耐熱性菌に対する静菌効果が評価され，缶コーヒーなどに使用される。ミルクの乳化剤として多く使用されている。分散力に優れているため，カルシウム塩の分散剤として使用される。哺乳瓶洗浄剤原料としても使用される。ショ糖ステアリン酸ジエステルは保湿性に優れ，耐水性のあるクリームができ，また水溶液は発色性があると報告されている。

3.9 アルキルポリグルコシド

アルキルポリグルコシド（alkylpolyglucoside）は，糖と脂肪アルコールとのエーテル化物である。安全性が高く，非イオン界面活性剤でありながらアニオン界面活性剤なみの起泡力を示す。市販品のアルキル鎖長は8〜16，グルコシドの縮合度は1〜2である。縮合度1.5前後が最も泡立ちがよいといわれている。

製法：高級アルコールと糖とを酸触媒下，加熱して得られる。合成法はメチルグルコシドを原料とする方法と，グルコースを原料とする直接法とがある。反応方法は古くから知られた方法であるが，色がつきやすいため，多くの触媒，精製法に関して特許が出されている。洗浄剤としてデシルポリグルコシド，ヤシ油アルコールポリグルコシドが適しており，乳化剤としてはセチルポリグルコシドが使用されている。

性質：
① 起泡性が良好で安定性もよい。
② 洗浄力，浸透力に優れている。
③ カルシウムセッケン分散能に優れ，硬水中で使用可能である。
④ 皮膚および眼への刺激が少ない。
⑤ 生分解性に優れている。
⑥ アニオン界面活性剤との相互作用は小さい。

用途：
　洗浄剤：アルキル鎖が10～14のものが使用される。シャンプー，食器洗浄剤，ウール洗浄剤などに使用されている。
　乳化剤：アルキル鎖が14～16のものが使用される。

4　おわりに

　化粧品に用いられる界面活性剤とその利用について紹介した。特に長時間皮膚の上に塗布されるスキンケア化粧量に用いられる非イオン界面活性剤においては，高い安全性と乳化や可溶化といった機能性を求められる。その中で，感触などの嗜好性も重要視される化粧品用途界面活性剤は，界面化学的基礎物性だけでなく各用途にあわせた機能性を見出す必要があり，幅広く応用検討がされている。本稿が化粧品製剤技術の理解の一助となれば幸いである。

文　　献

1) G. Wayne *et al., J. Chem. Soc. Faraday Trans.*, **89**(15), 2823 (1993)
2) 特開平　22-100574
3) 岩永哲朗ほか，フレグランスジャーナル，**31**(12), 106 (2003)
4) "シュガーエステル物語"，第一工業製薬 (1984)

第19章　身体洗浄用界面活性剤

坂井隆也*

1　はじめに　～身体用洗浄剤と界面活性剤～

　身体洗浄用界面活性剤の歴史は長く，紀元前3000年，古代バビロニア王国においてすでに現在でいうところの石けん（脂肪酸金属塩）が身体洗浄剤として使用されていた[1]。そこから何千年もの間，石けんは人類の日常生活には欠かせない存在として，毛髪，身体，そして衣類など，ありとあらゆる洗浄用途に用いられてきた。しかし，第二次世界大戦後，合成界面活性剤が続々と工業化され，新しい消費者価値を提案する洗浄剤が世界中に広まることになる[2]。特に身体洗浄においては，硬水との接触で石けんから生成する水に難溶性の脂肪酸カルシウム／マグネシウム塩（スカム）の皮膚への残留，それに伴う皮膚や毛髪に与える極度のきしみ感やざらざら感，元来アルカリ性である石けんで弱酸性の身体を洗うことによって引き起こされる皮膚刺激・マイルド性への不安といった，石けんに対する消費者の不満足を解決するものとして，合成界面活性剤の応用研究はますます加速することになった。

　洗浄剤のもっとも重要な機能は，洗浄力であることに異論はないであろう。しかし，シャンプーを含む身体洗浄剤全般に関して，洗浄力を有することはすでに当たり前のことと捉えられ，より高い洗浄力を追求するための技術開発は行われなくなって久しい。皮膚洗浄剤の洗浄力は皮膚表面の皮脂の除去能力を意味し，高すぎる洗浄力は過度に皮膚の脱脂を引き起こす。皮脂は，体内からでた老廃物で，一部の成分は皮膚刺激を誘発して皮膚に悪影響を与える。その一方で，皮膚の保護膜としての機能も有しており，これが減りすぎると，外界からの皮膚への作用が強くなり，皮膚がダメージを受けることになる。従って，皮膚用洗浄剤の高い洗浄力と肌へのマイルド性は両立しえないと考えられてきた。その結果，皮膚用洗浄剤の開発は，可能な限り皮膚にマイルドな界面活性剤を用い，使用者が，「洗えた」「気持ちがいい」「きれいになった」を実感できるような洗浄感を演出する技術開発が主流であった。具体的には，泡立ちや，洗浄時，洗浄後の感触の良さといった官能評価に由来する性質である。

　皮膚洗浄用界面活性剤は，こうした背景のもと，主に4つの特性，
① 皮膚に対してマイルドであること。
② 皮脂汚れに対する基本的な洗浄力を有していること。
③ 酸性～弱塩基性の広いpH域で機能を発現し，配合安定性に優れること。

　＊　Takaya Sakai　花王㈱　基盤研究セクター　マテリアルサイエンス研究所
　　　上席主任研究員

第19章　身体洗浄用界面活性剤

④　消費者ニーズに応える適切な感触・風合い・機能を示すこと。

を満たすものが主流となってきた。本章においては，毛髪・頭皮を含む身体用洗浄剤（固形石けん，洗顔料，液体全身洗浄料，シャンプー，ヘアコンディショナー）に用いられる界面活性剤について，その役割別に紹介する。

2　身体洗浄用界面活性剤の使い方

　界面活性剤の実使用において，一種類のみで用いられることは非常に少ない。その最大の理由は，複数の界面活性剤を混合した時にしばしば見られる重要な特性，「相乗効果」を最大限に利用したいからである。界面活性剤の相乗効果とは，それぞれ単一の界面活性剤では示すことのない高い性能を，複数の界面活性剤を混ぜることで発揮する特性である。洗浄剤の設計においてこの機能は頻繁に用いられ，洗浄力，泡立ち，皮膚へのマイルド性など，その処方に必要な特性を相乗的に改善する組み合わせが用いられる。処方の土台を形成する主となる界面活性剤は第一界面活性剤または主界面活性剤と呼ばれ（表1），様々な機能を増強するために添加される界面活性剤は，補助界面活性剤またはブースターと呼ばれる（表2）。

2.1　第一界面活性剤

　第一界面活性剤は，処方系の基礎となる配合処方の配合安定性に優れ，洗浄剤の基本となる洗浄力や起泡性能を有している必要がある。第一界面活性剤は，製品のカテゴリーによってその種類が概ね決まっており，シャンプー，液体全身洗浄料，洗顔料，固形石けんでは，アニオン界面活性剤が用いられる。アニオン界面活性剤は，泡立ちの良さ，肌上での感触の良さという点で，皮膚洗浄剤の基本性能を広く満たしている。現在第一界面活性剤として広く用いられているアニオン界面活性剤（詳細は後述する）は，液体処方，固形処方といった洗浄剤の形体を安定に保つためにそれぞれ適切なものが選ばれ，単独もしくは複数種を適切な比率で混合して使用される。また，第一界面活性剤は大抵の場合，水を除くと処方中での配合量が最も多く，処方コストへの影響が大きいため，洗浄剤製品の価格設定によっても，使用の可否が左右される。一方，皮脂汚れに対する洗浄力に関しては，アニオン界面活性剤は，ポリオキシエチレンアルキルエーテルに代表されるノニオン界面活性剤には及ばないものの[3]，これが却って，皮膚から過剰な脱脂を起こさないという点で適切であるともいえる。ヘアコンディショナーにおいては，第一界面活性剤としてカチオン界面活性剤が用いられる。ヘアコンディショナーの役割は，シャンプーで洗浄した後の毛髪に塗布し，毛髪になめらかな感触とまとまりの良さを付与することである。従って，汚れに対する洗浄力は必要とされず，負電荷をもつ毛髪表面への効率的な吸着性能が求められるため，カチオン界面活性剤が必要となる。これは繊維柔軟剤がカチオン界面活性剤によって処方されているのと同じ理由である。このように，第一界面活性剤は，洗浄剤の主たる役割の提供，および製品形態を維持するための基本的な処方骨格を形成するのが最大の役割であり，コストパ

界面活性剤の最新研究・素材開発と活用技術

表1 身体洗浄剤に使用される第一界面活性剤

	界面活性剤	分類	分子構造	用途・主たる疎水基鎖長・対イオン種
(a)	脂肪酸石けん	アニオン界面活性剤	RCOO⁻M⁺	・固形石けん（RCO＝C16, 18を主とした混合組成；M＝Na） ・液体全身洗浄料・洗顔料（RCO＝C12, 14を主とした混合組成；M＝K）
(b)	脂肪酸イセチオン酸エステル塩	アニオン界面活性剤	R-COO-CH₂CH₂-SO₃⁻M⁺	・固形石けん（RCO＝ヤシ組成，C12, C14；M＝Na）
(c)	アシル化グルタミン酸塩	アニオン界面活性剤	R-CONH-CH(COO⁻M⁺)-CH₂CH₂-COO⁻M⁺	・固形石けん（RCO＝C12；M＝Na）
(d)	ポリオキシエチレンアルキルエーテル硫酸塩	アニオン界面活性剤	R-O-(CH₂CH₂O)ₙ-SO₃⁻M⁺	・液体全身洗浄料・洗顔料（R＝C12, 14；M＝Na） ・シャンプー（R＝C12, 14；M＝Na, NH₄）
(e)	モノアルキルリン酸塩	アニオン界面活性剤	R-O-P(=O)(O⁻M⁺)-O⁻M⁺	・液体全身洗浄料・洗顔料（R＝C12, 14；M＝Na, K, H, 有機アミン）
(f)	ポリオキシエチレンアルキルエーテルカルボン酸塩	アニオン界面活性剤	R-O-(CH₂CH₂O)ₙ-COO⁻M⁺	・液体全身洗浄料・洗顔料（R＝C12, 14；M＝Na）
(g)	アルキル硫酸塩	アニオン界面活性剤	R-OSO₃⁻M⁺	・シャンプー（R＝C12, 14；M＝Na, K, NH₄）
(h)	アルキルジメチルアミン酸塩	カチオン界面活性剤	R-NH⁺X⁻	・ヘアコンディショナー（R＝C16～C22；H⁺X⁻＝塩酸, 有機酸）
(i)	アルキルトリメチルアンモニウム塩	カチオン界面活性剤	R-N⁺X⁻	・ヘアコンディショナー（R＝C16～C22；X＝Cl, Br, MeSO4, EtSO4）
(j)	脂肪酸アミドプロピルジメチルアミン酸塩	カチオン界面活性剤	R-CONH-CH₂CH₂CH₂-NH⁺X⁻	・ヘアコンディショナー（RCO＝C16～C22；H⁺X⁻＝塩酸, 有機酸）

フォーマンスに優れることも重要な機能の一つである。

2.2 補助界面活性剤

　補助界面活性剤は，その名の通り，第一界面活性剤だけでは不十分な性能を補うために用いられる界面活性剤であり，その用途は多岐に及ぶ。一般には，第一界面活性剤および補助界面活性剤を，それぞれ単独で使用しても得られない高い性能を相乗的に得るために用いられる。それ

第19章　身体洗浄用界面活性剤

表2　身体洗浄剤に使用される補助界面活性剤

	界面活性剤	分類	分子構造	用途・主たる疎水基鎖長・対イオン種	機能・効果
(a)	長鎖アルコール	ノニオン界面活性剤	R-OH	・固形石けん（RCO＝C16, 18中心） ・液体全身洗浄料，洗顔料（C12, 14） ・ヘアコンディショナー（C16, 18）	増泡・皮膚の保湿（Superfatting）
(b)	長鎖脂肪酸	ノニオン界面活性剤	RCOOH	・固形石けん（RCO＝C16, 18中心） ・液体全身洗浄料，洗顔料（C12, 14）	増泡・皮膚の保湿（Superfatting）
(c)	脂肪酸アミドプロピルジメチルベタイン	両性界面活性剤	(構造式)	・固形石けん（RCO＝C12, C14, ヤシ組成） ・液体全身洗浄料，洗顔料，シャンプー（RCO＝C12, C14, ヤシ組成）	増泡・増粘・マイルド化
(d)	脂肪酸モノエタノールアミド	ノニオン界面活性剤	(構造式)	・液体全身洗浄料，洗顔料，シャンプー（RCO＝C12, 14, ヤシ組成）	増泡・増粘
(e)	脂肪酸ジエタノールアミド	ノニオン界面活性剤	(構造式)	・液体全身洗浄料，洗顔料，シャンプー（RCO＝C12, 14, ヤシ組成）	増泡・増粘
(f)	脂肪酸 N-メチルエタノールアミド	ノニオン界面活性剤	(構造式)	・液体全身洗浄料，洗顔料，シャンプー（RCO＝C12, 14, ヤシ組成）	増泡・増粘・粘弾性制御
(g)	ポリオキシエチレンアルキルエーテル	ノニオン界面活性剤	R-O(-CH$_2$CH$_2$O-)$_n$H	・シャンプー（R＝C12, 14）	洗浄力向上
(h)	アルキルポリグルコシド	ノニオン界面活性剤	(構造式)	・シャンプー（R＝C8, 10, 12）	増泡・増粘

は，洗浄力や起泡性能といった本質的な性能に留まらず，製品の保存安定性向上や，皮膚へのマイルド性向上などの，目に見えない用途に用いられるケースも多い。一種類の補助界面活性剤の添加で複数の性質が大きく変化することも多々見受けられ，その作用機序は極めて複雑で，未だ完全に理解されているわけではない。しばしば，「第一界面活性剤と補助界面活性剤間に強い分子間相互作用が働くことがその起源である」という説明も見受けられるが[4]，一部の相乗効果には当てはまるものの，分子間相互作用では説明できない事例も多い。これらの補助界面活性剤は，多数種を混合して使用することも頻繁に行われており，補助界面活性剤の選択と使いこなし

には，長年の経験によって培われたノウハウが最も重要な技術となるといっても過言ではない。各用途に用いられる代表的な補助界面活性剤を表2に記載した。

3　固形石けん

　数ある皮膚用洗浄剤の中で，最も長い歴史をもつのが固形石けんである。現在，日本では液体身体洗浄料（ボディシャンプー）が主流となっているが，世界的にみると身体を洗うには固形石けんが標準的である。1950年代までは，世界の固形石けんは長鎖アルキル脂肪酸をアルカリで中和した脂肪酸塩，すなわち「石けん」を固めたものであった。特に，水の硬度が高い欧米諸国では，水道水で石けんを使用すると，水道水に含まれる硬度成分によって即座に水に不溶の脂肪酸カルシウムまたはマグネシウム塩（スカム）が沈殿する。それが，毛髪や身体に沈着すると，極度のきしみ感・ザラつきが発生し，洗浄時の感触が極めて悪いため，感触のよい身体洗浄剤が望まれてきた。また石けんの基本的な性質として水中で弱塩基性を示すが，弱酸性の皮膚を洗浄すると皮膚に悪影響が出るとの懸念が大きく，中性以下のpHで使用できる洗浄剤が求められてきた。1950年代になり，身体洗浄剤に合成界面活性剤が使用され，初めてこれらの課題が解決された[6]。上記の石けんの課題を克服するために，石けんと合成界面活性剤を混ぜたコンビネーション・バー，合成界面活性剤のみで作ったシンデット・バーが欧米を中心として開発され，世界に広まった。固形石けんに用いられる界面活性剤は，基本的に高温，高湿度の浴室中で長期間形状を維持するだけの「硬さ」を確保するため，40℃程度の温度までは固体状態であって，容易に膨潤したり，お湯に溶け出したりしない安定性が必要である。

3.1　固形石けんの第一界面活性剤
3.1.1　脂肪酸石けん（表1(a)）

　ヤシ油などの植物油脂または牛脂から得られる長鎖アルキル脂肪酸を水酸化ナトリウムで中和して得られるアニオン界面活性剤である。固形石けんとして成形するため，C16～C18の長鎖域を中心とした混合石けんが用いられる。一般に弱酸と強塩基からなる塩であるため，水中では弱塩基性を示す。石けん独特のきめの細かいクリーミィで豊ぜた泡が特徴。上記のように，欧米では感触やマイルド性の観点から，皮膚用界面活性剤として好まれない傾向にあるが，日本を含むアジアでは（特に軟水の地域では），スカムの発生量が少なく，石けんで皮膚を洗うと「適度な」きしみ感が得られる。これが逆に，使用者に洗浄感や心地よさを想起させ，現在に至るまで，高い人気を誇っている。

3.1.2　脂肪酸イセチオン酸エステルNa塩（表1(b)）

　世界のコンビネーション・バー，シンデット・バーの第一界面活性剤として広く使用されているアニオン界面活性剤。硬水で使用しても不溶性のスカムを形成しないため，脂肪酸石けんのようなきしみ感が発現せず，しっとりとした柔らかい感触が得られる。強酸と強塩基の塩なので水

第19章　身体洗浄用界面活性剤

中では中性を示し，石けんの弱塩基性に由来する肌へのマイルド性に懸念を抱いていた消費者には，その感触の良さと相まって，絶大なる信頼を得た。石けんに比べると吸湿性が高く，固形石けんの型崩れがしやすい。比較的クリーミィで豊かな泡立ちが得られる。欧米では，バスタブから水抜きをした後に，バスタブ内壁にバスタブリング（不溶性の石けんスカムの沈着による輪）が残らないことも好まれる理由の一つであった。一方，化学構造にエステル基を有しているため，水溶液中では容易に加水分解して界面活性を失うばかりか，保存安定性が著しく損なわれるため，シャンプーやボディーシャンプーといった液体洗浄剤に使用されることは少ない。

3.1.3　アシル化グルタミン酸塩（表1（c））

皮膚にマイルドな界面活性剤として知られ，薬用を初めとする皮膚へのマイルド性を謳ったコンビネーション・バー，シンデット・バーに用いられる。脂肪酸石けんと同じカルボン酸塩型のアニオン性界面活性剤であるが，泡質は非常に軽く，泡立ちも比較的弱く，脂肪酸石けんの泡性能とは大きく乖離している。詳細は「4　液体全身洗浄料（ボディーシャンプー）・洗顔料」で触れる。

3.2　固形石けんの補助界面活性剤

3.2.1　長鎖アルコール，長鎖脂肪酸（表2（a），（b））

全ての洗浄剤が脂肪酸石けんで作られている時代から，脂肪酸石けんの補助界面活性剤として利用されてきた。パルミチルアルコール（C16）やステアリルアルコール（C18），あるいはパルミチン酸やステアリン酸を脂肪酸石けんに少量混ぜ込むことで，泡性能を著しく向上させることができることは古くから知られており，スーパーファットとも呼ばれる。しかしながら，これらは単独では水溶性が極めて低い油脂であるため，過剰な添加は，逆に泡立ちを阻害する。本来，脂肪酸石けんを用いて洗浄をする際，スカムより早く皮膚上に析出して皮膚に保湿効果をもたらすことから[5]，皮膚へのマイルド性を向上させる基剤として用いられるようになったのがその始まりである。

3.2.2　脂肪酸アミドプロピルジメチルベタイン（表2（c））

現在，世界で最も使用されている補助界面活性剤の代表である。高い水溶性を示し，工業的にも取扱いが容易で，アニオン界面活性剤に混合すると処方の起泡性能を大幅に改善できる優れたブースター効果から，その使用用途は広く，主に液体全身洗浄料やシャンプーに使用される。本界面活性剤の詳細は，次の「4　液体全身洗浄料（ボディーシャンプー）・洗顔料」で取り上げる。

4　液体全身洗浄料（ボディーシャンプー）・洗顔料

かつては全ての洗浄は固形石けんを用いて行われてきたが，消費者の生活様式の変化，消費者ニーズの多様化などから，皮膚洗浄料は，液体状のボディーシャンプーや，クリーム状の洗顔料

など，体の部位にあわせた機能や効果はもちろん，使いやすさも考慮された専門設計がされてきた。

顔は皮脂やメイク，外界から来る埃など，落とすべき汚れの種類が多く，高い洗浄力が求められる。また，顔はもっとも美を意識する部位であるため，使用後のつっぱり感のなさなど，消費者の要求事項も多い。

一方，液体全身洗浄料は，欧米での入浴スタイルがバスタブからシャワーに変化するに従い，使いやすさの追求から市場に登場したが，実際は脂肪酸石けんを水に溶解したものであり，基本的な毛髪や皮膚に対する感触は石けんそのもので，広く普及するには至っていなかった。1980年代，日本において，石けんより皮膚にマイルドな洗浄剤というコンセプトで，石けんによる弱アルカリ性を脱却した中性～弱酸性領域の洗顔料，ボディーシャンプーが登場する。それまでの界面活性剤より皮膚にマイルドで保湿能に優れる界面活性剤が開発され，積極的に製品に投入されて以来，日本では，洗顔料というカテゴリーが成長し，身体洗浄剤市場では液体全身洗浄料が中心となってきた。

4.1 液体全身洗浄料・洗顔料の第一界面活性剤
4.1.1 脂肪酸石けん（表1(a)）

固形石けん同様に脂肪酸石けんがボディーシャンプーの第一界面活性剤として使用されることも多い。これは，上記の通りアジア圏の消費者が，石けん特有の洗浄後の皮膚のきしみ感を好む傾向にあることや，合成界面活性剤に比べて圧倒的に安価であるためである。水溶液処方は弱塩基性である。固形石けんに用いられる長鎖型のナトリウム塩は水に不溶であり，液体処方を維持できないため，C12および14を中心とした短いアルキル組成が用いられる。また，脂肪酸石けんのクラフト点は，ナトリウム塩の25℃（C12の場合）に比べて，カリウム塩は10℃以下と大幅に低く水溶性が高いため，カリウム塩が用いられる[6]。

4.1.2 ポリオキシエチレンアルキルエーテル硫酸塩（表1(d)）

液体洗浄剤の第一界面活性剤として世界で最も使用されているアニオン界面活性剤。製造が容易で，水溶性に優れ，化学的にも安定性が高い。さらに他の界面活性剤との相溶性も良好であるため，優れた保存安定性を持つ液体処方を作ることができる。弱酸性～弱塩基性まで幅広いpHで使用可能である。アルキル鎖は主にC12のドデシルまたはC14のテトラデシルが用いられる。ポリオキシエチレン鎖のユニット数は，通常10以下の短いものが用いられる。これは，泡立ちや洗浄性能の低下を防ぐためである。脂肪酸石けんに比べて皮膚刺激性は低く，現在のマイルドな皮膚洗浄剤設計には無くてはならない界面活性剤である。泡立ちは脂肪酸石けんに比べて劣る傾向にあり，増泡効果のある補助界面活性剤を併用する。皮膚洗浄後に，日本では受け入れられ難い強いヌルつき感が出るのが特徴であるが，欧米ではこれが逆に「スムース感（すべすべ，つるつる）」として好まれる傾向にあるのは興味深い。

第19章　身体洗浄用界面活性剤

4.1.3　モノアルキルリン酸塩（表1(e)）

モノアルキル型とジアルキル型の混合体として長く工業用途で用いられてきた界面活性剤であるが，ジアルキル型を含まない製造方法が確立され，モノアルキル体に身体洗浄剤として重要な性能である高い起泡性と優れた皮膚マイルド性が確認され，身体洗浄用界面活性剤として利用されるようになった[7,8]。弱酸性～弱塩基性まで幅広いpH域で使用することができる。肌に与える感触は，脂肪酸石けんに類似した若干のきしみ感である。液体処方では，アルキル鎖長はC12～C14のものが使用されるが，化粧品などの分野ではさらに長いC16なども用いられる。生物の細胞膜を形成するリン脂質と同じリン酸エステル構造を有しており，通常のアニオン界面活性剤ではあまり見られないベシクル形成能，αゲル形成など，その会合特性もリン脂質と類似している[9]。実際に原始的な細胞膜の構成単位はイソプレン型のモノアルキルリン酸塩だったという報告もある[10]。

4.1.4　アシル化グルタミン酸塩（表1(c)）

皮膚にマイルドな界面活性剤として最も有名なアニオン界面活性剤。弱酸性～弱塩基性で使用可能。これらの特性を利用して，主に薬用の身体洗浄剤を初め，皮膚に対するマイルド性を訴求した身体洗浄剤に使用される[11]。脂肪酸石けんと同じカルボン酸型アニオン界面活性剤であるが，起泡性能は若干劣る。液体洗浄剤は，質感向上や保存安定性，使用感の向上のために適度な粘度を付けることが多いが，アシル化アミノ酸塩の水溶液は他の補助界面活性剤との混合では，増粘しにくい傾向にある。

4.1.5　ポリオキシエチレンアルキルエーテルカルボン酸塩（表1(f)）

古くから知られるアニオン界面活性剤で，香粧品用途，ハウスホールド用途，工業用途に広く使用されてきたが，近年になって，極めて優れた皮膚へのマイルド性を有しながら，皮脂に対する高い洗浄性能を示すことが明らかとなり[12,13]，「肌を守りながら，しっかり洗える」機能を具現化する液体全身洗浄料，洗顔料の主基剤として広く使用されるようになった。この皮膚へのマイルド性と高洗浄力は，これまで両立できない特性として，適切なバランスを取る形で処方設計がなされてきたが，本界面活性剤はその常識を覆し，一つの界面活性剤でそれを実現できた画期的な界面活性剤である。分子構造は，脂肪酸石けんにポリオキシエチレン鎖を導入したもので，一見，脂肪酸石けんと似た性質ではないかと想像させるが，水溶性，耐硬水性にも優れ，弱酸性～弱塩基性の広いpH領域で使用でき，その性質は大きく異なる。その一方，泡立ちは若干弱く，皮膚洗浄時の感触も石けんと異なり，若干ヌルつきを与える傾向にあるため，補助界面活性剤の併用が必要である。

4.2　液体全身洗浄料・洗顔料の補助界面活性剤

4.2.1　長鎖アルコール・長鎖脂肪酸（表2(a)，(b)）

固形石けんのスーパーファット補助界面活性剤として紹介したが，液体全身洗浄料・洗顔料においても同様の用途で用いられる。液体洗浄剤処方では，長期間溶液状態を維持しなければなら

ないため，固体石けんとは異なり，第一界面活性剤同様，疎水基鎖長が短めのC12〜C14程度のものを使用することが一般的である。泡性能を著しく向上させることができる上，第一界面活性剤だけでは粗くて軽い泡しか立たない場合も，これらの界面活性剤の添加によりクリーミィで質感のあるきめ細やかな泡に変えることができる。コスト的にも非常に有利であるが，いずれも本来は低水溶性の油脂であり，過剰量の添加は，処方の不安定化ばかりでなく，消泡性能まで引き起こしてしまう。

4.2.2　脂肪酸アミドプロピルジメチルベタイン（表2（c））

世界で最も使用されている補助界面活性剤の代表であり，最も汎用的な両性界面活性剤である。高い水溶性と，pHを問わず使用できることから使用が非常に容易であり，アニオン界面活性剤に混合すると処方の起泡性能，特に泡持ちを大幅に改善できる。この優れたブースター効果から，その使用用途は広く，主に液体処方の全身洗浄料やシャンプーには不可欠な補助界面活性剤となっている。また，液体処方に適度な粘度を付与し，使い心地をよくするのにも使用される。皮膚への低刺激性界面活性剤としても知られ，ベビー用洗浄剤などには第一界面活性剤として使用されることもある。両性界面活性剤であるが，アニオン界面活性剤と混合時には，その性質はカチオン界面活性剤に近く，アニオン界面活性剤との間に働く比較的強い分子間相互作用によりコンプレックスを形成する。これが増泡効果の本質であるばかりでなく[14]，アニオン界面活性剤の皮膚刺激性の低減効果にも直結することが知られている[15,16]。

4.2.3　脂肪酸アルカノールアミド（表2（d），（e），（f））

エタノールアミン類と脂肪酸または脂肪酸メチルエステルを縮合して得られるノニオン界面活性剤。エタノールアミン類としてジエタノールアミンを用いた脂肪酸ジエタノールアミドは肌にマイルドであるとともに，アニオン界面活性剤に対する増泡ブースター，増粘剤として高い性能を示すことから，多くの洗浄剤原料として長く使用されてきた。しかしながら，ジエタノールアミンの安全性への懸念が広まったことがきっかけとして，その使用量は急激に減少し，現在は，脂肪酸モノエタノールアミド，脂肪酸N-メチルエタノールアミドが主に用いられる。脂肪酸モノエタノールアミドは，ジエタノールアミドに比べて増泡性能は若干劣るものの，増粘剤としては優れている。一方で，水溶性が大きく劣るため，配合量を低めに設定しないと，洗浄剤処方から析出する可能性がある。逆に，脂肪酸N-メチルエタノールアミドは，常温では水に不溶の液体油であるが，アニオン界面活性剤との相溶性が高く，優れた増泡性能を示す[17,18]。また，各種界面活性剤との混合水溶液でワームライクミセル溶液を形成し，静置時には高粘度液体であるが，せん断力が掛かると，水のように流れるという興味深いレオロジー挙動を示すことが知られている[19,20]。これら脂肪酸アルカノールアミド類のアニオン界面活性剤に対する増泡効果は，双方の界面活性剤間に特異的な分子間相互作用が働かないことに起因しており[21]，同じ増泡効果であっても上述の脂肪酸アミドプロピルジメチルベタインとは全く異なるメカニズムで働いていることが分かっている。

第19章 身体洗浄用界面活性剤

5 シャンプー

　毛髪洗浄用シャンプーは基本的に液体処方であり，上述の液体全身洗浄料と使用される界面活性剤や設計方針は共通するところが多い。しかしながら，性能の評価軸は若干異なっている。共通するのは豊かな泡立ちが求められる点であるが，これは特に日本で求められる特性ともいわれている。皮膚用全身洗浄料に比べ，さらに消費者が官能的に認知できる以下の特性が重要視される。

- 毛髪への塗布時の広がり方，滑らかさなど
- 先発時の泡立ち・泡質・重さ，髪の毛の指通り感・質感，洗浄感など
- すすぎ時の指通り，すべり感，泡切れ性など
- すすぎ後，タオルドライ時の毛髪の質感・すべり感など
- 乾燥後の毛髪のまとまりやすさ，すべり感，さっぱり感など

　これらの洗髪行動の各場面において最適な感触を引き出す処方設計が基本となる。これらの特性を見ても，水中の硬度成分と結合して強いきしみ感を発現する脂肪酸石けんが，歴史とともにシャンプーに使用されなくなったことは，容易に納得できる。

5.1　シャンプーの第一界面活性剤
5.1.1　アルキル硫酸塩（表1(g)）

　世の中のシャンプーがまだ脂肪酸石けんで製造されていた1950年代に，水の硬度に影響を受けずに優れた起泡性と洗浄力を実現できるだけでなく，脂肪酸石けんのざらざらとした残留感もなく，肌のpHにより近い中性以下のpH領域で使用できる洗浄剤として，一躍世界に広まったアニオン界面活性剤である。C12の疎水基を有するドデシル硫酸ナトリウム（SDS，SLSと呼ばれる）が用いられることが多いが，その周辺の長さのアルキル鎖をもつものも併せて使用されることもある。本界面活性剤は，肌への刺激が強めであるため，現在では単独使用または大量配合されることはなく，その他の皮膚にマイルドな界面活性剤との混合や，カチオン性を持つ両性界面活性剤と複合化させることで，肌への刺激性を大幅に低下した形で用いられる。

5.1.2　ポリオキシエチレンアルキルエーテル硫酸塩（表1(d)）

　液体全身洗浄料の第一界面活性剤と同様，正に世界のシャンプーの第一界面活性剤といえる。上記のように高い水溶性，優れた保存安定性，他の界面活性剤との良好な相溶性，幅広い使用可能pH域と，ほとんど短所が無いのが最大の強みである。シャンプーでも，アルキル鎖は主にC12のドデシルまたはC14のテトラデシルが用いられるが，対イオンは，醸し出す感触に応じて，Na，Kに加えてアンモニウムなども使用される。ポリオキシエチレン（POE）鎖のユニット数は，通常10以下の短いものが用いられる。皮膚洗浄時には，使用後に，日本では受け入れられ難い強いヌルつき感が出るのが欠点であるが，毛髪に対しては，逆に弱いながらもきしみ感を与え，ポリマーなどを添加してより滑らかな方向に感触を調整する。単独でも起泡性能は悪くはな

いが，シャンプーとして求められる優れた起泡性を発現させるためには，増泡ブースターの併用が不可欠である。通常，その補助界面活性剤としては，脂肪酸アミドプロピルジメチルベタインなどの両性界面活性剤と脂肪酸アルカノールアミド類などのノニオン界面活性剤が併用される。

5.2 シャンプーに用いられる補助界面活性剤
5.2.1 脂肪酸アミドプロピルジメチルベタイン（表2（c））
上記の液体全身洗浄料・洗顔料と同じ用途で用いられる。
5.2.2 脂肪酸アルカノールアミド（表2（d），（e），（f））
上記の液体全身洗浄料・洗顔料と同じ用途で用いられる。
5.2.3 ポリオキシエチレンアルキルエーテル（表2（g））
長鎖のアルコールにエチレンオキシド（EO）を付加して得られるノニオン界面活性剤で，世界で最も生産量の多い界面活性剤である。その多くは，衣料用洗剤の第一界面活性剤や工業用界面活性剤として使用されている。起泡性能は極めて弱く，脂肪酸アミドプロピルジメチルベタインなどの増泡ブースターを併用しても，ノニオン界面活性剤であるため強い分子間相互作用が働かず，増泡効果は得られない。しかしながら，皮脂汚れを初めとする油汚れの洗浄性能（乳化性能）に優れるため，シャンプー処方では，洗浄力を増強する補助界面活性剤として用いられる。疎水基は，主として炭素数C12のドデシル基が用いられ，EO鎖が10モル以下の比較的短いものを使用するのが一般的である。EO鎖は短くなるに従い，汚れへの作用が高まり洗浄力を増強するが，その一方で，油を乳化して水中に留める性能が低下するとともに，配合安定性が低下するため，用途に応じて適切なEO鎖を選択する必要がある。
5.2.4 アルキルポリグルコシド（表2（h））
歴史の長い界面活性剤ではあるが，近年，天然原料由来のサステナブル・ノニオン界面活性剤として再び注目されている。脂肪酸アルカノールアミドと似た用途で使用されるが，増粘よりも増泡ブースターとしての色が強い。他のノニオン界面活性剤に比べ，水中での自己凝集性が高いため，アルキル鎖は比較的短めのものが使用される。

6　ヘアコンディショナー

これまで紹介してきた"洗浄"剤と異なり，ヘアコンディショナーは洗浄を目的としていない。シャンプーによって汚れが除去されて本来の姿に戻った毛髪は，水分を含むことで，非常に指通りが悪く，きしむ感触を示す。濡れた髪をこのままにしておくと，毛髪が絡まり，指・櫛通りが悪く，毛髪に大きなダメージを与えてしまい，「柔らかく，艶やかで，まとまりのある髪」とは程遠い状態に至ってしまう。ヘアコンディショナーは，こうした理想的な状態を実現するための毛髪物性改質が本来の目的である。現在では，ダメージ毛の改善，艶の付与，形状改質など，様々な機能を訴求した製品が市場投入されているが，それらの効果は，界面活性剤以外の添

第19章　身体洗浄用界面活性剤

加剤により達成されているため，界面活性剤の役割は，未だ毛髪の表面改質であることに変わりはない。従って，ヘアコンディショナーに用いられる界面活性剤に最も求められる性能は，心地よく処理でき，毛髪の櫛通りがよく，乾燥後に毛髪が綺麗にまとまるように仕上げられる性質である。ヘアコンデョショナーがリンスと呼ばれ，市場に投入され始めた時代は，お湯にリンスを入れてかき混ぜ，そこに頭を付けて処理していた。現在では，毛髪に直接塗布し，手で毛髪に広げていくのが主流であり，その際の広がり方，塗布時の重さ，感触も，界面活性剤が担う重要な性能である。

世界中のヘアコンディショナーの基本的な設計指針は共通である。洗浄剤では通常C12～14の疎水基を有する水溶性に優れる界面活性剤が使用されるが，ヘアコンディショナーではC16以上の超長鎖のカチオン界面活性剤を用いる。これは，負電荷を有する毛髪表面にゲルを静電引力で安定に定着させるためである。そこに水と大過剰の超長鎖アルコールを加え，高粘度のα-ゲルとして製品化する。ここでいうα-ゲルとは，水を大量に含み，ある程度流動性を有する固体相を指している。このα-ゲル相であることが，良好な塗布感と毛髪の仕上がり性を両立するために非常に重要であると考えられている[22]。

6.1　ヘアコンディショナーの第一界面活性剤
6.1.1　アルキルジメチルアミン酸塩，アルキルトリメチルアンモニウム塩（表1(h)，(i)）

C16以上のモノアルキルジメチルアミンを無機酸や有機酸で当量中和するか，もしくはメチルクロライドやジエチル硫酸などで4級化することで製造できる。C16～C22の超長鎖アルキル鎖のものが使用される。非常に疎水的な界面活性剤であるため，室温では水溶液を形成できず，泡などは全く起たない。非常に優れた毛髪感触を発現できるため世界中で広く利用されているが，カチオン界面活性剤の特徴ともいえる環境安全性（生分解性，水生生物毒性）が低いという課題がある。

6.1.2　脂肪酸アミドプロピルジメチルアミン酸塩（表1(j)）

長鎖アルキルジメチルアミン酸塩や長鎖アルキルトリメチルアンモニウム塩の環境安全性の向上という視点から使用されるようになったカチオン界面活性剤。これも同じようにC16～C22脂肪酸から製造される超長鎖アルキル鎖を持つものが使用される。コンディショニング性能は，アルキルジメチルアミン酸塩やアルキルトリメチルアンモニウム塩に比べて若干弱い感もあるが，大きな違いはない。特にC22型に関しては，より疎水基が長いにも関わらずC18型よりも水溶性に優れるなど，通常の界面活性剤では見ることができない興味深い特性が確認されている上[23]，環境安全性が著しく改善されたカチオン界面活性剤であることが分かっている[24]。

6.2　ヘアコンディショナーの補助界面活性剤
6.2.1　長鎖アルコール（表2（a））

第一界面活性剤であるカチオン界面活性剤をゲル化するのに不可欠なノニオン補助界面活性剤

である。これもやはりC16〜C22の非常に長い疎水基を有するものが使用される。コンディショナー性能に重要なα-ゲルは，カチオン界面活性剤1分子の周囲に，3分子のアルコールが等価に配向することで形成されることが分かっている[22]。従って，補助界面活性剤には分類したが，実際にはカチオン界面活性剤に対して大過剰量の配合が不可欠となる。

7　おわりに

　現在広く使用されている身体洗浄用界面活性剤に関し，その使用目的とその技術的バックグラウンドに着目した紹介をした。全体を見渡すと，ここ10年程度の間，新しい界面活性剤が投入された例は極めて少なく，身体洗浄剤用の界面活性剤系の設計は，「既存の界面活性剤の使いこなしによって行われている」ことが分かる。これは，界面活性剤の物性に関する基礎研究が進み，処方技術がノウハウばかりに頼ることなく，理論的に現象を解析・理解し，求める性能を発現する処方を設計できるようになってきたことによるものといえる。また，合成界面活性剤の安定した工業的製造方法が確立されて久しいことから，圧倒的な製造コストの低減がなされており，簡単には他の界面活性剤に置き換えられないのも事実である。

　未来に目を向けると，世の中の流れは，界面活性剤を含む化学物質に対する規制が今以上に強化され，消費者の「人および地球環境に対する安心・安全」への意識が増々高まり，倫理観をもった科学研究が強く求められるようになることは間違いない。このように考えると，今後，以前のように高機能であるという理由だけで，新しい界面活性剤が身体洗浄料に投入される機会は少なくなる一方であると予想される。未来の身体洗浄料がさらに高性能化し，人々がより快適な洗浄生活を享受するためには，界面化学および界面活性剤の基礎研究の発展が増々重要となるであろう。

文　　献

1) M. Willcox, "Poucher's Perfumes, Cosmetics and Soaps (10th ed.)", Hilda Butler, p.453, Kluwer Academic Publishers (2000)
2) R. Diez, *IFSCC Magazine*, **12**(3), 188 (2009)
3) POEアルキルエーテルは，衣料用洗剤の第一界面活性剤として世界で利用されてきた。このことからも，ハウスホールド用洗浄剤の最重要課題が，汚れの除去能力であることが分かる。
4) M. J. Rosen, 界面活性剤と界面現象, pp.405-433, フレグランスジャーナル社 (1995)
5) R. I. Murahata *et al.*, "Surfactants in Cosmetics (2nd Ed.)", pp.315-316, Marcel Dekker (1997)

6) J. W. McBain *et al.*, *J. Am. Oil Chem. Soc.*, **25**(6), 221, 1948
7) P. Thau, "Surfactants in Cosmetic (2nd ed.)", p.297, Marcel Dekker (1997)
8) G. Imokawa *et al.*, *J. Am. Oil Chem. Soc.*, **55**, 839 (1978)
9) 鈴木敏幸ほか, 日本化学会誌, (5), 633 (1986)
10) G. Pozzi *et al.*, *Angew. Chem. Int. Ed. Engl.*, **35**(2), 177 (1996)
11) D. Kaneko *et al.*, "Handbook of Cosmetic Science and Technology", A. O. Barel *et al.*, pp. 499-510, Marcell Dekker (2001)
12) T. Ozawa *et al.*, *J. Surfact. Deterg.*, **19**, 785 (2016)
13) M. Kagaya *et al.*, "10th World Surfactant Congress and Business Convention (CESIO 2015 Istanbul)" p.32 (2015)
14) 坂井隆也, 泡のエンジニアリング, pp.493-495, テクノシステム (2005)
15) E. G. Lomax, "Amphoteric Surfactants (2nd Ed.)" E. G. Lomax, pp.286-289, Marcell Dekker (1996)
16) J. G. Dominguez *et al.*, *Int. J. Cosmetic Sic.*, **3**, 57 (1981)
17) 堀西信孝ほか, *Fragrance Journal*, (11), 23 (2003)
18) T. Sakai *et al.*, *J. Surfact. Deterg.* **7**, 291 (2004)
19) C. Rodriguez *et al.*, *Langmuir*, **19**, 8692 (2003)
20) D. P. Acharya *et al.*, *Langmuir*, **19**, 9173 (2003)
21) 坂井隆也, *Fragrance Journal* 臨時増刊, (19), 117 (2005)
22) 渡辺啓, オレオサイエンス, **16**(7), 3 (2016)
23) T. Sakai *et al.*, *J. Oleo. Sci.*, **57**, 521 (2008)
24) M. Yamane *et al.*, *J. Oleo. Sci.*, **57**, 529 (2008)

第20章　快適で環境にやさしい洗剤のための界面活性剤

金子行裕*

1　はじめに

　私たちの健康で文化的な生活には，衣料・食器・住居などの洗浄や，皮膚・毛髪・歯などの身体洗浄が必要不可欠であり，さまざまな家庭用洗剤が開発・提供されている。洗剤機能の中心を担っているのは，可溶化，乳化および分散などの作用で汚れを除去する界面活性剤である。また，界面活性剤は，単に汚れを除去するだけにとどまらず，泡を立てて被洗物の損傷を抑えたり，泡で汚れを捕集したり，あるいは衣類や毛髪などに吸着して柔軟性を与えたり，帯電を防止するなどの機能を有して，幅広い用途で用いられている。

　家庭用洗剤は，世界中で大量に消費されるため，地球環境への配慮が重視されている。二酸化炭素削減の観点では，少量の洗剤で洗浄できる高効率な組成の開発や，従来の石油化学資源由来のものに代わる再生可能な植物原料の界面活性剤に関心が集まっている。高効率洗浄の研究については，汎用活性剤の組み合わせで見いだした自発的乳化作用の研究例を紹介する。再生可能な植物原料の界面活性剤については，パームヤシから誘導されるアニオン活性剤，ノニオン活性剤の特長について紹介する。

2　台所用洗浄剤における効率洗浄の実現

　食器についた多量の食物油脂を洗浄するには，油脂を洗液に分散する乳化作用が適している。油脂を分子レベルでミセルに可溶化するには，相応量の界面活性剤が必要となり効率的でない。台所用洗剤を用いた食器の洗浄では，油脂の乳化は，手洗いの機械力と界面活性剤の作用とによって進行する。ここで界面活性剤の乳化作用が不十分な場合は，擦りムラが生じると食器に油脂が残存して，洗い直す不具合が生じることになる。洗い直しという煩雑さは，消費者の方が食器洗いを嫌いな家事と感じる主な原因になっている。不具合を解消するには，手洗いの機械力に頼らず，静置下でも油脂を自発的に乳化する洗剤が有効である。自発的な乳化とは，機械力なしで油脂を乳化する作用[1]であり，エコ・省エネの観点から多くの産業プロセスで注目されている。

　しかし，従来から報告されている自発的乳化の系は，溶剤や無機塩を必要とする[2,3]ために家庭用洗剤としては実現が難しく，昇温が必要な系[4,5]は省エネに課題がある。また，油水界面の張力を低下するには，アニオン界面活性剤とカチオン界面活性剤を混合する方法があるが，界面

＊　Yukihiro Kaneko　ライオン㈱　研究開発本部　機能科学研究所

第20章 快適で環境にやさしい洗剤のための界面活性剤

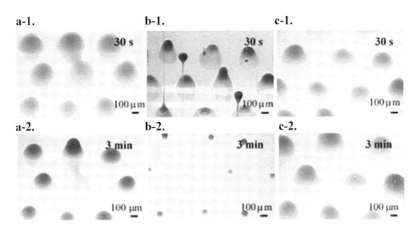

図1 PP板に付着したトリオレインが1wt%のAES/DDAO混合ミセル水溶液中で自発的に乳化する様子
(a)$X_{DDAO}=0$, (b)$X_{DDAO}=0.60$, (c)$X_{DDAO}=1$。DDAOのモル比X_{DDAO}が0.6のとき自発的乳化力が最も高まり、3分でほとんどのトリオレインが乳化する。

活性剤の析出が起こるために製品化が困難であった。この課題を解消する技術として見いだした、両性界面活性剤-アニオン界面活性剤混合系の特長[6]を紹介する。図1に、プラスチック食器の代表であるポリプロピレン（PP）板に付着した食物油脂の主成分であるトリオレインが両性界面活性剤ドデシルアミンオキサイド（DDAO）とアニオン界面活性剤アルキルエーテルサルフェート（AES）の通常洗浄濃度である1wt%のミセル水溶液中でDDAOのモル比X_{DDAO}に依存して自発的な乳化が起こる様子を捉えた写真を示す。

トリオレインの重量減少から求めた洗浄率とX_{DDAO}との関係を図2に示す。浸漬2分後の洗浄率は、$X_{DDAO}=0.60$で最大となり、その値は94%に達する。図3にトリオレインと各洗浄液の平衡界面張力の値を示す。X_{DDAO}の値が0.20～0.80の範囲では、平衡界面張力の値に大きな変化はなく、自発的乳化が発現するには、平衡界面張力が低下すること以外にも主因子が存在することが示唆される。図4に動的界面弾性と動的界面張力の低下速度$(d\gamma_t/dt)_{max}$の関係を示す。動的界面張力の低下速度が増すと、界面弾性が低下しており、Marangoni効果が作用しにくくなることがわかる。Marangoni効果は、トリオレインの乳化を抑制する。すなわち、拡張界面に界面活性剤の吸着が追いつかないと、周囲よりも拡張部の界面張力が高まり界面収縮を起こして乳化を抑制する。このとき、拡張界面への界面活性剤の吸着が十分早ければ、Marangoni効果は働かず、常に界面張力が低いことで自発的な乳化が起こりやすくなる。$X_{DDAO}=0.60$のとき、DDAOの7割が溶液中のプロトンと結合してカチオン界面活性剤となることがpH滴定の結果からわかっている。カチオンとなったDDAOの量は、アニオン界面活性剤AESと等モルであり、ゼータ電位の測定結果よりミセル表面と油水界面は電気的に中和されて、互いに接近できる状態にあることがわかっている。このことが界面活性剤の油水界面への吸着を高める主原因の一つと推察している。本系は、従来の自発的乳化に必要であった溶剤、無機塩、昇温を必要とせずに、汎用活性剤

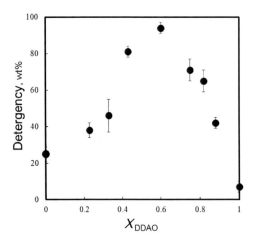

図2 AES/DDAO混合ミセル溶液1wt%のPP板上のトリオレインに対する静置下での洗浄力

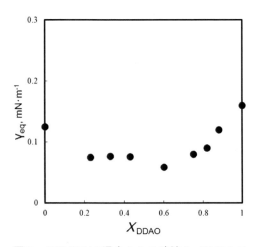

図3 AES/DDAO混合ミセル溶液1wt%のトリオレインに対する平衡界面張力

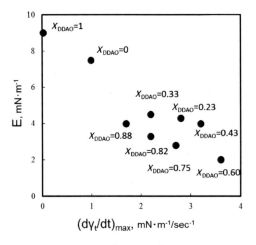

図4 AES/DDAO混合ミセル溶液1wt%のトリオレインとの界面における動的界面張力の低下速度と界面弾性の関係

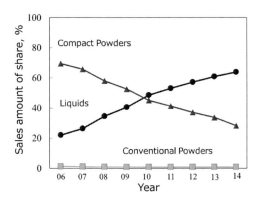

図5 日本市場における衣料用洗剤の推移状況

のDDAOとAESのモル比を制御するだけでトリオレインを自発的に乳化できる。その結果，擦り洗いの労力低減と，擦りムラによって生じる汚れの洗い残しを軽減する利点を提供することができる。

3　衣料用液体洗剤における植物由来の界面活性剤の活用

図5に日本市場における衣料用洗剤の市場推移を示す。2010年に液体タイプの洗剤が粒状タイ

第20章 快適で環境にやさしい洗剤のための界面活性剤

プの洗剤シェアを追い越してから5年が経とうとしている現在も液体タイプの洗剤の市場成長は続いており，液体タイプの洗剤の市場は，拡大から差別化のステージへと進展した。粒状タイプから液体タイプへの変換は，タイ，マレーシア，シンガポール，韓国，香港，台湾などほとんどのアジア諸国でも進んでおり，世界的な兆候となっている。世界中で大量に消費される衣料用洗剤の分野では，地球環境への配慮・二酸化炭素削減のために，少量の洗剤で洗浄が可能な高効率組成の開発や，従来の石油化学資源由来のものに代わる再生可能な植物原料から得られる界面活性剤の提供に関心が集まっている。本節では，パームヤシから誘導されるアニオン活性剤である α-スルホ脂肪酸メチルエステル塩（MES）と，ノニオン活性剤である脂肪酸メチルエステルエトキシレート（MEE）の特長について紹介する。

3.1 α-スルホ脂肪酸メチルエステル塩

アニオン界面活性剤であるMESは，カルシウムやマグネシウムなど硬度成分を含む水道水中で使用しても，汎用のアルキルベンゼンスルホン酸ナトリウム（LAS）やアルキルサルフェート（AS）に比べてCa塩となって析出する速度が遅いために，実用的な洗浄条件では洗浄力の低下が小さく[7]，洗浄力に優れることが報告されている[8～11]。図6に皮脂汚垢布（Krefeld 10D）のCa硬度180 mg as $CaCO_3$，アルカリビルダーNa-Ash 250 ppm，カルシウム捕捉ビルダーZeolite 300 ppmでの

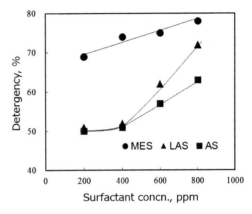

図6 MESの皮脂洗浄力と界面活性剤濃度の関係

洗浄力を示す。MESは耐硬水性に優れるために低活性剤濃度でも洗浄力を発揮できる。MESの皮脂に対する優位な洗浄性能は，皮脂の代表成分であるトリオレインの油／水界面への作用の違いからもわかってきた。図7に綿布に含浸したトリオレインがミセル水溶液によって除去される

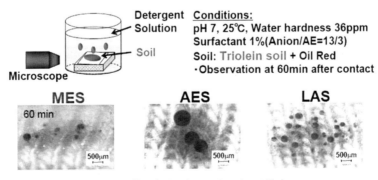

図7 綿に含浸したトリオレインの除去

ときの写真を示す。

　MESではトリオレインが連続的に油滴を生成して乳化が進むが，AESは界面張力の低下が不十分なため油滴が大きくならないと乳化できないこと，LASは初期に乳化を起こすが時間とともに油／水界面に弾性的な液晶膜が生成して，乳化が停止してしまうことがわかってきた。また世界消費量約544万t/yearと主要な界面活性剤として使われているLAS（図8）の一部をMESに置換すると，洗浄力を維持して総界面活性剤を減らせるメリットがあることや，耐硬水性の悪いLASを用いた洗剤で用いられているCa捕捉ビルダーであるトリポリリン酸ソーダの削減につながることがわかり，MESユーザーが増えている。

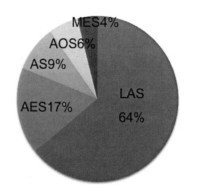

図8　アニオン界面活性剤の2012年市場規模

　表1にMESを主活性剤とした液体タイプモデル洗剤の溶解温度と粘度を示す。MESを液体タイプの衣料洗剤に用いるには，洗浄力に優れるアルキル基C16, 18のミセル溶解温度を下げなければならない課題があったが，鎖長混合あるいは対イオン交換によって改善できることがわかってきた。

3.2　脂肪酸メチルエステルエトキシレート

　非イオン界面活性剤は，静電相互作用による手肌への吸着が少なく肌荒れを起こしにくいこと[12]，結晶性が低いために液体タイプの洗剤を安定配合しやすい[13]などの理由で，台所用洗剤，シャンプーなどに広く使われている。MEEは，アルコールエトキシレート型界面活性剤（AE）に比べ，高粘度のヘキサゴナル液晶を形成する濃度と温度の範囲が狭く，界面活性剤濃度が40～50％の溶液を調製しても流動性があり，また水道水への溶解性も高いため，超濃縮液体ヘビー洗剤として用いられている。超濃縮液体ヘビー洗剤の洗剤使用量は従来品の半分となり，包装容器の削減と輸送回数の削減によって二酸化炭素排出量を20％削減することができている。しかし，消費者の方々にとっては，従来の洗剤使用量の半分で洗浄力が確保できることへの不安があり，製品導入にあたっては解消する洗浄訴求を確立することが課題であった。目に見える色汚れにつ

表1　MESを主活性剤とした液体タイプモデル洗剤の溶解温度と粘度

液体タイプ洗剤モデル組成	溶解温度（℃）	粘度（mPa·sec）
C_{16}MES（Na塩）15％	38	10
C_{16}MES（MEAとH_2SO_4で対イオン交換）10％	32	10
C_{16}MES 10％／LAS 5％／AE 5％／石鹸5％／MEA 0.5％	24	10
C_{16}MES 10％／LAS 5％／AE 5％／石鹸5％／MEA 5％	2	1000

第20章 快適で環境にやさしい洗剤のための界面活性剤

 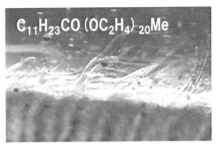

図9 綿布に含浸したオレイン酸が静置状態でミセル水溶液に可溶化される様子を20℃，3分後に撮影（左：AE，右：MEE）

いては既存製品で一定の洗浄力が確保されており，差別化が意味をもたない。一方で，消費者が行う汚れ落ちの判断に，わずかに残っても感じ取れるニオイがあることがわかり，皮脂臭の元となるオレイン酸に対する洗浄力に特長を見いだすことができた。図9にオレイン酸を綿布に含浸後，洗浄液に浸したときの可溶化挙動を示す。

左図のAEのミセル水溶液は，十分な機械力をかけるとオレイン酸を可溶化できるが，洗濯機の機械力が届かない繊維深部の状態に相当する静置下条件では，オレイン酸／水界面に不溶性の液晶層を形成して可溶化が起こらないが，一方右図のMEEのミセル水溶液は静置下でも連続してオレイン酸を可溶化する様子が屈折率揺らぎによって確認できる。その結果，皮脂臭がなくなることが認知され，ニオイ汚れも洗浄できる洗浄剤として市場に受け入れられた。

4 おわりに

私たちの豊かで文化的な生活をさまざまな場面で支える洗剤。その主剤である界面活性剤に注目して，進めた研究をまとめた。世界中のさまざまな場面で多量に使われる界面活性剤。だからこそ，地球にやさしい技術を提供したい。そしてその技術を使っていただくために，お客様にとっての価値を生み出したいと考えている。お皿のような硬い表面に多量についた油を一気に落としたいとき，あるいは繊維にわずかに浸み込んでしまったニオイの元になる油を溶かし出したいとき，場面に応じて最適な方法を提供することが洗剤メーカーの役割だと考えている。

文　　献

1) J. T. Davies, & E. K. Rideal, "*Disperse systems and adhesion in Interfacial phenomena 2nd Edition*", pp. 360-367, Academic press, New York (1963)

2) K. Ogino, & M. Ota, *Bull. Chem. Soc. Japan*, **49**, 1187 (1976)
3) C. A. Miller, & K. H. Raney, *Colloids Surfaces A: Physicochem. Eng. Aspects*, **74**, 169 (1993)
4) M. J. Rosen, & X. Y. Hua, *J. Am. Oil Chem. Soc.*, **59**, 582 (1982)
5) M. Abe, *et al.*, *J. Colloid Interface Sci.*, **127**, 328 (1989)
6) C. Endo, *et al.*, *J. Oleo Sci.*, **64**, 953-962 (2015)
7) M. Fujiwara, *et al.*, *Colloid Polym. Sci.*, **271**, 780-785 (1993)
8) T. Okano, *et al.*, *J. Am. Oil Chem. Soc.*, **69**, 44-46 (1992)
9) T. Ogoshi, & Y. Miyawaki, *J. Am. Oil Chem. Soc.*, **62**, 331-355 (1985)
10) H. Lewandowski, M. J. Schwuger, "*α-Sulfomonocarboxylic esters*", Surfactant Science Series, **114**, 425-466, Marcel, D. (2003)
11) A. D. Bangham, *Ann. Rev. Biochem.*, **41**, 753 (1972)
12) D. Papahadijopoulos, *Progress in Surface Science*, **141**, Oxford (1974)
13) D. G. Cameron, *J. Mol. Struct.*, **60**, 262 (1980)

第21章　工業用洗浄剤への界面活性剤応用技術

中川和典[*]

1　はじめに

　界面活性剤がもつ作用で我々が最も身近に感じるものの一つが「洗浄」である。しかし，そのメカニズムは非常に複雑で，洗浄には界面活性剤のさまざまな作用が機能している。

　食器についた油汚れの洗浄を例にとると，まず界面活性剤は油汚れに吸着し，油と洗浄液の間の界面張力を低下させる。次に，湿潤・浸透作用によって油と食器の間に入り込み，手洗いなどの外的な力の助けも借りて汚れを食器から引き離す。引き離した汚れを界面活性剤が形成するミセル内部に吸着し，溶液中へ分散することで，再び食器に付着するのを防止する。このように，界面活性剤の表面張力低下能，湿潤・浸透作用，乳化・可溶化・分散作用などは，洗浄作用において重要な因子となっている[1]。

　工業用洗浄剤は，自動車，電機・電子，精密機器，ガラス，セラミックス，樹脂などの洗浄に幅広く使用されている。洗浄は，受け入れ前・中間・最終仕上げなど，さまざまな工程で行われ，素材表面の清浄度や信頼性の向上に不可欠である[2]。

　工業用洗浄剤は主に水系，準水系，非水系の3つに分類される（表1）。水系洗浄剤は界面活性剤，キレート剤，ビルダー，酸あるいはアルカリなどを水に溶解させた洗浄剤である。各種金属やガラス，樹脂に至るまで幅広い材質に対してさまざまな水系洗浄剤が開発されている。準水系洗浄剤は溶剤，界面活性剤からなる洗浄剤である。溶剤の溶解力と種類によっては界面活性剤の性能も併せて，水溶性の汚れ，非水溶性の汚れに対して高い洗浄力を有する。非水系洗浄剤は非水溶性の溶剤からなる洗浄剤であり，フッ素系溶剤，臭素系溶剤などが知られている。非水溶性の汚れに対して高い洗浄力を有する。乾燥しやすいなどの利点がある一方で，VOC（揮発性有機化合物）の問題などがある。

　これら洗浄剤にはそれぞれ一長一短があり，最適なものを選択することが重要である。洗浄剤の選択でポイントとなるのは基質（何を洗うのか），汚れ（何を除去するのか），洗浄方式（どのように洗浄するのか）の3つである。

　工業用洗浄剤は溶剤系洗浄剤の需要が多く，界面活性剤が最も有効性を発揮する水系，準水系洗浄剤の需要は全体の3割程度である（図1）。しかしながら，安全性が高く，環境への影響も少なく，油性汚れや微粒子汚れなどの洗浄に高い性能を発揮するという点で水系洗浄剤の有用性

---

[*]　Kazunori Nakagawa　第一工業製薬㈱　機能化学品事業部　機能化学品開発研究部
　　主任研究員

表1 工業用洗浄剤の分類

分類		代表例
水系	アルカリ系	アルカリ＋界面活性剤＋その他
	中性系	界面活性剤＋その他
	酸系	酸＋界面活性剤＋その他
準水系		グリコールエーテル系，NMP（N-メチル-2-ピロリドン），テルペン系炭化水素（＋水）他
非水系	炭化水素系	パラフィン系，ナフテン系，芳香族系など
	フッ素系	HFE（ハイドロフルオロエーテル），HFC（ハイドロフルオロカーボン），環状HFCなど
	塩素系	塩化メチレン，トリクレン，パークレンなど
	その他	臭素系（1-ブロモプロパン），アルコール系（IPA），アセトンなど

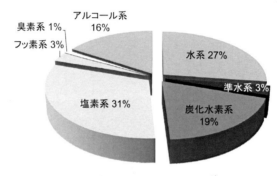

図1 産業用洗浄剤の需要割合[3]

は高いものである。本稿では，界面活性剤を工業用洗浄剤へ応用するために注目すべきポイントを述べる。

2 界面活性剤の分類と性能について

　界面活性剤は分子内に親水基と疎水基を併せ持つ物質であり，水に溶解するときの形態により，4つに分類される（表2）。特徴の詳細は他多数の解説書を参照いただきたいが，工業用洗浄剤に用いる界面活性剤として特に重要と思われるポイントを，代表的な界面活性剤とともに述べる[4]。

　アニオン界面活性剤は，界面活性剤としては最も広く使われているもので，カルボキシル基を有する脂肪酸塩（せっけん），硫酸エステル型，スルホン酸塩型などがある。せっけんやアルキルベンゼンスルホン酸塩など洗浄剤用として優れる界面活性剤も多い。カチオン界面活性剤は固体表面に吸着し，柔軟性，殺菌性，帯電防止性に優れるが一般工業用の洗浄剤の界面活性剤としての使用例は少ない。両性界面活性剤は泡立ちの安定性や皮膚刺激が少ないなどの特長から，皮

第21章 工業用洗浄剤への界面活性剤応用技術

表2 界面活性剤の分類と洗浄剤において重要となるポイント

分類	洗浄剤用途に役立つポイント	代表的物質
アニオン界面活性剤	●最も広く用いられる ●電荷による遮蔽効果	●アルキルベンゼンスルホン酸ナトリウム ●アルキル硫酸ナトリウム
カチオン界面活性剤	●殺菌作用 ●帯電防止効果	●第4級アンモニウム塩
両性界面活性剤	●泡の安定性が高い ●人体に対して刺激が少ない	●アルキルジメチルアミノ酢酸ベタイン ●アルキルジメチルアミンオキシド
非イオン界面活性剤	●アルキレンオキサイドによる親水・疎水バランスのコントロールが容易 ●曇点を有する	●ポリオキシアルキレンアルキルエーテル ●プルロニック型界面活性剤 ●アルキルアルカノールアミド

膚や毛髪用の洗浄に用いられている。工業用洗浄剤としては，アニオン界面活性剤に比べればその汎用性は低いものの，泡立ちのコントロールができればその応用範囲は広がるといえる。非イオン界面活性剤はその洗浄性の高さ，使いやすさ，また低価格であるという面からアニオン界面活性剤とならび広く洗浄剤用界面活性剤として用いられている。非イオン界面活性剤の中で最も使用されているものとしてポリオキシアルキレンアルキルエーテル型界面活性剤が挙げられる。これは，疎水基であるアルキル鎖にエチレンオキサイド，プロピレンオキサイドを付加させることによって合成される。疎水基炭素鎖長とアルキレンオキサイドの付加モル数を調整することによって，物性をコントロールすることが可能であり，洗浄剤原料として非常に扱いやすい。分子構造を最適化することでターゲットとなる洗浄条件に合った界面活性剤の設計ができる。

工業用洗浄剤はこれらの界面活性剤の有する特長を最大限に生かして，目的とする洗浄を実現するために限りなく性能を高めていることが多い。通常ほとんどは一定水準の品質管理のもと，除去対象物を洗浄方式・洗浄時間・コストなど限られた条件で洗浄し，部品あるいは製品などの基質を清浄に仕上げることが求められる。

3 洗浄のメカニズムと界面活性剤の役割について

界面活性剤を用いた洗浄剤がどのように洗浄効果を発揮しているのかを代表的な現象について述べる。一つの考え方として，汚れの種類によって洗浄機構が区別できる。洗浄という現象が非常に複雑な作用の総合現象であることは先に述べたとおりであるが，洗浄のメカニズムとして，広く知られているものについて説明する[5~7]。

汚れの種類が，油性汚れの場合，その除去機構はローリングアップによって説明できる。一方，微粒子汚れの場合には基質，および微粒子への界面活性剤分子のぬれ，さらに界面活性剤の吸着により，基質から微粒子を除去するためのエネルギー障壁が低下するということで説明できる。

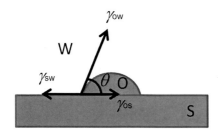

$$R = \gamma_{os} - \gamma_{sw} + \gamma_{ow}\cos\theta$$
$$= \Delta j + \gamma_{ow}\cos\theta$$

図2　基質上に付着している油性汚れ

図3　油性汚れのローリングアップ（左：完全除去，右：不完全除去）[8]

3．1　油性汚れの除去機構

　図2のように基質（S）に液体状の油性汚れ（O）が付着している場合，これを洗浄液（W）に浸漬すると油性汚れが浮かびあがるように基質表面から脱離してくる。この現象はローリングアップと呼ばれる。ローリングアップ現象は界面活性剤の効果として説明される（図3）。

　基質に油が接触角（θ）で付着している場合，平衡状態ではyoungの式が成り立つが洗浄液中では，基質，油，洗浄液の3相の境界で油を巻き上げる力Rが働く。γは各相に働く界面張力である。ここで$\gamma_{os} - \gamma_{sw}$は$\Delta j$と置き換えられ基質上の油滴を単位面積分だけ洗浄液（水相）に置き換えるときの界面自由エネルギーの減少量を意味する。洗浄液中では，γ_{sw}，γ_{ow}が減少する。ここで，Δjとγ_{ow}との大小によって，以下の2通り考えられる（図3）。

　①　$\Delta j > \gamma_{ow}$の場合，油汚れは完全に除去される。（完全な除去）
　②　$\Delta j < \gamma_{ow}$の場合，$R = 0$になる接触角で巻き上げは停止する。（不完全な除去）

　したがってローリングアップを効果的に生じさせるためには，γ_{ow}を小さくすることが有効な手段の一つといえる。例えば，水とノルマルヘキサンの界面張力は約51 mN/mである。ここで，界面活性剤として，ポリオキシアルキレン分岐デシルエーテルを用いると界面張力は6～7 mN/mまで，ポリオキシエチレンイソデシルエーテルを用いると10～12 mN/mまで低減させることができる（表3）。洗浄剤として考える場合には，後述するその他の因子も考慮して界面活性剤を選択していく必要があるため，界面張力のみで決定することはできないが，対象となる油に適した界面活性剤の選定として，界面張力を一つの指標として用いるのは有効である。

第21章 工業用洗浄剤への界面活性剤応用技術

表3 非イオン界面活性剤水溶液とn-ヘキサンとの界面張力

構造	HLB	曇点（℃）	界面張力（mN/m） (n-ヘキサン)
ポリオキシアルキレン分岐デシルエーテル	13.2	40	7.1
（当社製品名：ノイゲンXL）	13.8	55	6.5
：非イオン界面活性剤	14.7	79	6.4
ポリオキシエチレンイソデシルエーテル	12.3	37	12.0
（当社製品名：ノイゲンSD）	13.2	64	11.1
：非イオン界面活性剤	14.3	80	10.0

3.2 固体微粒子汚れの除去機構

　固体微粒子の除去機構は，基質と微粒子に対する洗浄液のぬれ，基質から微粒子の脱離，洗浄液中への安定分散，系外への排出というステップで進む。

　このメカニズムを理解するために，まずは粒子間に働く相互作用を考えることが有効である。粒子間の相互作用については，これを反発相互作用と引力相互作用の総和として取り扱うDLVO理論が知られている。

　図4のように粒子間にはその距離に応じた引力（曲線1）と反発力（曲線3）が働いており，その総和として全ポテンシャルエネルギー（曲線2）が与えられる。接近している微粒子同士を引き離すには，界面活性剤のぬれ，吸着により粒子間のポテンシャルをコントロールすることでそれが可能になる。最も簡単に考えるとイオン性界面活性剤を微粒子に吸着させることで粒子間の斥力を高めることが可能となる。その指標として用いられるものに，ゼータ電位がある。

　固体粒子は水溶液中では通常，表面に電荷を帯びており，その付近には反対電荷のイオンが近づき粒子表面で電気二重層を形

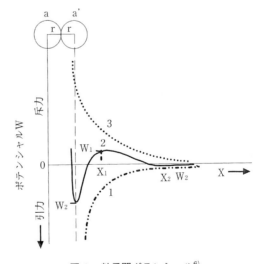

図4　粒子間ポテンシャル[6]

成している。実際には液中の粒子は，この粒子を中心とした固定層（stern層）および拡散層の一部を伴って動くものとみなすことができる。この動くときの表面を滑り面（ずり面）といい，無限遠を基準としたときの滑り面の電位をゼータ電位と呼ぶ。

　アルミナ微粒子の界面活性剤水溶液中でのゼータ電位を例にとると，非イオン界面活性剤は効

表4 アルミナ微粒子のゼータ電位

構造	界面活性剤濃度（％）	ゼータ電位（mV）
ポリオキシエチレンラウリルエーテル	0.01	＋20.5
（当社製品名：DKS NL）	0.05	＋13.6
：非イオン界面活性剤	0.10	＋9.1
直鎖アルキルベンゼンスルホン酸ナトリウム	0.01	－41.1
（当社製品名：ネオゲン）	0.05	－58.9
：アニオン界面活性剤	0.10	－65.6

（アルミナ粒子径：0.7μm/0.1％含有）

果が低いが一方アニオン界面活性剤の効果は高く，電気的反発力により高い分散性が期待できる（表4）。

　実際に基質から微粒子汚れを除去する洗浄の観点では，DLVO理論をさらに発展させたヘテロ凝集理論による取り扱いがあり，基質と微粒子間のエネルギーが議論される。基質，微粒子に界面活性剤がぬれ，吸着することによって基質と微粒子間との静電斥力により，微粒子汚れを引き剥がす効果を高めることができる。さらに，液の撹拌など外的な機械力により，引き剥がす効果はより高められる。ただし，注意点は，非イオン界面活性剤が必ずしも劣るという結論にはならないことである。微粒子に界面活性剤が吸着し，立体的遮蔽効果による影響も見込めるため，ゼータ電位のみで議論することはできず，油性汚れの場合同様，洗浄条件等の他さまざまな因子をあわせて最適な洗浄剤を構成する必要がある。

3.3　留意すべきポイント（再付着防止，泡立ち，すすぎ）

　工業用洗浄剤に用いられる界面活性剤において注意が必要なポイントを述べる。

① 　再付着防止

　基質から脱離させた汚れは再付着することなく，系外に排出されることが望ましい。油性汚れは，洗浄剤の乳化・分散による安定化が再付着防止に効果を示し，また固体微粒子汚れは微粒子へ吸着した界面活性剤の電気的および立体的な遮蔽効果により，液中での安定な分散が有効である。

② 　泡立ち

　通常，工業用洗浄剤は泡立ちが低いことが望ましい。もしくは泡が高くても，速やかに消失するものであれば，操業上使用可能と判断される。特に，スプレー洗浄など洗浄対象物に対して洗浄液を打ちつけるような洗浄方式の場合や界面活性剤水溶液の泡が安定しやすい低温条件での洗浄では注意が必要になる。消泡剤の併用も一つの方法だが，泡立ちの低い界面活性剤を用いることで，泡立ちの低い洗浄剤をつくることができる。例えば，疎水基の分子構造とエチレンオキサイド，プロピレンオキサイドの付加モル数を最適化することによって低泡性に特化した界面活性剤の設計も可能となる（表5）。

第21章　工業用洗浄剤への界面活性剤応用技術

表5　ポリオキシアルキレン型非イオン界面活性剤の起泡力データ

(測定法：ロスマイルス法)

構造	HLB	起泡力 (mm, 25℃, 0.1%水溶液)	
		直後	5分後
ポリオキシアルキレン 分岐デシルエーテル (当社製品名：ノイゲンXL)	10.5	12	4
	12.5	61	23
	13.2	68	22
ポリオキシアルキレン 分岐デシルエーテル (当社製品名：ノイゲンLF-X)	12.4	3	1
	13.3	20	4
	14.5	68	8

表6　ガラス基板に対する非イオン界面活性剤のすすぎ性

親水基	HLB	疎水基		
		イソデシル (C10・分岐)	ラウリル (C12・直鎖)	イソトリデシル (C13・分岐)
ポリオキシエチレン鎖	約10	×	×	×
	約12	△	◎	△
	約13	◎	◎	○

評価基準：(優れる) ◎＞○＞△＞× (劣る)

③　洗浄剤のすすぎやすさ

　洗浄剤で汚れを除去したのち，通常すすぎ槽で洗浄液をすすぐことが必要である。汚れを除去しても洗浄剤成分が表面に残渣として残ると，場合によっては部品の信頼性が低下する。洗浄のあとのすすぎは複数の槽で回数を重ねることが望ましい。また，界面活性剤の種類によってはすすぎやすいものと，すすぎにくいものがある。例えば，ポリオキシエチレン型非イオン界面活性剤のすすぎやすさは表6の評価結果がある。疎水基が同じ場合，HLBが高い方がすすぎ性はよく，同じHLBで比較した場合には疎水基によってすすぎ性に違いが生じることが分かる。

4　おわりに

　界面活性剤応用技術の一つである工業用洗浄剤について，設計や利用のために注目すべきと思われるポイントを表7にまとめた。洗浄は界面活性剤の働きだけでもさまざまな作用を総合的に利用した技術であるために，体系的な理解が困難であるだけでなく，ビルダーや水の影響，洗浄方式や使用条件などが変わることで期待する結果が得られないこともしばしば起こる。それゆえ界面活性剤の機能を一つ一つ理解することが，より効果的な洗浄剤の設計・利用のためには有効な方策となると考える。

表7 工業用洗浄剤設計や利用のために注目すべきポイント

項目	注目すべきポイント	検討項目
基質	対象となる材質（金属，ガラス，樹脂など） ●鉄系金属 ●非鉄系金属 ●樹脂	材質への影響 ●錆 ●溶解・浸透などによる材質の変形・重量変化・変色など
対象汚れ	対象となる汚れ・除去対象 ●油性汚れ ●微粒子汚れ ●酸化膜，蒸着膜 ●元素・イオン	汚れ除去のメカニズム ●ローリングアップ，乳化性，分散性など ●吸着，分散性など ●溶解力，剥離力など ●溶解，キレート力など
洗浄方式	設備面とのマッチング ●浸漬洗浄，超音波洗浄，スプレー洗浄など ●すすぎ条件 ●乾燥条件	使いやすさ，安定作業性 ●起泡，消泡性 ●すすぎ性（洗浄剤残渣） ●残渣，水ジミなど
その他	取り扱い時における注意点 ●関係法令（消防法危険物，毒劇物取締法，PRTR法など） ●コスト ●洗浄液ライフタイム	使用環境へのマッチング ●洗浄剤の保管方法 ●環境への影響 ●部品，製品の要求品質への適合 ●液交換のタイミング

文 献

1) 第一工業製薬㈱，非イオン界面活性剤カタログ
2) 第一工業製薬㈱，産業用洗浄剤総合カタログDKビークリヤシリーズ
3) 平成20年度化学物質安全確保・国際規制対策推進等（工業用洗浄剤の実態調査）調査報告書，みずほ情報総研㈱（経済産業省委託調査報告書）平成21年3月（2009）
4) 日本産業洗浄協議会編，わかりやすい界面活性剤（2011）
5) 最新洗浄技術総覧編集委員会，最新洗浄技術総覧（1996）
6) 日本油化学会編，界面と界面活性剤，pp267-274（2005）
7) M. J. Rozen著，坪根和幸，坂本一民監訳，界面活性剤と界面現象，pp373-403，フレグランスジャーナル社（1995）
8) A. M. Schwartz, Surface and Colloid Science, Vol.5, E. Matijevic編, p.211-212, Wiley, New York（1972）

第22章　樹脂添加用フッ素系界面活性剤

三橋雅人*

1　はじめに

　現代社会において，汚れ，に悩まされるケースは多い。汚れを防ぐには，汚れを付着させない，あるいはついてもすぐに剥がれ落ちる，のどちらかが求められる。前者は撥水撥油性による付着防止能が与えられることが期待され，後者は親水性により水で洗い流せるような機能が期待される。現在幅広く使用されている各種樹脂類についても同じで，そういった形で，汚れ，にあたるものを防ぐことができることが期待されている。

　高い撥水撥油性をもつ樹脂として，ポリテトラフルオロエチレン（PTFE）が有名である。PTFEは，4Fとも呼ばれるテトラフルオロエチレンの共重合により作られるポリマーであり，その構造は，C-F結合で覆われたものとなっているため，低い表面エネルギーをもつ。この低い表面エネルギーに由来して，高い撥水撥油性をもつことから，身近なところではフライパンを始めとして，各種の分野で広く用いられている。一方でPTFEはその価格の高さや成形性の悪さなどから，ポリエチレン，ポリプロピレンといった汎用プラスチックと比べると，その使用は限定的である。しかしながら，そういった汎用プラスチック，汎用樹脂の撥水撥油性はPTFEと比べれば劣っており，簡便な処理方法でPTFEに近いレベルの撥液性を付与できることが望まれている。

　一方で，汎用樹脂はある一定程度には低い表面エネルギーをもつため，水を弾く疎液性の性質もそれなりに備えている。そのため，水だけで表面に乗った汚れを洗い落とそうとしたときには，水が樹脂を濡らし切れずに，汚れを流し落とせないというようなことがある。このようなときには，樹脂は，より親水性が求められていると言える。

　ここでは，界面活性剤のうち，フッ素系界面活性剤と呼ばれるものの，その，フッ素の性質を用いて，樹脂の表面改質を行い，その表面エネルギーをコントロールすることで，撥水性，親水性を変化させる技術について述べたい。

2　ヤングの式

　液体の固体に対する濡れ性は，液体である液滴が固体と接触するへりの部分の接線と固体表面

---

*　Masato Mitsuhashi　AGCセイミケミカル㈱　技術統括部　機能材料グループ
　　サブリーダー

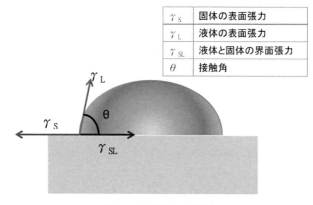

図1　表面張力と接触角

の間の角度で表される。この角度を接触角と言い，接触角が高いほど液体から見れば濡れ性が悪く，固体から見れば撥液性が高い。接触角が低い場合は逆で，濡れ性が高く撥液性が弱い。この接触角は，固体，液体，それぞれの表面張力と，その相互の界面張力で決まる。その関係をヤング（YOUNG）の式と言う。

ヤングの式

$$\gamma_S = \gamma_{SL} + \gamma_L \cos\theta \tag{1}$$

ヤングの式の関係を表したのが図1となる。ヤングの式は図1の水平方向の釣り合いを表している。

ヤングの式から，液体の濡れやすさ濡れにくさ，すなわち接触角が低くなる，あるいは高くなるには，表1のような条件となる。

表面に対する濡れ性，すなわち接触角 θ を変化させるには，ヤングの式の両辺の各パラメータを変化させてやればよい。すなわち，液体の表面張力，固体の表面張力およびその両者の間の界面張力である。

表1　表面張力と濡れ性の関係

液体の表面張力（γ_L）が	高くなると	濡れにくくなる
	低くなると	濡れやすくなる
固体の表面張力（γ_S）が	高くなると	濡れやすくなる
	低くなると	濡れにくくなる
液体と固体の間の界面張力（γ_{SL}）が	高くなると	濡れにくくなる
	低くなると	濡れやすくなる

第22章　樹脂添加用フッ素系界面活性剤

表2　各種樹脂の表面エネルギー[1]　（mN/m）

ポリヘキサフルオロプロピレン	16
ポリテトラフルオロエチレン	18
ポリプロピレン	29
ポリエチレン	31
ポリスチレン	33
ポリメタクリル酸メチル	39
ポリ塩化ビニル	39
ポリエチレンテレフタレート	43
ナイロン66	46

表3　表面化学組成と臨界表面張力[1]

表面構造	γc (mN/m)
$-CF_3$	6
$-CF_2H$	15
$-CF_2-CF_2-$	18
$-CH_3$（単分子膜）	24
$-CH_2-CH_2-$	31
$-CClH-CH_2-$	39
$-CCl_2-CH_2-$	40
$-C(NO_2)_3$（単分子膜）	45

3　樹脂表面のエネルギー

　2節で示したように，液体の固体に対する濡れ性は，液体側の性質だけでなく，固体側の性質も大きく影響してくる。では，一般的な樹脂類は，どのような表面エネルギーをもっているのだろうか？

　樹脂類の表面エネルギーも，各種液体の表面張力と似通った傾向を示す（表2）。液体のときにはフッ素系溶媒の表面張力が低くなるように，ポリテトラフルオロエチレンの表面エネルギーはやはり低い。非フッ素系の樹脂においても，炭化水素系のものが比較的低く，そこに酸素などの別の元素を含んでいくと極性をもちエネルギーが上がっていく傾向がある。ポリエチレンテレフタレート（PET）などになると，40 mN/mを超える値になってくる。そういった極性をもった樹脂類と比べると，ポリエチレンやポリプロピレンといった樹脂は表面エネルギーが低い部類に分類される。

　液体のときにも樹脂のときにも示されているように，表面張力と構造の間には明確な相関がある。それをより具体的に分解し，表面構造の化学式レベルで表したものもある。表3に表面の構

造と表面張力の関係を示した。

　構造と表面張力の間には明確な序列があり，フルオロカーボン類がもっとも表面張力が低くなる傾向がある。次いで，炭化水素系の表面は比較的低い。塩素や窒素のようなヘテロ原子を含んでくると，表面張力は高くなってくる傾向がある。

　ポリプロピレンは炭化水素基により構成されることから汎用樹脂の中では表面張力が低い部類であり，構造中にCH_3をふんだんに含むことから，基本的にCH_2のみで構成されるポリエチレンよりもさらにいくらか低い表面張力となっている。そのため，汎用樹脂の中では水を弾く能力，疎水性，撥水性は高い。しかしながら，その表面張力のレベルは，一般的な有機溶媒の表面張力と同等のレベルであり，分子量の低い炭化水素やアルコール，エステルといった溶媒類はさらに低い水準の表面張力であり，また，炭化水素で構成されているという構造上の性質から，油系の物質とは界面張力も低くなるため，ポリプロピレン樹脂はそれらを弾くことはできない。そのほかの多くの樹脂はポリプロピレンよりも表面張力は高いため，より一層そういった傾向をもつ。そういったことから，やはりPTFEなどといったフッ素系樹脂とはその点では隔たりがあり，特に，油系の汚れに弱い，ということになってしまうであろう。

　一方で，有機物である樹脂は，水素結合をもった水と比べると一様に表面張力は低くなっている。極性の高いPETやナイロン66でも，表面張力は40 mN/m台であり，水の72 mN/mと比べるとかなり低い。そのため，水に十分に濡れてほしい，というようなことが求められる場面においては，表面張力の低さにより疎水性を発揮して，水をはじいてしまい濡れにくくなっている。

4　パーフルオロアルキル化合物の特徴

　3節では，表面張力は各物質の化学構造に相関があり，C-F結合をもつ含フッ素系の物質は表面張力が低くなる，ということも述べた。ここでは，そのC-F結合の性質を生かしたパーフルオロアルキル基を構造中に含む化合物（以下，パーフルオロアルキル化合物）の性質について記す。

4.1　パーフルオロアルキル基

　パーフルオロアルキル基とは，パー（per）がすべての，というような意味を表し，フルオロ（fluoro）がフッ素，アルキル（alkyl）は通常のアルキル基を指し，アルキル基のC-H結合のHの部分がすべてフッ素（F）に置き換わった構造を言い，Rf基として表記される。冒頭で取り上げたPTFEも大きな意味ではパーフルオロアルキル基であるが，ここでのパーフルオロアルキル基は，ああいった分子量数百万といったものではなく，連続する炭素数が一桁で，分子量にして数百レベルのものを指す。パーフルオロアルキル基は，PTFEのように，分子すべてにわたってC-F結合で構成されているわけではなく，構造の中の一部に置換した形でついている。そのため，マクロでみれば普通の物質であるが，ミクロにみるとPTFEに近い性質を発現しうる部分をもつ

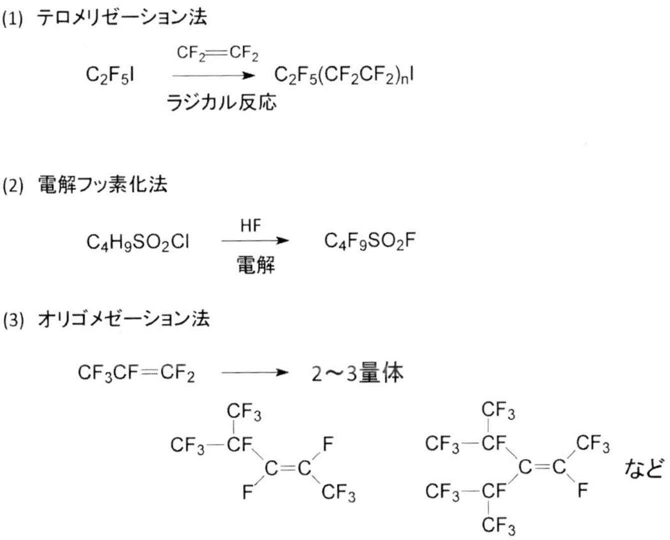

第22章　樹脂添加用フッ素系界面活性剤

(1) テロメリゼーション法

$$C_2F_5I \xrightarrow[\text{ラジカル反応}]{CF_2=CF_2} C_2F_5(CF_2CF_2)_nI$$

(2) 電解フッ素化法

$$C_4H_9SO_2Cl \xrightarrow[\text{電解}]{HF} C_4F_9SO_2F$$

(3) オリゴメゼーション法

$$CF_3CF=CF_2 \longrightarrow 2\sim3量体$$

図2　パーフルオロアルキル構造の合成法

ているということになる。すなわち、PTFEはその分子量などに起因して加工性に難のある癖の強い物質であるが、パーフルオロアルキル化合物は、その機能を、比較的容易に代替させることができうる構造であると言える。

また、このRf基は、上記のような性質から疎水性をもつことは想像にたやすいが、通常の炭化水素系物質との相溶性も乏しく、疎水性なだけでなく、疎油性の性質ももつ。そういった性質をもつことから、親媒基を持たせることで界面活性剤として、水中のみならず、油中でも効果を発揮して、ミセルを作ったり表面に配向する能力を持ち合わせている。この表面に配向する能力は、液体媒体中のみならず、固体中でも効果を発揮する。すなわち、樹脂中に練りこまれた際にも同じように表面に配向することができる。

4.2　パーフルオロアルキル構造の合成

パーフルオロアルキル基は、大まかには三種類の作り方をされている。その手法を図2で示す。

現在、最も幅広く選ばれている方法がテロメリゼーション法である。図2では、四フッ化エチレンを数分子ランダムに付加させた形として、生成物をn付きで記してあるが、実際には近年は、蒸留などの手法で精製をかけて、n = 2の$C_6F_{13}I$の構造を作るのが主流となっている。

電解フッ素化法は、パーフルオロアルキルスルホニル基が高濃縮性をもつことから、近年では短いアルキル鎖の構造において実施されるようになってきており、実際には炭素数4のものが主流である。パーフルオロアルキル基の性能は、炭素鎖の長さに依存する部分があり、炭素数6の構造を作っているテロメリゼーション法で得られた構造に対して、炭素数4の電解フッ素化法で

得られた構造は，性能の面ではやや不利になっていると言わざるを得ない。

オリゴメゼーション法は，六フッ化プロピレンを文字通りオリゴメゼーションさせて，二量体三量体を得る手法である。パーフルオロアルキル基の表面エネルギーを低下させる機能は，直鎖の剛直性に由来する部分が大であり，そういった点で，多数の枝分かれ構造をもつテロメリゼーション法は不利になっており，表面張力の低下能力は前二者と比べてやや劣る。

4.3 パーフルオロアルキル基の表面エネルギー

パーフルオロアルキル化合物の撥水性や撥油性は，その構造，Rf基により付与される。表3に示されているが，構造と表面エネルギーの関係でいえば，CF_2の18 mN/mよりもCF_3の6 mN/mの方がはるかに低い。PTFEは，構造的にCF_2の集まりであるため，臨界表面張力は18 mN/mほどとされているが，CF_3を末端にもつパーフルオロアルキル化合物は，理想状態を作り出し，CF_3だけが集まった状態にできれば，理論上は6 mN/mの表面を作り出すことができる。実際に，この6 mN/mという表面は，パーフルオロラウリン酸（$n\text{-}C_{11}F_{23}COOH$）の単分子膜により作りだされたものである。

実際には，工業的に使用可能なレベルでは，やはりそういった1桁mN/mの表面というものを得ることは困難ではあるが，それでも，パーフルオロアルキル化合物を用いることで，PTFE表面と同等以上の撥水撥油性を持たせることが，PTFE加工と比べて容易に可能である。

5　樹脂への適用

樹脂にパーフルオロアルキル化合物を処理することで，表面の親媒性をコントロールすることができる。ここでは，オリゴマー型を含め，パーフルオロアルキル基を構造中にもつ，フッ素系界面活性剤を樹脂成型時に内添する手法で修飾する手法について述べる。

5.1 撥水撥油性の付与

汎用樹脂の表面張力は，表2でも示したように，PTFEのようなフッ素系樹脂と比べると高い領域にある。これに対して修飾をほどこし，PTFE並に表面エネルギーを低下させることで撥水撥油性を付与させる検討は古くからなされている。

多くの場合は，パーフルオロアルキル化合物を含む溶液を，ディッピング，刷毛塗，スプレー処理などの手段により樹脂表面をコーティングすることでそういった撥水撥油性の付与がなされている。処理されるのが表面にかぎられるため，性能の発現はさせやすいが，フッ素ポリマーを含む表面処理剤の場合，スプレーとして使用すると，噴霧によって生じた粒子を吸い込むと，呼吸器系中毒症状を引き起こすケースがあるため[2]，その作業環境の設定には十分の注意を払う必要がある。また，ディッピング処理にしても，その処理工程そのものが全体の中で一つ増えるという形であり，それ専用の設備が必要になる。

第22章　樹脂添加用フッ素系界面活性剤

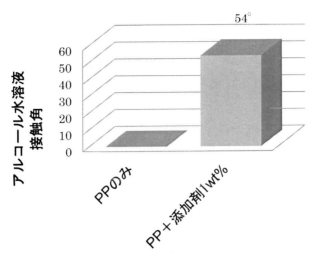

図3　ポリプロピレンへのフッ素系界面活性剤添加の効果
樹脂：ポリプロピレン，添加剤：KT-PA-0112
アルコール水溶液：水/2-プロパノール＝3/7wt/wt

　上記の表面処理と比べると，樹脂成型時に内添する手法の方が，設備面の負担は小さくなる。
　内添型の手法で用いられるパーフルオロアルキル化合物，フッ素系界面活性剤としては，比較的低分子の非重合物型構造のものと，それよりは分子量が高いオリゴマー型のものがある。表面移行性は，単純には分子量が低い方が早いという傾向があるため，内添で性能を発現させるには分子量が低い非重合物型構造の方がよい面があるが，樹脂加工の際にはある程度の熱がかかるため，耐熱性，揮発性という点である程度の分子量をもつ重合物，オリゴマーの方が好ましいことも多いと言われている。コーティングによる表面処理の場合は多くは分子量にして10万を超えるレベルのポリマーが使われるが，内添の場合は重合物タイプにおいてもオリゴマーのレベルであり，せいぜい分子量は数万のレベルまで，多くは数千のレベルのものが使用される。
　樹脂に対するフッ素系界面活性剤の添加量は，求められる性能にもよるが，多くの場合はパーセントオーダーになっている。あまり多いと，そもそものコスト面で難があるが，それ以外にもフッ素系界面活性剤自体が表面を汚染し，べたつきなどを発生させるようなことが生じる問題がある。0.1％を下回るような低添加量でもある一定程度の機能を発現することもあるが，ほとんどの場合は接触角としてはっきりと撥水性が高まるようなことは期待しづらい。
　古い例であるが，非重合物系のパーフルオロアルキル化合物においてナイロン66に添加した例がある[3]。パーフルオロアルキル基含有末端にエピクロロヒドリンを開環させた構造の化合物にジイソシアネートを反応させてオキサゾリジノン系化合物を合成した。これをナイロン66に0.25 wt％，0.5 wt％，1.0 wt％それぞれ混合し，カーペット加工したものの防汚性試験を行ったところ，0.25 wt％では対照群と有意な差が見られず，1.0 wt％では対照群より明白に優れている，という結果が得られている。

重合物系では，ポリプロピレンへの添加の例を上げる。図3は平板成型したポリプロピレンの撥液性の試験結果である。パーフルオロアルキル化合物の添加剤を加えることなしに作成したポリプロピレン平板では，アルコール水溶液を弾くことが全くできず，接触角としては0度という結果になった。他の条件と同一で，成型時にパーフルオロアルキル化合物である，KT-PA-0112を重量比で1％添加して成形した平板では，54度と，はっきりと撥液性を示していた。アルコール水溶液は純粋な水と比べると表面張力は著しく下がっており，その濡れ性の高さから，ポリプロピレンのような比較的表面エネルギーの低い樹脂も濡らしてしまうが，こういったフッ素系界面活性剤を添加することではじき性を持たせることができる。

　また，フッ素系界面活性剤を内添処理した樹脂は，熱処理，アニール処理により，その撥液性を強化できることが知られている。ある構造のパーフルオロアルキル化合物を，ポリプロピレンに対して1 wt％ないしは2 wt％添加して作成されたポリプロピレン不織布では，AATCC試験118-1997試験において，アニール前では表面張力31.5 mN/mの鉱油を弾くことができなかったものが，130℃10分間のアニール処理後では，表面張力23.5 mN/mのn-デカンや，表面張力21.8 mN/mのn-オクタンを弾くようにまでなった，という例が知られている[4]。

　これは，加熱されることにより，パーフルオロアルキル基のもつ表面移行性が促進され，添加したパーフルオロアルキル化合物が表面に濃縮してくることにより，加熱前と比べて表面フッ素濃度が上昇し，著しい撥液性の向上につながったものと考えられる。

5.2　親水性の付与

　フッ素系界面活性剤を内添させて使うことで，樹脂表面に親水性を付与させようという手法である。単純にフッ素系界面活性剤が表面移行して，パーフルオロアルキル基の機能を表面で強く発現してしまうと撥水性が与えられることになるが，パーフルオロアルキル基の性質は表面移行性のみを生かすだけで表面移行後は連結している官能基の機能を発現させて親水性を付与させるものである。また，官能基の機能として親水性を付与させつつも，パーフルオロアルキル基の弾く能力も残していると，撥油性も付与させて，親水撥油性を発現させることもできる。

　親水性の付与についても撥水性の付与の際と同様に，比較的低分子の非重合物型構造のものと，それよりは分子量が高いオリゴマー型のものがあり，オリゴマー型においても分子量は数千程度で収まっているものが多い。また，添加量も同様で，多くの場合はパーセントオーダー，1％前後の添加量となっている。

　非重合物系の添加剤の例としては，ポリエチレングリコール鎖を親水基としてもつ，EO付加型界面活性剤の例がある[5]。親水基として，平均EO数7のポリエチレングリコールをもつフッ素系界面活性剤を添加したポリプロピレン樹脂を繊維化し，その親水性についての検討を行った。添加量が0.4 wt％では親水性が発現するのは初期のみで，十分な持続性が得られないが，1.0 wt％以上の添加量であれば，継続して耐久性をもって親水性を得られている。

　また，重合物系の添加剤の例として，SMC（Sheet Molding Compound）に適用した例があ

第22章　樹脂添加用フッ素系界面活性剤

る[6]。SMCのベースとなる熱硬化性樹脂としてビニルエステル樹脂ないしは不飽和ポリエステル樹脂を用い，オリゴマー型のフッ素系界面活性剤を適当量添加したものを硬化させて，水中でのオレイン酸接触角を測定した。ビニルエステル樹脂100部に対してフッ素系界面活性剤の添加量が0.5部の段階で水中でのオレイン酸接触角が90度を記録し，3部まで加えると106度まで向上する。これは樹脂表面が親水性になり，水をよく引き込むことができること及び撥油性を持ち油を弾く，ということの組み合わせで発現している性能である。こういったものは，水の掛け洗いで簡単に油汚れが落ちる，ということをイメージして作られている。なお，オレイン酸は指紋の油脂成分とされ，汚れの付着の試験としてこのように使用されるものである。オレイン酸接触角の高さは，防汚性の高さとして認識されるものであり，親水撥油性を付与させることができるフッ素系界面活性剤の，今後の各樹脂での利用も期待される。

6　おわりに

　本稿では，樹脂に添加した際のフッ素系界面活性剤の機能の発現について述べた。パーフルオロアルキル基の機能を生かして，樹脂の表面の撥液性をコントロールする手法である。樹脂の表面改質を検討される際には，フッ素系界面活性剤の使用をご一考いただければ幸いである。

文　　　献

1) 石井淑夫，小石眞純，角田光雄，ぬれ技術ハンドブック152（2001）
2) （独）国民生活センター報告（2013），http://www.kokusen.go.jp/pdf/n-20130404_1.pdf
3) 特許第2695794号
4) 特表2008-510868
5) 特許第3135978号
6) 特開2015-202598

第23章 繊維用界面活性剤と界面化学

齋藤嘉孝*

1 はじめに

1.1 繊維加工業界における界面活性剤の用途

　精練→染色→ソーピング→（フィックス）→仕上加工→縫製・（ガーメント洗い）の工程を経て，最終繊維製品が完成する。そのほぼすべての工程で界面活性剤が活用されている。繊維分野における界面活性剤の基本性能である，乳化・分散・湿潤・浸透・洗浄などは，幾多の場面で活用されている。また繊維素材のそのものの変遷とともに要求される品質と機能は年々進化しており，その進化を技術的に支える上でも界面活性剤は非常に重要な役割を担っている。加えて，素材毎，工程毎にある程度型にはまった加工剤・加工処方はあるが，素材種が同じであっても糸履歴・糸種・糸太さ・糸断面・織密度・編組織など非常に多岐のわたる生地が存在するため，「繊維は生き物」といわれるほど加工機会ごと活用されるソリューション技術・処方は無数にあるといっても過言ではない。まず，各工程で使用される薬剤とそれに関連する界面活性剤のタイプを表1，図1にまとめた。

　精練・染色で使用する工程薬剤と呼ばれる領域では，精練剤・染色助剤（ポリエステル用分散均染剤）・オリゴマー除去剤・綿用フィックス剤について，最終仕上工程で用いる機能加工剤の領域では難燃剤・撥水剤・吸水速乾加工剤にフォーカスし，それぞれの工程での界面活性剤の役割と界面化学の応用例をご紹介することとする。

2 精練剤

　精練とは，染色の前に行う加工で正常な染色を施すために糸に付着している夾雑物を洗浄・除去する工程をいう。天然繊維と合成繊維ではその生地に付着している成分が異なることから根本的に考え方を変える必要がある。天然繊維の代表である綿の場合には，糸に付着している夾雑物（綿ロウ，ペクチン質，金属分など）を取り除く必要がある。また，天然繊維・合繊繊維を問わず糸から生地になるまでに織り・編みの工程を経るが，その際織りやすくまた編みやすくするために糊剤・鉱物油を主としたサイジング剤や編立油剤とよばれるものを糸に処理する。これら，夾雑物，糊剤，油剤などを界面活性剤を用いて取り除く。

　繊維種や組織（織りか編みか）などによって除去すべき成分が異なるため，それらを取り除く

---

*　Yoshitaka Saito　日華化学㈱　化学品本部　繊維事業部　製品企画開発部　部長

第23章　繊維用界面活性剤と界面化学

表1　繊維用界面活性剤の用途

工程	助剤種	使用される界面活性剤の役割	繊維種と界面活性剤タイプ N：非イオン界面活性剤，A：アニオン界面活性剤，C：カチオン界面活性剤			
			ポリエステル	ナイロン	セルロース	ウール
紡糸	紡糸油剤	乳化剤	N	N	N	N
織り・編み	糊剤	糊剤ポリマーの乳化	N	N	N	N
	編み立て油剤	油剤の乳化	N	N	N	N
精練	精練剤	油剤乳化除去	N主, A	N主, A	N主, A	N主, A
	キレート剤	金属除去	N, A	N, A	N, A	N, A
	漂白助剤	漂白剤の分解制御	−	−	A, N	A, N
減量	減量促進剤	減量促進	C	−	−	−
染色	均染剤	染料の染着速度制御	N	N, A	N, A	N, A
	分散剤	染料分散性向上	A主, N	A	−	A
	浴中柔軟剤	液流染色時の走行性向上，加工時の皺防止	N, A	N, A	N	N
	オリゴマー除去剤	オリゴマー除去と分散	A	−	−	−
	湿潤堅牢度向上剤	水溶性染料の堅牢度向上	−	A	C	A
ソーピング	ソーピング剤	染料除去性	N, A	N, C	A, N	N, C
	白場汚染防止剤	染料の白場汚染防止	−	N, C	N	N
仕上	柔軟剤	柔軟成分，シリコーン系柔軟剤の乳化	C, N, A	C, N	C, N	C, N
	オイリング剤	平滑成分（Wax・オイル）の乳化	N, C	N, C	N, C	N, C
	帯電防止剤	帯電防止成分	N, C	N, A	−	N, A
	抗菌防臭・制菌剤	抗菌成分・非水溶性抗菌剤の分散・乳化	C, N, A	C, N, A	C, N, A	C, N, A
	撥水剤	撥水成分の乳化・分散	N, C	N, C	N, C	N, C
	吸水SR剤	吸水性向上，洗濯時の汚れ除去性向上	A, N	A, N	−	−
	難燃加工剤	難燃成分の乳化・分散	A, N	−	−	−
	ウレタン系仕上剤	ウレタン樹脂の乳化	N			

ために最適な界面活性剤が選定されている。一般に精練剤の主成分には非イオン系界面活性剤が使用され，アニオン系界面活性剤，金属キレート剤も副成分として用いられる。素材の違いに加えて精練を行う機械もさまざまなタイプがある。一般に織物は連続処理・編物はバッチ処理にて精練を行うのが通例であるが，強力な精練を要求される場面では連続とバッチの2段精練も実施されている。

綿用精練剤，合繊用精練剤に分け，それぞれの具備すべき性能を表2，3にまとめた。

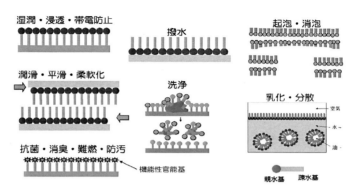

図1　界面活性剤分子の配向と機能

表2　綿用精練剤に要求されるポイント

		織物		編物（ニット）	
	精練機	連続精練（L-Box, J-Box, 他）		バッチ精練（液流染色機　他）	
除去すべき物	一次夾雑物	ペクチン質，綿ロウ，脂肪，無機物，Feなどの金属分			
	二次夾雑物	サイジング剤（糊剤・Wax）		編み立て油剤	
		重要度	背景	重要度	背景
精練剤の具備すべき性能	浸透性	△	サチュレーターの前に湯洗・水洗工程があり，湿潤状態での加工のため重要性低い	◎	布の投入の円滑性，布への精練浴の迅速な浸透が非常に重要
	再湿潤性	◎	後工程の染色工程・捺染は連続加工のため，再湿潤性が加工の良し悪しに影響きわめて大	△	精練・染色・柔軟加工が，同一染色機内で連続して行われるため再湿潤性は不要（捺染下の場合は重要）
	洗浄力	○	油性の天然汚れの量は少なく，ワキシング剤も比較的少なく落ちやすい	◎	ニッティング油や針油が多量に付着しており，これらの除去には重要
	耐アルカリ性	◎	綿の連続糊抜き・精練・漂白には多量の苛性ソーダを使用するため特に重要	○	一次夾雑物を除去する精練の主剤は苛性ソーダであるが，織物ほど多量には使用しない
	低起泡性	○	サチュレーターの浴管理上重要。浴面管理による自動供給など	◎	液流染色機を使用する場合は重要
製品例		サンモール		ピッチランL-250	

表3　合繊用精練剤に要求されるポイント

	織物			編物（ニット）	
除去すべき物	サイジング剤 （アクリル糊剤・Wax・油剤　他）			編み立て油剤 （鉱物油　シリコーン油（PU混）他）	
精練方式	連続精練			バッチ精練	
精練機械	ソフサー	オープンソーパー	ボイルオフ	液流染色機	ワッシャー
考慮すべき ポイント	●糊剤の脱落性 ●糊剤の再付着防止性		●油剤・糊剤の 　乳化・分散性 ●属性 ●再付着防止性	●油剤・糊剤の乳化・分散性 ●低気泡性　●再付着防止性	
合繊用精練剤の 具備すべき性能	●初期浸透性　●乳化力持続性 ●ウオッシュオフ性			●高精練性　●乳化・分散性 ●低起泡性	
製品例	サンモールHS-5			ピッチランL-70	

3　ポリエステル用分散均染剤

　ポリエステルの染色には，主として分散染料が用いられる。分散染料がポリエステルに染着する機構は，高温で開かれたポリエステルの非結晶領域に分散染料が染着するというもので，常温に戻ればその非結晶領域も閉ざされるため，湿潤堅牢度の高い染色物が得られる。用いられる染料母体は染料ケーキと呼ばれる非水溶性物質であるが，この染料ケーキを水系で使用できるよう分散剤を用いて水分散体にしたものが分散染料である。一般にタモール系（ナフタレンスルホン酸Naホルマリン縮合物）などのアニオン界面活性剤で分散染料中の分散剤成分として利用されている。

　この分散染料を用いてポリエステルを染色する際，より均一に染色が行われるように分散均染剤とよばれる界面活性剤からなる助剤を染色浴に添加する。分散均染剤が必要な理由としては，

① 染色温度（130℃）での分散破壊で発生する染料スペック防止による均染化（高温分散性）
② 複数染料使用時の染色速度均一化による均染化（染め足合わせ）
③ 染料染色速度をマイルドにし，急激な染色を防止することによる均染化（緩染性）
④ 高密度素材・パッケージ染色時の浸透性向上による均染化（浸透性）

などが挙げられる。

　近年，中国染料メーカーの台頭により市場のかなりのウエイトで中国染料が使用されているが，中国でより厳格になってきている環境負荷低減策によって，製造工程の工程短縮も背景とした分散不良のトラブルも少なくなく，分散均染剤の重要性は高くなってきている。主として分散性向上には，アニオン系界面活性剤が好適であるが，分散染料中に含まれるタモール系アニオン界面活性剤だけでは130℃という高温での分散は不十分で分散均染剤での対策が必要である。分散染料との親和性を得るには②～③は主としてエステル系非イオン系界面活性剤が好適である。

　最近開発された，①～④を兼ね備えた分散均染剤：ニッカサンソルトLM-850の性能例を表

表4 分散均染剤の用途とその性能ポイント

工程		①通常PET染色	②PETパッケージ染色	③色ムラ修復
染色機		液流	チーズ，ビーム	液流，チーズ　など
対象素材形態		織物/Knit	Cheese/Zipper	全素材
性能ポイント		均染剤	移染剤	修復剤
染色処方	従来処方	△○	△	△○
	LM-850使用新処方	○	○△	◎

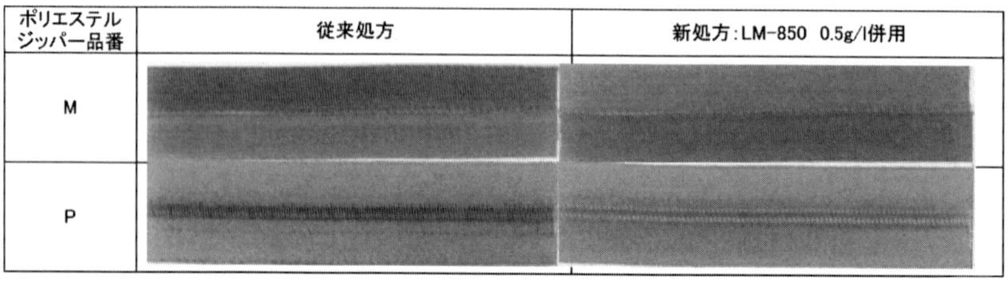

図2　ポリエステル・ジッパー／ビーム染色時の均染性

4，図2に紹介する。

4　オリゴマー除去剤

　ポリエステルの染色加工工程において，ポリエステルオリゴマーに起因する多種多様のトラブルがあり，このトラブルを解消するためにオリゴマー除去剤といわれる工程薬剤がある。オリゴマーによるトラブル例としては，白粉状のオリゴマー付着による品位低下，加工機械汚れから来る生地欠点，糸加工時の糸切れや平滑性の低下などが挙げられる。

　ポリエステルオリゴマーには，環状オリゴマーと線状オリゴマーがある（図3）。環状オリゴマーは，ポリマー紡糸前のポリエステル樹脂チップ中に存在するもので，いわばポリマーのできそこない的存在である。ポリエステル繊維中に約1.3～2.0％程度含有しており，紡糸工程の熱処理でもエステル交換反応にてさらに生成するといわれている。この環状オリゴマーは，水に難溶性で通常のアルカリソーピングでも殆ど加水分解を起こさないため除去が難しい。一方，線状オリゴマーは，アルカリ減量と呼ばれるポリエステル繊維の柔軟化工程でアルカリ加水分解で発生する割合が多い。この線状オリゴマーはアルカリ浴にて水溶性となるため，カルシウムイオンなどによる不溶化などを防ぐことができれば比較的除去は容易といえる。

　糸に含まれるこれらのオリゴマーは，130℃で行われる染色工程時に膨潤した繊維から浴中に吐き出され，前述のトラブルを発生させる。オリゴマー除去剤：「テキスポートPEEL」は，ポリエステル繊維と親和性の高い水溶性ポリマーから構成されており，ポリエステル染色中に併用

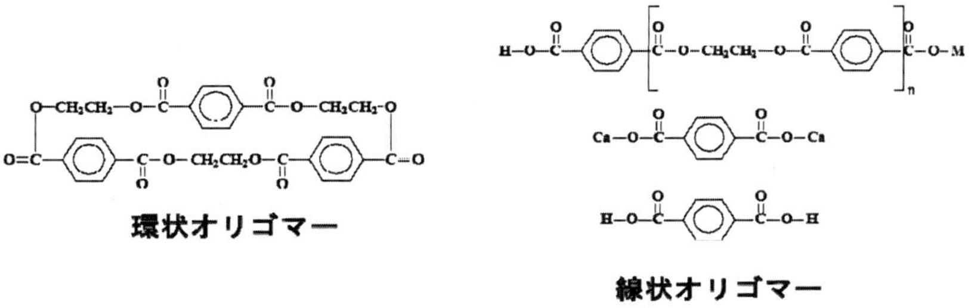

第23章　繊維用界面活性剤と界面化学

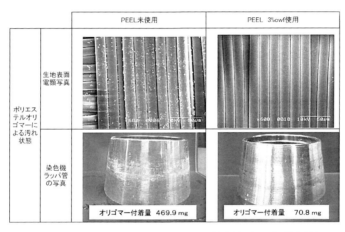

環状オリゴマー　　　　　　　　　　　　　　**線状オリゴマー**

図3　ポリエステルオリゴマー

図4　テキスポートPEELのオリゴマー除去性（130℃染色後）

使用することで，糸中に存在するオリゴマーを積極的に除去に特異的な界面活性能を有し，オリゴマートラブルの低減に貢献している（図4）。

5　綿用フィックス剤

セルロース繊維の染色は，直接染料・反応染料などの水溶性染料で行われる。直接染料は，セルロースへのファンデルワールス力で染着し，反応染料はセルロースのOH基と反応し染着する。これらの染料は，繊維との結合がその親和性のみであるため，湿潤堅牢度を向上させるためにフィックス剤と呼ばれる堅牢度向上剤を染色後に処理する。セルロース用のフィックス剤には，一般にカチオン性ポリマーが使用される。図5で示すように，水溶性染料のアニオン部分とカチオン性高分子のコンプレックスにより，染着された染料の溶出を防ぐ効果を発揮する。

対象染料・使用方法・要求性能に最適なカチオンポリマーが設計されている。特別な要求性能としては，大丸法（プリント布の白場への染料ブリード），塩素堅牢度（含塩素水の影響による染料消色），湿摩擦堅牢度などが挙げられる。また，この種のカチオン系高分子は，繊維に処理

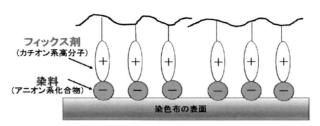

図5 セルロース用フィックス剤の作用機構

表5 セルロース用フィックス剤のタイプ

タイプ	製品名	特徴	洗濯堅牢度	染料ブリード 大丸法	塩素堅牢度	湿摩擦堅牢度	吸水性
反応染料用	ネオフィックス R-800	高堅牢度型	○◎	○◎	△○	△	△
	ネオフィックス AF-100	吸水型	○	○	△	△	○
	ネオフィックス RX-505	塩素堅牢度 重視型	○	○	◎	△	△
直接染料用	ネオフィックス RP-70	直接染料用	◎	○	△	△	△
湿摩擦堅牢度 向上剤	ネオフィックス IR-77	湿摩擦堅牢度向上剤	−	−	−	◎	○

したときに吸水性を低下させる傾向があったが，セルロース繊維そのものの特性である吸水性を維持しつつ堅牢度向上効果のあるフィックス剤も開発されている（ネオフィックスAFシリーズ）（表5）。

6　難燃剤

繊維の難燃技術は，難燃糸を使用した素材難燃と後加工で難燃性を得る後加工難燃に大別され，主に下記のような用途で実用化されている。

- 車両内装材料　：カーシート，天井材，フィルター，フロアーマット　フォードインシュレーターなど
- インテリア　　：カーテン・どん帳，ソファー・寝具など
- 家電，OA機器：電磁波シールド繊維，フィルターなど
- 衣料　　　　　：作業服（消防服・溶接工）など
- その他　　　　：幟旗，養生ネット

第23章　繊維用界面活性剤と界面化学

表6　用途別難燃加工まとめ

分野	細目	素材	必須付帯加工機能	防炎評価	防炎処理方法	耐洗濯性・耐水性の要否	使用される難燃剤のタイプ 従来	使用される難燃剤のタイプ 近年（環境・新基準対応）
カーテン	ドレープカーテン	主としてPET織物（意匠性でCD-P混）	特になし	45°法 コイル、ミクロバーナー	染浴同浴or後Pad	耐久性（イ）ラベル	HBCD系	TBC系 燐系耐久
カーテン	レースカーテン	主としてPET織物（意匠性でCD-P混）	特になし	45°法 コイル、ミクロバーナー	染浴同浴or後Pad	耐久性（イ）ラベル	HBCD系	TBC系 燐系耐久
カーテン	ロールカーテン	主としてPET織物（意匠性でCD-P混）	硬仕上	45°法 コイル、ミクロバーナー	染浴同浴or後Pad	耐久性（イ）ラベル	HBCD系	TBC系 燐系耐久
車両	カーシート	PET織物	縫目疲労防止	FMVSS-302法（水平法）	難燃バックコーティング（樹脂併用）	一時性で可も、用途によって考慮必要	デカブロモジフェニルエーテル／三酸化アンチモン	燐系耐久、ポリ燐酸アンモン
車両	カーシート	PET編物	地糸切れ防止 耐マジックテープ	FMVSS-302法（水平法）	染浴同浴or後Pad	一時性で可も、用途によって考慮必要	リン酸カルバメート、リン酸塩	燐系耐久、ポリ燐酸アンモン
車両	フロアマット	PET不織布	硬仕上	FMVSS-302法（水平法）	後Pad	一時性で可も、用途によって考慮必要	デカブロモジフェニルエーテル／三酸化アンチモン	デカブロモジフェニルエーテル／三酸化アンチモン
車両	フードインシュレーター	PET不織布	硬仕上	FMVSS-302法（水平法）	後Pad	一時性で可も、用途によって考慮必要	デカブロモジフェニルエーテル／三酸化アンチモン	デカブロモジフェニルエーテル／三酸化アンチモン
車両	天井材、側材	Case by Case	Case by Case	FMVSS-302法（水平法）	Case by Case	一時性で可も、用途によって考慮必要	Case by Case	Case by Case
フィルター	換気扇（台所用）	PET不織布	硬仕上	45°法	後Pad	一時性で可	リン酸カルバメート、リン酸塩	リン酸カルバメート、リン酸塩
フィルター	空気清浄機	PET不織布	硬仕上	UL水平法	後Pad	耐久性	ハロゲン化リン酸エステルなど	燐系耐久、ポリ燐酸アンモン

　後加工難燃は，用途によって使用される素材・難燃基準・難燃処理方法・難燃剤タイプなどは多種にわたる。代表的な用途での難燃加工に関して表6にまとめてみた。

　洗濯耐久性や耐水性を要求される用途には，基本的に非水溶性の難燃成分を乳化・分散して剤型化されている。本節では，カーテンの耐久難燃加工にフォーカスして，界面活性剤の役割も交えながら難燃加工剤を紹介する。

6.1　カーテンの耐久難燃加工

　消防法（昭和23年法律第186号）では，高層建築物，地下街又は劇場，病院などの建築物（防炎防火対象物）におけるカーテンなどでは，日本防炎協会が管理する45°法による防炎性が求められる。水洗濯してもその効能が低下しない性能（（イ）ラベル防炎）がその代表的な基準で，一般にポリエステル素材が用いられる。後加工難燃に使用する難燃成分は，従来HBCD（ヘキサブロモシクロドデカン）が用いられてきたが，難分解性・高蓄積性・生態毒性疑いなどの理由により2013年6月に第1種特定化学物質に指定され，海外でもPOPs条約などをきっかけに廃絶の

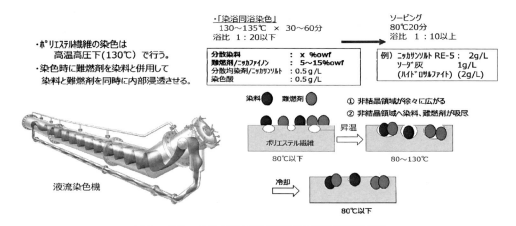

図6　ポリエステル浴中難燃処理時の難燃剤吸尽機構

表7　ポリエステル用難燃剤　染浴同浴用製品ラインナップ

タイプ	製品名	主用途／特徴
臭素系	ニッカファイノン NB-880	インテリア用／汎用品
燐系	ニッカファイノン HFT-3	インテリア／高難燃性（一般リン対比）
	ニッカファイノン HF-2200	カーシート／高耐光堅牢度
	ニッカファイノン HF-1120, 1180	カーシート／各国インベントリー対応
ハイブリッド系	ニッカファイノン NB-119	インテリア用

方向が加速した。現在は，非HBCD系臭素化合物と不溶性燐酸エステル系の難燃剤が主流である。また，後加工難燃は，130℃染色時に難燃剤を併用処理するもの（浴中難燃処理）と染色後仕上工程で加工する方法がある。

浴中難燃処理の場合には，特に高度な分散技術が要求される。繊維に対して10〜20％と高濃度の難燃剤を染色併用処理することが多く，分散染料同様に難燃剤の高温分散性が重要になる。高温分散が不良だと分散破壊を起こした難燃剤が生地や染色機を汚すことで，さまざまな不具合（生地汚れ・缶体汚染・難燃不良）が発生する。こうした問題を発生させないために用いる難燃剤の分散剤は，分散染料の分散剤同様にアニオン系界面活性剤を多く用いるが，難燃成分との親和性と染色への影響を見極めながら選定された特殊な界面活性剤を用いて剤型化されている（図6，表7）。

7　撥水剤

スポーツ衣料や傘地など，繊維の撥水加工は，ほぼ染色後の仕上工程で行われる。生地表面を

第23章　繊維用界面活性剤と界面化学

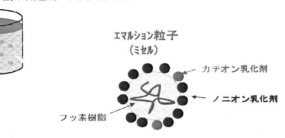

図7　フッ素系撥水剤の乳化状態

表8　非フッ素系撥水剤（ネオシードNR-7080）の撥水性能

撥水剤 \ 撥水性能	撥水性（JIS L-1092スプレー法）						<処理条件>
	ナイロン織物（20d）			ポリエステル織物（20d）			Pad→Dry
	初期	洗濯5回	洗濯10回	初期	洗濯5回	洗濯10回	（130℃×1 min）
従来ワックス系撥水剤	3	2	1	3	2	1	→Cure（170℃×30sec）<処理浴処方>
従来シリコーン系撥水剤	3	2	2	3	2-	1	撥水剤　　　5.0%soln. ブロッキドイソシアネート系
ネオシードNR-7080	5	4	4	5	3	3	架橋剤　　　0.5%soln. 処理浴浸透剤　0.8%soln.
C6フッ素系撥水剤	5	4	4-	5	4	3	

　疎水化する界面改質技術に用いられる撥水剤は，フッ素系・非フッ素系に大別される。これら撥水性を発現させる化合物は疎水性であるため，水系で加工するためには界面活性剤を用いた乳化形態で剤型化がなされている。

　フッ素系撥水剤は，一般にパーフルオロアクリレートと用途に応じた複数共重合モノマーとの乳化重合によって得られるが，安定な剤型化のみならず，安定な乳化を保ちながら問題なく加工を行うためにも界面活性剤の役割は大きい（図7）。

　環境対応の流れから，フッ素系はPFOA（パーフルオロオクタン酸）の規制に順ずるものとしてパーフルオロアルキル基が短鎖型のもの（通称：C6タイプ）へ切り替えが進んでいる。また，NGO団体のグリーンピースによるデドックスキャンペーンやZDHCによるフッ素そのものを排除する流れも加速しており，非フッ素系撥水剤への要求が高まってきている。その流れの中，最近開発された非フッ素系撥水剤：ネオシードNR-7080の耐久撥水性能の一例を表8に記載する。従来のワックス系やシリコーン系の撥水剤は，フッ素系対比で初期・洗濯後とも撥水性は見劣りするものだったが，今回開発したNR-7080は，C6に迫る撥水性能を有する。

8 耐久吸水加工剤

ポリエステルはもともと吸水性の乏しい繊維であるが,後加工で吸水性を付与することができ,この技術はスポーツ用Tシャツなどに応用されている。従来の綿100%のTシャツに比べて速乾性があり,汗をかいたときのベタツキ感が少なく,快適な着心地をもたらしてくれる。

ポリエステルの吸水速乾加工は,一般に親水性ポリエステル樹脂で構成された加工剤をポリエステル染色時に併用処理することで,洗濯耐久性のある吸水速乾性を付与することができる。図8にポリエステル用吸水速乾剤:ナイスポールPR-9000で加工された生地の耐久吸水性と速乾性を示す。

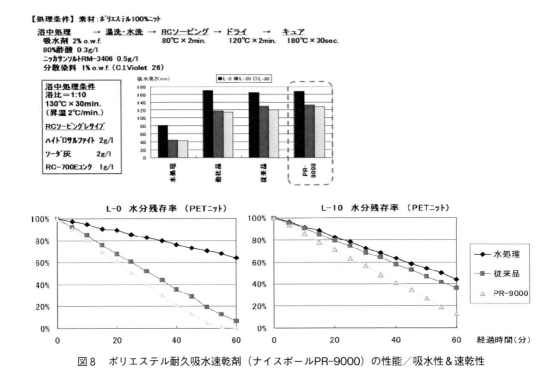

図8 ポリエステル耐久吸水速乾剤(ナイスポールPR-9000)の性能/吸水性&速乾性

9 おわりに

繊維用界面活性剤の用途や,繊維と界面化学の結びつきを中心に述べてきたが,これらはほんの一例であって,冒頭に述べたように非常に多くの応用事例が存在する。繊維素材も多様化する中,応用される界面活性剤の開発は必要不可欠で,繊維加工の高機能化・環境対応を先導するべく,今後も非常に重要な役割を担っていく。

第24章 コンクリート用界面活性剤

岡田和寿*

1 はじめに

　コンクリートは，JIS A 0203「コンクリート用語」において「セメント，水，細骨材，粗骨材及び必要に応じて加える混和材料を構成材料とし，これらを練混ぜその他の方法によって混合したもの，又は硬化させたもの」と定義されている。このコンクリートは，近代社会資本の整備において土木建築構造物に世界中で使用されている基本的な材料である。

　コンクリートは，まだ固まらない状態であるフレッシュコンクリートで，生コンクリートや生コンと呼ばれるもの（以下，生コンとする）と，固まった状態である硬化コンクリートとがあり，状況によりどちらかを表す場合と，両方を表す場合がある。わが国においては，2005年の生コンクリート出荷量は1億2154万m^3であるが，2015年では8870万m^3と減少している[1]。しかし，現在においても大量に使用されている材料であることには変わりない。

　コンクリートの硬化は，結合材としての役割のセメントと水の水和反応により，ケイ酸カルシウム水和物などが複雑にからみあい硬化し強度を発現する。普通ポルトランドセメントの組成物と組成比の例と反応例を表1に示す。

　世間では「コンクリートが乾いて固まる」と言われることがあるが，生コンを乾かすと緻密な水和物を形成できなくなったり，水分蒸発で体積が減少することによるひび割れが起きたりとコンクリートに悪影響を与える。

　細骨材や粗骨材は化学反応を起こさないが，セメントの水和発熱を緩和する役割と，セメントが水和する過程で水の逸散や蒸発などで体積が減少して収縮することを緩和する役割，またセメントと比較して安価であるためコストを削減することができるという総合的な役割を担っており，欠くことのできない材料である。

　コンクリートにおける界面活性剤は「化学混和剤」（以下，混和剤とする）と呼ばれており，JIS A 0203では「主として，その界面活性作用によって，コンクリートの諸性質を改善するために用いる混和剤」と定義されている。混和剤は，主にコンクリートの練混ぜ時，またはコンクリートの練混ぜ後で固まる前に添加されるものが一般的である。主な混和剤の種類と機能を表2に示す。混和剤としてAE剤が1948年に初めてわが国に導入され，実際に使用開始されたのは1950年である[5]。その後，さらに改良が進み，高いセメント分散性，生コンの流動性や機能性が

＊　Kazuhisa Okada　竹本油脂㈱　第三事業部　研究開発部　化学グループ
　　グループリーダー

表1 普通ポルトランドセメントの代表的な組成物と組成比と反応例[2,3]

分子式	$3CaO \cdot SiO_2$	$2CaO \cdot SiO_2$	$3CaO \cdot Al_2O_3$	$4CaO \cdot Al_2O_3 \cdot Fe_2O_3$	$CaSO_4$
略号	C_3S	C_2S	C_3A	C_4AF	$CaSO_4$
比率	54	21	9	9	3.4

(反応例)
$3CaO \cdot SiO_2 + 5.3H_2O \rightarrow 1.7CaO \cdot SiO_2 \cdot 4.0H_2O + 1.3Ca(OH)_2$
$2CaO \cdot SiO_2 + 4.3H_2O \rightarrow 1.7CaO \cdot SiO_2 \cdot 4.0H_2O + 0.3Ca(OH)_2$

表2 主な混和剤の種類と機能[4]

種類	主な機能
AE剤	作業性向上,耐凍害性向上 単位水量低減,ポンプ圧送性改善
AE減水剤	作業性向上,単位水量低減 単位セメント量低減,耐凍害性向上
減水剤	作業性向上,単位水量低減 単位セメント量低減
高性能減水剤	単位水量低減,単位セメント量低減 高強度,超高強度,高耐久性
流動化剤	配合を変えずに流動性改善
高性能AE減水剤	作業性向上(スランプロス防止) 単位水量低減,単位セメント量低減 (超)高強度,高耐久性,高流動
促進剤,急結剤	凝結,硬化時間の調節,吹付け
遅延剤	初期強度発現の促進
起泡剤,発泡剤	重量の調節,軽量化
抑泡剤,消泡剤	空気量の抑制
乾燥収縮低減剤	乾燥収縮によるひび割れ防止
耐寒剤,防凍剤	初期凍害防止,氷点下での強度増進
分離低減剤	増粘,ブリーディング低減 材料分離防止,高流動・水中コンクリート
防水材	疎水性の付与,空隙の充填
粉塵防止剤	粉体の拡散防止
膨張剤	金属粉系,膨張作用,ひび割れ防止
水和熱抑制剤	水和熱による温度上昇の抑制
剥離剤	コンクリート表面の平滑
防錆剤	鉄筋腐食の抑制

付与されていき,現在では混和剤の役割は大きくなった。

　ここでは,コンクリート用混和剤について,主に減水性(セメント分散性やコンクリート流動性)と,近年の混和剤への付加機能について概説する。

第24章　コンクリート用界面活性剤

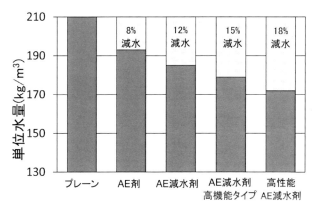

図1　各種混和剤の減水率の例

2　混和剤の減水性

　主な混和剤である，AE剤，（AE）減水剤，高性能（AE）減水剤，流動化剤はコンクリートの流動性を向上させる。通常，コンクリート中には水和反応に使用されていない自由水が残存しているため，単位体積あたりの水量（単位水量）が多いと，コンクリートの硬化後に水が蒸発し空隙が発生する。この空隙が塩分の浸透やコンクリートを収縮させるため，施工性と耐久性のバランスがとれる範囲で単位水量を減らす必要がある。通常，分散媒である水を減らすとコンクリートの軟らかさが失われるが，混和剤の界面活性作用により作業性を確保しながら単位水量を減少させることができる。水を減らしても同じ作業性を確保し機能を向上させることができるため，減水剤と呼ばれている。各混和剤の減水率の例を図1に示す。この減水剤としての混和剤を適正量用いた場合に均一なコンクリートができる。言い換えれば，混和剤を用いない場合，セメントが分散できずに均一なコンクリートができない。特に，セメントが多く水が少ない場合はこの状況が顕著となる。このことからも，コンクリートにとって混和剤は欠くことができない界面活性剤である。混和剤使用の有無によるコンクリートの一体性の例を写真1に示す。

2.1　空気連行による減水効果

　一般的なコンクリートの配（調）合例を表3に示す。わが国で使用される一般的なコンクリートには空気が含有されている。この空気は独立した微細な気泡で，コンクリート中に直径30～250μm程度の気泡が均一に分布している。この空気は，コンクリート練混ぜ時に界面活性剤の作用により形成される。この空気連行剤のことをAE剤という。AE剤の化学構造例を図2に示す。AE剤にはアニオン系やノニオン系が使用される。

　この気泡には，生コンの流動性を高める，すなわち減水させる効果がある。生コンの状態では，空気を含まない場合は粒子同士の摩擦によりコンクリートの流動性は低いが，セメントや細

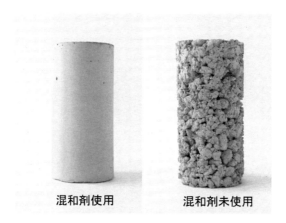

写真1　混和剤使用の有無によるコンクリートの一体性の例

表3　コンクリートの配(調)合例

	水	セメント	細骨材	粗骨材	空気	混和剤※
kg/m^3	170	340	757	1034	-	3.4
L/m^3	170	108	292	385	45	-

※混和剤は水の一部として使用する

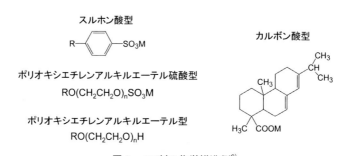

図2　AE剤の化学構造例[6]

　骨材の粒子の周辺に気泡が介在すると，この気泡がボールベアリングのような作用により，粒子摩擦を低減して流動性が増すと考えられている。AE剤の作用概念図を図3に示す。
　硬化したコンクリート中に残存する自由水は，コンクリート温度が水の凝固点以下になると凍結することにより体積膨張する。コンクリートは，自由水が凍結融解を繰り返すことで膨張圧により徐々に破壊される。コンクリート中に体積として気泡を3〜6％入れることにより，凍結による水の膨張時に，自由水が空気泡に移動することが可能となる。その結果，膨張圧が緩和され，コンクリートの破壊防止機能を果たしていると考えられている[7]。

第24章　コンクリート用界面活性剤

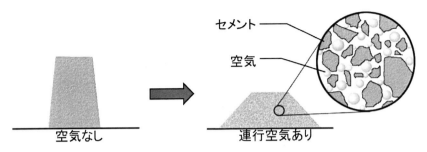

図3　AE剤の作用概念図

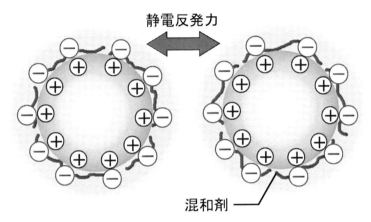

図4　静電反発力分散モデル

2.2　静電反発力によるセメント分散効果

　一般に，サスペンションのような固体粒子分散系は熱力学的に不安定であるため，常に凝集して比表面積を小さくする傾向がある。濃厚サスペンションであるセメントペーストでは，混和剤がセメント粒子に吸着することにより電気二重層が形成されて，粒子が接近すると静電反発力が働き，粒子同士が凝集せずに分散した状態で安定化する[8]。混和剤のセメント分散作用の概念を図4に，混和剤の構造例を図5に示す。

　この静電反発力による分散安定化はDLVO理論として知られている。粒子間ポテンシャルエネルギーについて図6に示す。粒子の分散安定性は，粒子同士が接近することによって生じる静電的反発力（V_R）と，ファンデルワールス引力（V_A）の総和（V_T）で表される。ポテンシャルエネルギー障壁V_{max}が大きいほど分散安定性が増大する。

2.3　立体反発力によるセメント分散効果

　静電反発力だけでセメントを分散する混和剤よりも，さらにセメント分散力を高めたものがポリカルボン酸系混和剤である。ポリカルボン酸系混和剤の代表的な構造を図7に示す。ポリカル

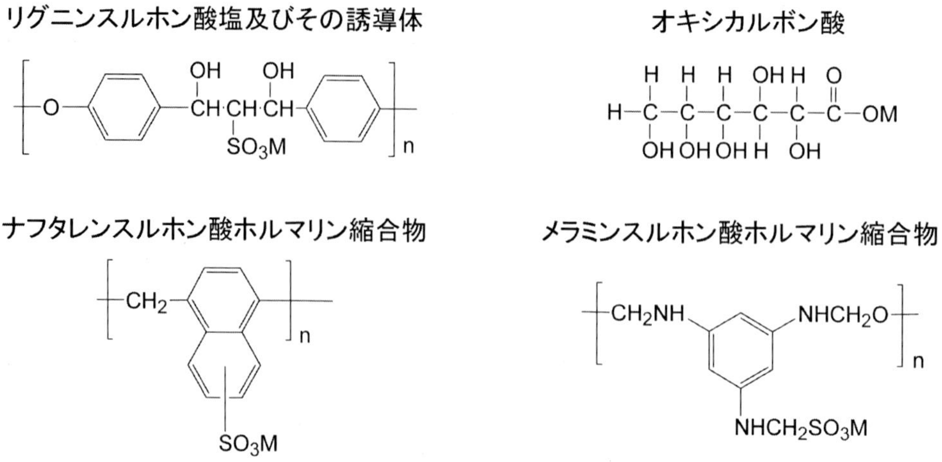

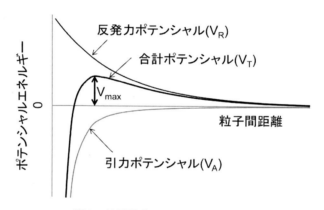

図5　混和剤の構造例[4]

図6　粒子間ポテンシャルエネルギー

ボン酸系混和剤は主鎖にカルボキシル基，側鎖にポリエーテルを持つグラフト共重合体である。混和剤の種類によるセメントへの吸着量とゼータ電位を図8に示す。静電反発力だけを利用した混和剤と比較すると，ポリカルボン酸系混和剤の方が吸着量は少なく，ゼータ電位も低い。水セメント比（W/C）と各種混和剤の分散力について図9に示す。セメント分散力は，粉末であるセメントに対して水が少ないサスペンション，すなわちW/Cの低いセメントペーストであっても，ポリカルボン酸系混和剤の方が高い。このことより，ポリカルボン酸系混和剤によるセメントの分散は，静電反発力によるだけではないと考えられる。現在では，側鎖が立体障害によりセメント粒子の接近を抑えて分散させる立体反発力が働いていると考えられている。ポリカルボン酸系混和剤によるセメント粒子の分散モデルを図10に示す。

また，静電反発力だけを利用した混和剤では流動性の経時的な低下を避ける事が難しかっ

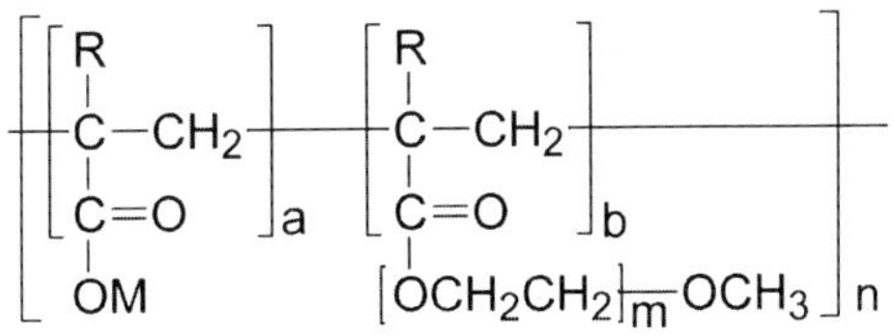

第24章 コンクリート用界面活性剤

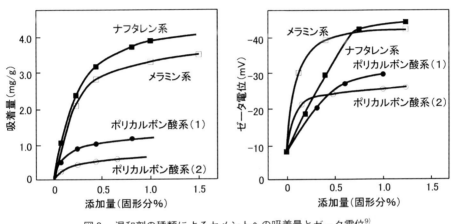

図7 ポリカルボン酸系混和剤の代表的な構造

図8 混和剤の種類によるセメントへの吸着量とゼータ電位[9]

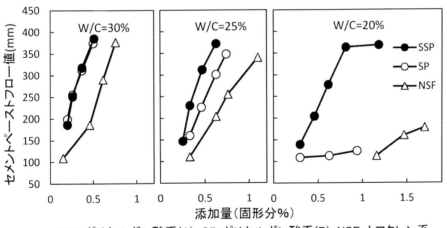

SSP ポリカルボン酸系(A) SP ポリカルボン酸系(B) NSF ナフタレン系

図9 水セメント比（W/C）と各種混和剤の分散力[10]

が，ポリカルボン酸系混和剤では流動性低下を抑えることができた。ポリカルボン酸系混和剤は，吸着速度を制御することにより，吸着している混和剤がセメントの水和物に飲み込まれても，液相中に残っている混和剤が吸着して分散させると考えられる。この吸着力の制御による分

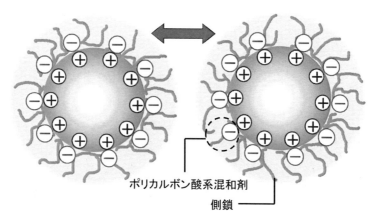

図10 ポリカルボン酸系混和剤によるセメント粒子の分散モデル

散保持性向上としては，加水分解により生成したカルボキシル基が新たな吸着部位となり分散作用を発揮させる方法[11]や，共重合体中の吸着部位を減らして吸着速度を制御する方法[12]がある。また，吸着していないポリカルボン酸系混和剤もすべり効果などにより分散力を高めていると考えられている[13]。

3 混和剤への機能付与

基本機能であるセメント分散性に，異なる機能を付与した混和剤も多く開発されている。ここでは，コンクリートに材料分離抵抗性を与えて流動性を高くしても分離が起きない増粘剤一液タイプの混和剤，コンクリート構造物のひび割れの原因となる乾燥収縮を低減させる乾燥収縮低減剤一液タイプの混和剤，セメント製造による二酸化炭素排出量削減のために高炉スラグ微粉末を多量に含んだコンクリート用の混和剤を紹介する。

3.1 増粘させる

コンクリートの流動性が高ければ，軽微な締固めや締固めなしでも型枠の隅々までコンクリートを充填できる。流動性を向上させる方法には，混和剤により分散性を高め，水に対する粉末量を多くして濃厚サスペンションとして粘性を高くし分離を低減させる方法がある。この粉末としてセメントを増量使用すると，過剰強度，発熱，高価格という問題がある。石灰石微粉末などの反応性の低いフィラーを使用することもできるが，そのための装置が必要となり運用が難しくなりやすい。

これを解決するために，分散性を与える混和剤と増粘剤を併用することにより，高い流動性と分離低減性の両立を図っている。実用面の問題として，JIS A 6204では増粘剤という区分が存在しないため，JIS A 6204に適合させるために分散成分と増粘成分を混合した「高性能AE減水剤

(増粘剤一液タイプ)」が使われる。主な組成はポリカルボン酸系混和剤と増粘剤の混合物で構成されている[14]。ポリカルボン酸系混和剤が使用されるのは，増粘剤との溶液安定性が高いため[15]であると考えられる。問題点として，分散成分と増粘成分の比率は固定されているので，適用範囲が狭い点が挙げられる。

3.2 乾燥収縮を低減させる

硬化したコンクリート中の自由水が乾燥によりコンクリートから抜け出しコンクリートが収縮する。これを乾燥収縮という。乾燥収縮によりひび割れが起きると建造物の美観を損ね，水密性や気密性の低下，変形，鉄筋の腐食による耐久性の低下が起こる。

このメカニズムは，毛細管張力説，層間水の移動説，分離圧説など提案されているが，毛細管張力説[16]で説明がしやすい。毛細管張力はYoungとLaplaceの式によれば，液の表面張力と液面の主曲率半径の関数の(1)式で表すことができる。

$$\Delta P = \gamma \left(\frac{1}{r_1} + \frac{1}{r_2} \right) \tag{1}$$

ΔP：毛細管張力（N/m^2），γ：表面張力（mN/m）
r_1, r_2：液面の主曲率半径（mm）

毛細管張力増大の概略図を図11に示す。毛細管張力は表面張力に起因し，収縮低減剤の添加による表面張力の低下で毛細管に作用する内部応力を低減することができると考えられている。代表的な収縮低減剤[17]を(2)式で表す。

$$R_1O(CH_2CH_2O)m(CH_2CHCH_3O)nR_2 \tag{2}$$

混和剤としては，減水剤と収縮低減剤をそれぞれ用いることもあるが，JIS A 6204「コンクリート用化学混和剤」に適合させるため，減水剤と収縮低減剤を一液とした混和剤がある。例えば，高性能AE減水剤のJIS規格であれば「高性能AE減水剤（収縮低減タイプ）」として提供される。この一液タイプの組成は，概ねポリカルボン酸系混和剤と(2)式に類する収縮低減剤の混合物[14]と推測する。

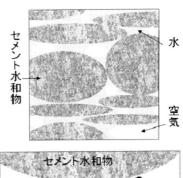
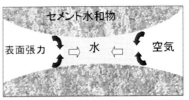

図11 毛細管張力増大の概略図

3.3 CO_2排出削減への取組み

セメントの主成分であるクリンカーは，原料として石灰石，粘土，珪石，鉄原料を使用し，最高温度約1450℃で焼成して製造される。この過程において，石灰石から二酸化炭素が分離され，

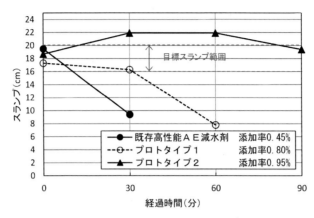

図12 流動保持性の向上の事例[26]

また製造におけるエネルギー源から二酸化炭素が発生し，セメント1tあたりの二酸化炭素排出量は約730kgとなる[18]。日本におけるセメント由来の二酸化炭素排出量は，2008年度において約4％[18]とされている。これを解決すべく，クリンカーを減らす研究がされている[19～22]。例えば，銑鉄を生産するときに生成する溶融状態の高炉スラグを用いた高炉スラグ微粉末や，石炭発電所で石炭を燃焼した際に発生するフライアッシュなど，産業副産物を利用しクリンカー使用量を減らすことにより，二酸化炭素発生量を減らすことができる。

　高炉スラグ微粉末を多量に含む場合は，経時的な流動性が低下する[23,24]。これに対応するためには，混和剤の吸着を制御するのが良いと考えられる。例えば，液相中に未吸着の混和剤を残すことにより流動保持性が向上できる可能性があることが示されている[25]。流動保持性向上の事例を図12に示す。なお，図12中のスランプはコンクリート分野では，コンクリートの軟らかさの程度を表す指標の一つである。ポリカルボン酸系混和剤である一般の高性能AE減水剤では添加率が少なくなりすぎるため，適正な添加率である混和剤を使用することで流動保持性が向上している。

　混和剤の粒子への吸着挙動に関して，セメントと高炉スラグ微粉末への吸着量が異なる[27]。ポリカルボン酸系混和剤のカルボン酸量と側鎖長を制御することにより，セメントよりも高炉スラグ微粉末への吸着性を高くすることができる。分子構造の異なる混和剤の，普通ポルトランドセメント（OPC）とブレーン値の異なる高炉スラグ微粉末（BFS）への吸着特性を図13に示す。この吸着特性を利用して，効果的な流動性を得られる。

　今後も，環境対応のためのコンクリートの開発改良が進められ，これに対応すべく混和剤の開発改良も進められていく。

第24章　コンクリート用界面活性剤

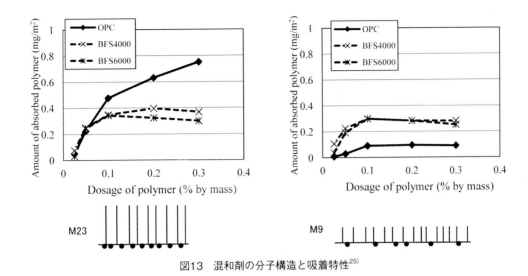

図13　混和剤の分子構造と吸着特性[25]

4　おわりに

コンクリート用化学混和剤は，市場の変化とともに製品開発がされて進化している。近年は機能付与に加え環境への意識の高まりとともに，コンクリート分野でも環境負荷低減について開発が進められている。

コンクリート用界面活性剤は，界面活性機能の多様性などの利点により，更に重要になっていくものと考える。

最後に，多くの文献を参照させていただいた著者の皆様に厚く御礼申し上げます。

文　　献

1) 生コン年鑑2016年度版（平成28年度版），コンクリート新聞社（2016）
2) エコセメントシステムの特徴，http://www.taiheiyo-cement.co.jp/service_product/recycle_mw/eco/index.html
3) 大門正機，坂井悦郎，社会環境マテリアル，技術書院，p.78（2009）
4) 木之下光男，化学工業，**49**(5)，55-63（1998）
5) コンクリート用化学混和剤協会，30年の歩み，年表（2008）
6) 笠井芳夫，コンクリート総覧，技術書院，pp.121-122（1998）
7) コンクリート技術の要点'14，コンクリート工学会，p.26（2014）
8) 日本材料学会編，コンクリート混和材料ハンドブック，pp.59-60，エヌ・ティー・エス

(2004)
9) 木之下光男ほか, セメント・コンクリート論文集, No.40, pp.222-227 (1990)
10) 木之下光男ほか, コンクリート工学年次論文報告集, 16(1), 341-346 (1994)
11) F. Hamada *et. al.*, Seventh CANMET/ACI International Conference on Superplasticizers and Other Chemical Admixtures in Concrete, 127-142 (2003)
12) 水沼達也ほか, セメント・コンクリート論文集, No.57, pp.663-668 (2003)
13) 松尾茂美ほか, セメント・コンクリート論文集, No.52, pp.224-229 (1998)
14) コンクリート用化学混和剤協会製品情報, http://www.moon.sphere.ne.jp/jcaa/
15) 土谷正, 齊藤和秀, コンクリート工学, 51(3), 237-242 (2013)
16) Final Report and Conclusion, RILEM Symposium on Physical and Chemical Causes of Creep and Shrinkage of Concrete, Session 6, pp.553-558, Munich (1968)
17) 日本材料学会編, コンクリート混和剤料ハンドブック, pp.144-148, エヌ・ティー・エス (2004)
18) セメント協会, セメント産業における環境対策, http://www.jcassoc.or.jp/cement/1jpn/jg1.html
19) 和知正浩, コンクリート工学年次論文集, 32(1), pp.485-490 (2010)
20) 坂井悦郎ほか, セメント・コンクリート論文集, No.65, pp.20-26 (2012)
21) 依田和久ほか, コンクリート工学年次論文集, 35(1), 223-228 (2013)
22) 溝渕麻子ほか, コンクリート工学年次論文集, 35(1), 157-162 (2013)
23) 辻幸和ほか, コンクリート工学年次論文報告集, 8, 285-288 (1986)
24) 西村新蔵ほか, コンクリート工学年次論文報告集, 11-1, 367-372 (1989)
25) 佐々部智文ほか, セメント・コンクリート論文集, No.65, pp.27-32 (2011)
26) 辻大二郎ほか, 日本建築学会大会学術講演梗概集, pp.205-206 (2011)
27) A. Ohta *et. al.* Sixth CANMET/ACI International Conference on Superplasticizers and Other Chemical Admixtures in Concrete, 211-227 (2000)

第25章　塗料用界面活性剤

久司美登*

1　はじめに

　塗料は，主に，溶剤と樹脂バインダー（ビヒクル），そこに細かく均一に分散させた機能性材料（顔料）から成るが，その他に少量，添加剤と呼ばれる成分を含んでいる。添加剤は塗料や塗膜の性質に大きく影響し，その多くが界面活性分子の構造を有する。これらは，塗料中の顔料やビヒクルに吸着されて，顔料と顔料，顔料とビヒクル，塗膜と素地，塗膜表面などの界面で作用する。

　また，添加剤そのものではなくその製造時に重要な役割を有する界面活性剤もある。水性塗料のバインダーとなる樹脂エマルションや，粘性制御材料として添加されるミクロゲルの製造時に用いられる乳化剤には，塗料ならではの機能を有する独自のものが多い。

　ここでは，塗料に用いられる両親媒性物質の種類を概説したのち，重要技術である顔料分散剤と高分子乳化剤について解説する。

2　塗料に用いられる界面活性剤の種類

2.1　消泡剤

　泡は，ワニス製造時や顔料分散工程，塗料使用時の希釈かくはん・サーキュレーション，塗装時などいろいろな段階で発生する。泡膜よりも低い表面張力を持つ物質で，泡を安定化させている平衡状態を不安定化し自発的に泡の破壊を導く。溶剤型塗料用には粘度100から100,000cSのシリコーン油が用いられる。水系塗料用には非イオン系界面活性剤や炭化水素，シリコーンのO/W型エマルションが用いられる。

2.2　レベリング剤

　ハジキ，刷毛目，ゆず肌（オレンジピール）などの塗装・塗膜欠陥は，塗料の流動性や表面張力に起因する現象なので，塗料に流展性を与え表面張力を下げる目的で，芳香族，エステル，ケトン系の高沸点溶剤やアクリル系ポリマー，シリコーン，フッ素系界面活性剤が用いられる。相間密着不良に注意して種類と量を選択する必要がある。

　＊　Yoshinori Kushi　日本ペイント・オートモーティブコーティングス㈱　開発部
　　　　　　　　　　　基盤技術開発グループ　ユニットリーダー

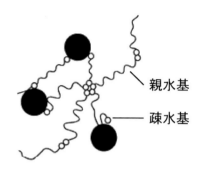

①高分子型　水素結合＞＞会合　　　②会合型　会合＞＞水素結合

図1　増粘剤が形成する網目構造の模式図

2.3 ハジキ防止剤

塗装面に残留した油脂分やワックスが原因となるハジキやクレーターなどの塗膜欠陥を防止する。これらは，塗料中あるいは空気中からミストとして，不溶性の油やシリコーン油，ゲル状粒子，相溶性の悪い樹脂などの表面張力の低い異物混入がある場合に起こり易い。防止にはウェットフィルムの表面張力を低下させるのが効果的であり，シリコーン系界面活性剤がよく用いられる。

2.4 増粘剤・粘性制御剤

粘弾性調整剤は，塗装・造膜過程に適したレオロジー挙動を与えるために用いる。液体，エマルションおよびサスペンション系内部の物質間の相互作用を調整することにより効果を発揮する。粘性・粘弾性の発現機構により，①高分子型と②会合型がある。

高分子型は，分子量　数十万～数百万で，液体に分散または溶解し，エマルション，サスペンションに会合あるいは吸着して系全体に大きな網目構造を形成し，以下の特徴を示す。
- チクソ性：大，レベリング性：不良，タレ防止性：大，保水性：大

会合型は，分子量　数千～数万で，液体に分散または溶解し，エマルション，サスペンションに会合して系に弱い網目構造を形成し，以下の特徴を示す。
- チクソ性：小，レベリング性：良，タレ防止性：小，保水性：小

増粘剤が形成する網目構造の模式図を図1に示す。

代表的な高分子型増粘剤のセルロース誘導体は水和して，ポリマー鎖のからみ合いと水素結合により粘りのある溶液を形成する。セルロースエーテルが少量のアルキル基のような疎水部を含む場合，会合型増粘剤となる。疎水性基がそれ自身同士，またはバインダー分子と結びつくことで，厚膜化に貢献するネットワーク構造を形成する。

水性塗料用の会合型増粘剤としては，アクリルシックナー（疎水性アルカリ可溶性エマルション：HASE），PUシックナー（疎水性ポリオキシエチレンウレタン樹脂：HEUR）などがある。

第25章　塗料用界面活性剤

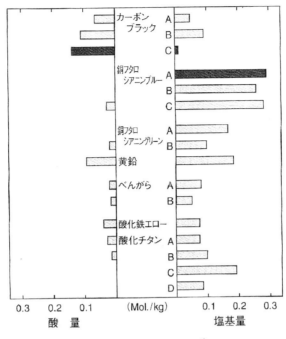

図2　顔料表面の酸塩基[8]

分子内に親水部と疎水部が適度に局在する界面活性剤である。

2.5　色別れ防止剤

塗料は，通常多くの種類の顔料が配合されており，成分顔料の粒子の大きさ・比重・凝集性が異なる為塗装した場合，しばしば色浮き（Flooding）や色むら（Floating）の問題を生じる。色別れ防止剤としては，シリコーン油や非イオン系およびカチオン系界面活性剤が用いられるがこれらは，分散剤や増粘剤を兼ねていることが多い。

3　顔料分散剤

3.1　顔料分散剤とは

塗料用添加剤として重要な顔料分散剤とは，顔料分散プロセスの各過程において分散の進行を助け，また，顔料ペースト中においては，微粒化された無機・有機微粒子を媒体中に均一・安定に分散させるために使用される，吸着性にすぐれた界面活性分子である。本稿では実際に分散剤の選定や設計・合成の際に参考となる具体的な事例や考え方を解説する[1~3]。

表1 分散剤の機能と必要な特性

		ぬれ	吸着	安定化
	非水系	−	・酸・塩基相互作用	・立体障壁
水系	無機顔料（高極性）	−	・酸・塩基相互作用	・立体障壁・電荷反発
	有機顔料（低極性）	・表面張力低下（・湿潤性）	・疎水性相互作用	・立体障壁

3.2 分散剤の構造とはたらき

　顔料分散剤は媒体と顔料の界面に作用することから，これらの組み合わせにより有効とされる構造・特性が異なってくる。顔料分散剤が作用する各過程を，ぬれ・吸着・安定化に分けて捉えると，それぞれに必要な機能，特性を考えやすい。分散剤の機能とその発現に必要な特性について，媒体と顔料の組み合わせの各場合に分けて表1に示した。

　顔料を分散安定化する力，すなわち分散力は分子の顔料表面への吸着による電荷付与や，立体障壁により発現する。その分子の吸着は，顔料の表面特性にもよるが，非水分散系では主に酸・塩基相互作用，水分散系では主に疎水性相互作用に基づくと説明される。特に低極性表面をもつ有機顔料の水系分散に関しては，分散の初期過程において媒体による顔料表面のぬれが不足し分散が進まないことがあることから表面張力低下作用（湿潤作用）に優れた分散剤の適用や併用を必要とする場合が多い。

3.2.1 ぬれ・吸着・安定化と分散剤の分子構造

　分散剤は構造的には「一つの分子内で親水性の部位と親油性の部位が共有結合で結ばれた構造をした物質」と定義される界面活性剤の一種であり，親水部と疎水部の質的（官能基・分子構造），量的（親疎水組成・分子量）な組み合わせで性質が決定される。顔料という固体表面への吸着とその安定化に次のような利点があるため，高分子量体が選択される。つまり，高分子量体は分子内に複数の吸着サイトを有して多点吸着するため，低濃度からでも吸着しやすく，また，トレイン-ループ-テイル型吸着形態[4]がとれるので安定層の厚みが確保しやすい，との理由である。このような高分子量体には，調製のしやすさから，アクリル樹脂やポリウレタン樹脂などが用いられてきた。特に，これまでのアクリル樹脂では，親水部と疎水部はランダム共重合で導入されるため平均化してしまい，明確に局在化させることが難しかったが，最近では精密ラジカル重合技術の開発により分子内における吸着官能基の位置を制御することがある程度可能になっている。界面活性剤の乳化挙動を決定する親水部と疎水部の組成比率は，HLB（hydrophilic-lipophilic balance）と呼ばれている[5,6]。元来はノニオン系界面活性剤において考案された親疎水性の指標（0（疎水性）から20（親水性））である。イオン性官能基をもつ場合は直接計算することはできないものの，乳化や分散には最適のHLBがあるとの概念は，イオン性官能基をもつ高分子量の顔料分散剤の選択の際にも，ぬれ・吸着・安定化能の目安となる。

表2 塗料用アルキド樹脂の酸量・塩基量測定例

樹脂名	酸量 mol·kg^{-1}	塩基量 mol·kg^{-1}
Alkyd-P	0.14	0.00
Alkyd-M1	0.14	0.04
Alkyd-M2	0.14	0.10
Alkyd-M3	0.14	0.17

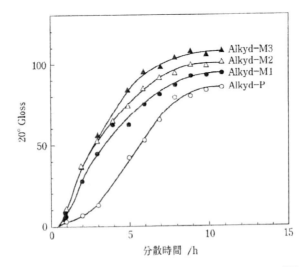

図3 酸性顔料（カーボンブラック）の分散性（光沢値）に対するアルキド樹脂の塩基量の影響[9]

3.3 分散剤の適用事例
3.3.1 非水系の分散

　媒体の表面張力が低いことからぬれに課題のない非水系では分散剤の吸着は酸塩基相互作用[7]で説明される。図2に塗料で用いられる様々な顔料表面の酸塩基量[8]を示す。酸量の多いカーボンブラックCは酸性顔料に，塩基しか測定されない銅フタロシアニンブルーAは塩基性顔料に，酸量・塩基量ともに多いものは両性顔料と分類される。この結果をもとに酸性顔料（カーボンブラック）の分散性（光沢値）に対するアルキド樹脂の塩基量の影響について調べた（表2，図3）。塩基量の多い樹脂ほど早く光沢値が高くなり分散が進行している[9]ことから酸塩基相互作用に基づく分散剤選択は有効である。

3.3.2 水系の分散

　水系での疎水性顔料の分散で分散剤に期待する役割は，前述のとおり，表面張力を低下させて顔料表面のぬれを促進したり，疎水性相互作用による吸着・安定化であるから，分散剤設計上のポイントは疎水基の導入にある。実験例を示す[10]。顔料吸着部想定のオリゴスチレン鎖の有無と，

3種の親媒性ポリマー鎖（PEOマクロマーを用いたノニオン系ホモポリマー，その一部をメタクリル酸ジメチルアミノエチルに置換えたカチオン系コポリマー，同じく一部をメタクリル酸に置換えたアニオン系コポリマー）の組み合わせによる6種類の両親媒性ブロックポリマーを分散剤として，低極性表面を持つカーボンブラックの分散安定性を評価した。その結果，吸着部のフェニル基数が多く，カチオン系の親媒部を持つポリマーによる分散体が最も良好な分散安定性（粒子径変化，耐沈降性）を示したことから，水系では疎水性相互作用に基づく分散剤選択が有効とわかる。アミノ基の機能としては，分散体のpHが約5であり一部が中和されてカチオンとなって電荷反発と立体反発の効果を示したものと考察している。

3.3.3 水系における適当な疎水基の選択

上述のように疎水性相互作用の足場や表面張力低下のため水系分散剤には芳香族や脂肪族炭化水素などの疎水基が導入されるが，これらの選択については以下の情報がある。

Dammeらはポリn-アルキルメタクリレート表面の水滴の前進接触角（θa）と後退接触角（θr）を，アルキル基の炭素数を変化させて測定した[11]。θaはこのアルキル基が空気界面で示す疎水性を反映しているが，θrは水と接触した後の疎水性，即ち水中でのアルキル鎖の挙動を反映した値と考えられる。結果を図4に示す。アルキル基の炭素数が大きくなるとθaも大きくなるが，θrは炭素数6以上で減少し，12のところで最低になり，これより炭素数が大きくなるとθrも増加する傾向を示した。炭素数が6以上でのθrの減少はぬれのヒステリシス現象といわれ，水と接触する事によりアルキル基が内部に潜り込んで表面が親水化したものと説明される。この結果から水中において有効に働くアルキル基は炭素数が4〜5までと推測される。

3.3.4 構造制御による高分子分散剤の高機能化

親水部と疎水部の局在化が界面活性剤の機能を創出しているとすれば，高分子分散剤も構造制御（ブロック構造・グラフト構造）によって高機能化できると考えられる。構造制御された高分子分散剤といえばこれまでPEO/PPOのブロック共重合系からなるプルロニック型界面活性剤が，EO/PO比の選択によってHLBの調節が容易なことからよく検討されている。近年，半導体や燃料電池の電極，構造材料として注目されるカーボンナノチューブ（CNT）では分散ペーストの高濃度化が課題となっており，プルロニック型界面活性剤を用いて親疎水部位の分子量や組成比の，濃度への影響が調べられている（図5）[12]。

さらに，1990年代後半に相次いで開発されたCRP技術（conntrolled radical polymerization）によって，モノマーの種類が豊富で分子設計の幅が広いアクリル樹脂のモノマー連鎖制御が可能となり，構造制御により高機能化を謳ったアクリル系高分子分散剤の上市が相次いでいる。たとえば，小川らは，ラジカル重合において連鎖移動剤として一般的なMSD（a-メチルスチレンダイマー）を使用して合成したポリマーの末端に存在するMSD由来の不飽和基が付加解裂型連鎖移動反応性を示し，リビング的な重合を進行させることを報告し[13]，これを用いた機能性ポリマー材料の合成[14]も報告されている。

第25章　塗料用界面活性剤

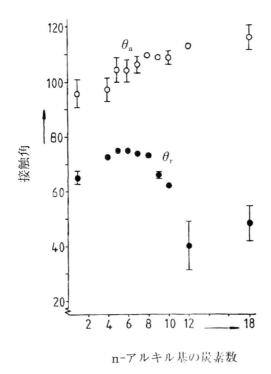

図4　ポリn-アルキルメタクリレート分子中のアルキル基の炭素数と接触角

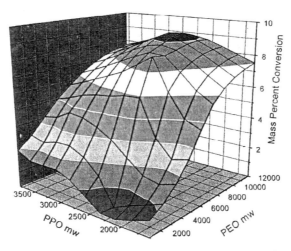

図5　プルロニック型界面活性剤（PEO-PPO-PEOトリブロックポリマー）を構成するPEOやPPOの分子量とそれを用いたカーボンナノチューブの分散効率の関係[12]
Mass Percent Conversion/％＝界面活性剤により分散安定化を受けたカーボンナノチューブの割合

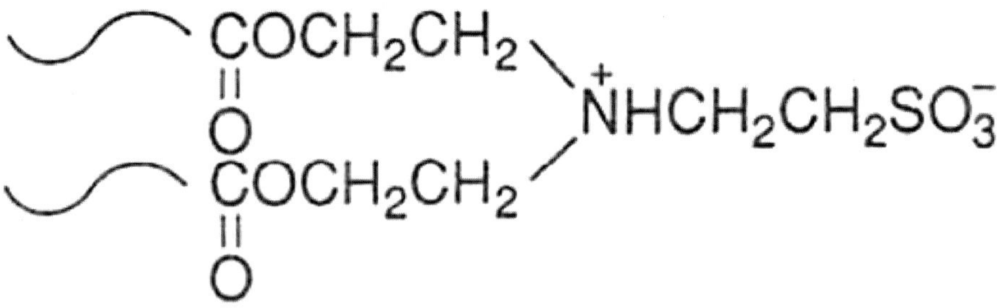

図6 両性イオン基を有する高分子乳化剤の構造

4 高分子乳化剤

分子集合体としての高分子の超微粒子を得る工業的方法としては，一般に乳化重合法が知られているが，この方法では分散剤の種類や重合条件にもよるが，一般には1〜0.1μの粒径の高分子微粒子が得られる。しかし，0.1μ以下の超微粒子をえることは難しい。とくに，架橋構造を有する高分子の超微粒子，いわゆるミクロゲルを得るには，通常の界面活性剤では粒径を1μ以下にすることは，難しい。ところが，両性イオン基を有する数平均分子量が1260の下記構造（図6）のポリエステルを乳化剤として用いると，粒径が40〜80nmの超微粒子をえることができる[15]。このポリエステルを乳化剤としてメチルメタクリレート/スチレン/n-ブチルアクリレート/エチレングリコールジメタクリレート＝

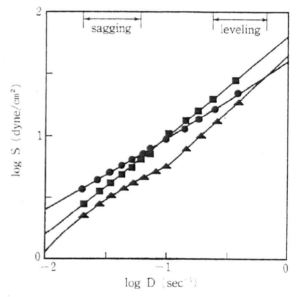

Flow curve of coating measured with low shear viscometer.
The points ■▲ correspond to no microgel being present, while ● corresponds to a paint containing microgl.

図7 ミクロゲルを含む塗料のタレ性と平滑性

10/30/30/30のコモノマー組成で乳化重合を行うと，粒径40nmの高分子ミクロゲルが得られる。

このようなミクロゲルを塗料の素材に用いると粒径が小さいためにフロー性を損なわないでタレ性が向上し，美しい仕上がりの塗装が可能となるので，粘性制御剤として優れている（図7）。また，このようなミクロゲルを通常のエマルション樹脂に添加すると，水蒸気透過性が著しく向

上し，コンクリート塗装でのひび割れを改善することができる。このように高分子超微粒子は塗料添加剤として様々な応用が開発されている。

この例に見られるような高分子状乳化剤の効果についてのひとつの考え方は高分子溶液中では高分子自身が有する排除体積があり，低分子のモノマーはこの排除体積外の自由体積空間に集まって重合するために，超微粒子となる可能性がある。実際，高分子溶液中でモノマーを重合すると，自由体積に応じて生成するポリマーの粒径が変化するという結果が得られている[16]。

たとえば，スチレン-ブタジエンのブロックコポリマーからなるゴムの溶液中でp-オキシ安息香酸を直接重縮合すると，ゴムの貧溶媒と良溶媒とでは生成するポリエステルの粒径が著しく異なる。今後，高分子の超微粒子を得る方法として新規な高分子乳化剤の開発が期待される。

文　献

1) 石森元和, *J. Jpn. Soc. Colour Mater.* (色材), **69**, 750 (1996)
2) 久司美登, *J. Jpn. Soc. Colour Mater.* (色材), **78**, 141 (2005)
3) 川口正美, 高分子の界面・コロイド科学, コロナ社 (1999)
4) 高橋彰, 高分子, **32**, 185 (1983)
5) W. C. Griffin, *J. Soc. Cosmet. Chem.*, **5**, 249 (1954)
6) 角田光雄, ぬれの科学と技術そして応用, p27, シーエムシー出版 (2011)
7) 小林敏勝ら, "顔料分散技術", 技術情報協会 (1999) など
8) 小林敏勝ほか, *J. Jpn. Soc. Colour Mater.*, (色材), **61**, 692 (1988)
9) 小林敏勝, *J. Jpn. Soc. Colour Mater.*, (色材), **77**, 377 (2004)
10) T. Kimura, Kobunshi Ronbunshu, **69**, 503 (2012)
11) H. S. van Damme, A. H. Hogt, J. Feijen, Polymers, Surface Dynamics, p89 Ed., J. D. Andrade, Plenum Press (1986)
12) Richard E. Smalley *et al.*, *Nano Lett.*, **3**, 10 (2003)
13) 小川哲夫, 塗料の研究, **137**, 11 (2001)
14) 特開2012-193320など
15) 石倉慎一, 石井敬三, 熱硬化性樹脂, **12**(4) (1991)
16) 緒方直哉, 讃井浩平, 渡辺正義, 日本化学会第63春季年会, 予稿集 (1992)

界面活性剤の最新研究・素材開発と活用技術

2016年8月22日　第1刷発行

　監　　修　荒牧賢治　　　　　　　　　　　　　　　（T1020）
　発 行 者　辻　賢司
　発 行 所　株式会社シーエムシー出版
　　　　　　東京都千代田区神田錦町 1-17-1
　　　　　　電話 03(3293)7066
　　　　　　大阪市中央区内平野町 1-3-12
　　　　　　電話 06(4794)8234
　　　　　　http://www.cmcbooks.co.jp/
　編集担当　池田朋美／門脇孝子

〔印刷　あさひ高速印刷株式会社〕　　　　　　© K. Aramaki, 2016

落丁・乱丁本はお取替えいたします。

本書の内容の一部あるいは全部を無断で複写(コピー)することは，法律で認められた場合を除き，著作権および出版社の権利の侵害になります。

ISBN978-4-7813-1176-0　C3043　¥66000E